普通高等教育“十三五”规划教材

环境地质学

（新一版）

陈余道　蒋亚萍　主编

中国水利水电出版社
www.waterpub.com.cn
·北京·

内 容 提 要

全书分4个部分，共15章：第1篇为环境地质学基础，包括第1～2章，主要介绍环境地质学基本原理和基本概念，阐述地球物质及其作用，提供必要的地质学基础知识；第2篇为地质作用与自然灾害，包括第3～7章，主要从概念、类型、影响因素、效应以及预防等方面阐述地质作用引起的环境地质问题，即地震、火山活动、河流与洪水、斜坡岩土体运动、海岸灾害等；第3篇为资源与环境，包括第8～10章，从水资源、土壤、矿产资源（包括能源）3个方面阐述资源开发利用与环境之间的作用；第4篇为社会与环境，包括第11～15章，阐述水污染与处理、固体废弃物管理与地质、空气污染、地质与健康和全球气候变化等内容。其中，第2篇强调的是自然因素对地质环境的影响，第3篇和第4篇强调的是人类活动对地质环境造成的效应。

全书在每章的前面增加了章节学习内容概要，增加了主题图片，试图使教材变得新颖；每章后面列出了相关专业术语（英文）、复习题、思考题以及一些网站地址；对文中出现的专业术语提供了英文解释，便于读者在阅读时参考。该书可作为理科如化学、生物、地质、地理和物理，文科如人类学、经济学、人文地理学、文学、政治学和社会学等学科的教材或参考书。

图书在版编目（CIP）数据

环境地质学 / 陈余道，蒋亚萍主编. -- 新1版. -- 北京 : 中国水利水电出版社，2018.1(2024.3重印)
普通高等教育“十三五”规划教材
ISBN 978-7-5170-5599-0

Ⅰ. ①环… Ⅱ. ①陈… ②蒋… Ⅲ. ①环境地质学－高等学校－教材 Ⅳ. ①X141

中国版本图书馆CIP数据核字(2018)第027650号

审图号：GS（2017）3831号

书　　名	普通高等教育“十三五”规划教材 **环境地质学（新一版）** HUANJING DIZHIXUE
作　　者	陈余道　蒋亚萍　主编
出版发行	中国水利水电出版社 （北京市海淀区玉渊潭南路1号D座　100038） 网址：www.waterpub.com.cn E-mail：sales@mwr.gov.cn 电话：（010）68545888（营销中心）
经　　售	北京科水图书销售有限公司 电话：（010）68545874、63202643 全国各地新华书店和相关出版物销售网点
排　　版	中国水利水电出版社微机排版中心
印　　刷	清淞永业（天津）印刷有限公司
规　　格	184mm×260mm　16开本　14.25印张　338千字
版　　次	2004年7月第1版第1次印刷 2018年1月新1版　2024年3月第3次印刷
印　　数	6001—8000册
定　　价	**42.00**元

前 言

《环境地质学》教材是我们近20年来持续努力工作的结果，2004年和2011年分别出版了第1版和第2版，时过5年，进行修编十分必要。在原有的第2版基础上，我们参考国内外《环境地质学》教材风格，修编形成了此版《环境地质学》。

全书共15章，与第2版比较，有如下改变：

(1) 全书内容可归纳为4个部分：第1篇环境地质学基础，包括基本原理与基本概念，地球物质及其作用；第2篇地质作用与自然灾害，包括地震、火山活动、河流与洪水、斜坡岩土体运动、海岸灾害；第3篇资源与环境，包括水资源与环境、土壤与环境、矿产资源与环境（包括能源）；第4篇社会与环境，包括水污染与处理、固体废弃物管理与地质、空气污染、地质与健康和全球气候变化。

(2) 增加了土壤与环境、水污染与处理、固体废弃物管理与地质、空气污染等4章内容；将原来的水文地球化学环境分带与地方病修编成地质与健康；删除了城市化与环境地质和资源与环境法规两章内容。

(3) 对出现的专业术语相应给出了英文表达，并对重要术语做了解释，附在教材后面，可以帮助大家从原语种角度理解其含义。需要说明的是，我们没有对这些术语做进一步的中文解释，主要是考虑到在校学生有英语学习的基础和能力，也有英语学习不断线的必要性。

(4) 在每一章前面增加了章节学习内容概要与要求，增加了主题图片，试图使教材变得新颖。

(5) 修编了参考文献，并做了引用标注。文献引用和标注是我们今后修编继续注重的环节，使教材编写更加规范。

“环境地质学”是一门与“水文地质学”和“工程地质学”关系密切的、用地质学知识解决环境问题的应用学科。其涉及知识面宽广，也具有科普意义。本次修编增加的章节内容，与社会人群关注点联系密切，我们有理由期望环境地质学能够得到更多学科的关注，让更多领域的人接受和运用环境地质学知识，为社会经济与环境的可持续发展作贡献。

书中难免存在疏漏和不足，敬请批评和指正（邮箱 cyd0056@vip. sina. com）。

编者

2017 年 4 月

第 2 版前言

环境地质学是一门应用学科，它使地质学与环境科学结合并在人类与自然环境的相互关系中得到应用。那些对该学科有兴趣的学生，都可能成长为一位环境地质工作者。

如果有地质学或地理学基础，环境地质学的学习是较为容易的。但是，大多数学生可能缺乏这样的基础，为此本书首先安排了一些地质学基本原理知识的学习，便于初步认识地质作用与环境的相互关系。本书一个重要的目的是希望有助于不同学科学生拓展自己的知识视野，关注环境地质学领域，在以后的相关工作中应用该领域知识，共同营造人与自然的和谐关系。这些学科包括理科如化学、生物、地质、地理和物理；文科如人类学、经济学、人文地理学、文学、政治学和社会学等。

相对于 2004 年出版的《环境地质学》，该版本列为第 2 版。新版本增加了“海岸作用”和“全球气候变化”两章内容；其他章节的内容也做了很多修订，较为明显的是将环境地质学的基本概念做了删减并合并到第 1 章（基本原理与基本概念)，在“洪水”篇章中增加了河流的基本知识。第 2 版的修编参照了国外相同教材的发展轨迹。另外，新版中对一些常见的专业名称列出了相应的英文表达；对每章的作业类型做了改进。

全书共 14 章，可以分为 4 个部分：第 1 部分包括第 1、2 章，第 1 章主要介绍环境地质学的基本原理与基本概念，指出了人口的指数增长是环境危机的首要问题，环境的保护需要伦理学规范；第 2 章介绍地球地质作用及物质组成如矿物、岩石、土壤和水等，强调地球是一个系统，提供必要的地质学基础知识。第 2 部分包括第 3～8 章，主要是阐述由于地质作用导致的环境地质问题，通俗地讲是自然地质灾害，包括地震、火山爆发、河流与洪水、岩土块体运动、海岸作用、水文地球化学分带与地方病。主要从概念、类型、影响因素、效应以及预防等方面阐述这些问题。然而，它们的发生，不乏人类活动的干预与诱发。第 3 部分包括 9～12 章，主要是阐述人类生产活动导致的环境问题，包括水资源开发利用、土地资源开发利用、矿产资源开发利用以及城市化引发的环境问题。每一种资源的利用，会带来相应的或错综复杂的环境问题，其中又以城市化带来的问题更为集中。第 4 部分包括第 13、14 章，主要介绍了地球系统科学范畴的全球气候变化问题，阐述了全球温度变化的历史记录，以及全球变暖可能产生的效应；另外介绍了环境地质学相关的法律法规，强调了环境地质学在法律事务中的重要性。

由于环境地质学涉及的知识领域非常宽，同时在深度上要考虑到学生的知识结构与所学课程的承前启后，该书在修编过程中也花费了很多功夫，尽量体现多年来课程教育的积累，也力求反映现代科技发展。尽管如此，就目前来看书中仍然存在不少需要更新或补充的地方。这样的工作会持续下去，期望在后面的版本中逐步改进、完善。

书中难免有许多不足，敬请读者批评指正。

编者

2010年10月

第1版前言

本书共分13章：第1～3章是环境地质学的基本部分，介绍了学科的基本概念，对地球的自然系统进行必要的综述，并概述人类文明对物质世界的依赖性；第4～8章讨论了主要的5种地质灾害——火山活动、地震、洪水、滑坡、地方病，属于地质作用（自然因素）引起的环境问题，体现了自然对人类的作用；第9～12章主要讨论人为活动改变地质环境引起的环境问题，主要包括各种资源利用过程以及城市化带来的环境地质问题，是人类活动改变环境或超过了环境承载能力所带来的问题，通过论述各种地质资源的开发利用方式以及城市化进程，阐述引起的各种环境地质问题及相应的防治方法与措施；最后，第13章讨论了环境管理方面的规划、政策、决策，重点讨论了主要地质资源开发利用及与环境相关的法律法规，阐述了防御、减少各种问题的积极方法。为便于进一步了解我国资源与环境相关法律，本书附录了我国当前的环境保护法、矿产资源法、水法、土地管理法和固体废物环境污染防治法。

环境问题是全球普遍的问题，环境保护也是全球性的行动。环境保护工作不局限于某个学科或某个地域，不局限于哪些人、哪些地区，需要地球上每个人自发参与。我们生活在地球上，生活在地质环境里，几乎每天都听闻或目睹这样或那样的环境地质问题。关注、认识、接受面临的现实，增强大众环境保护意识，普及地质环境保护教育，并采取积极的态度来保护资源、保护环境，使人类社会能够健康发展，是我们编写本书的立足点。

本书的编写参照了国外教材编著的思路，翻译了国外教材的部分章节内容，结合我国实际情况，尽可能利用了网络电子图书资源。编著过程更多地注重数据与实例，尽可能地反映当前面临的主要环境地质问题，没有在理论上做更多深入阐述，其主要目的是对读者起引导作用，希望在学习与工作中更多地关注该领域存在的环境地质问题，增强环境保护研究与管理意识。

作为一本教材或参考书，该书适合于高等院校资源勘查工程、勘查技术与工程、水文与水资源工程、环境科学、土木工程等相近专业领域的学生为拓展知识面而使用，也适于科研机构或生产单位等部门的有关专业人员、管理人员参考。

本书的编写是建立在多年教学与科研实践基础上的，虽然花费了不少的精力，但由于我们的知识面仍存在一定的局限性，书中难免存在许多不足，敬请读者批评指正。

编者

2004年2月

目录

第3篇 资源与环境

第4篇 社会与环境

第1篇 环境地质学基础

出嘉峪关沿古城墙一路西行，经万里长城的最西端——天下第一墩，至讨赖河大峡谷。讨赖河大峡谷是自然形成的，深 20 多 m，如刀劈斧砍，两侧内壁垂直陡峭，地势险要。峡谷内终年流淌着祁连山的冰雪融水，受河水长期冲刷，形成一条大峡谷。

地球的形成是一个神奇的过程，大自然的鬼斧神工赋予了人类生存和发展的基础。然而，21 世纪以来人们越来越关注身边的环境问题，比如水污染、空气污染、滑坡、洪水和全球变暖等。几乎每一周，我们都能听到发生在这里或那里的、这样或那样的环境问题，同时也逐渐认识到地球上人口的快速增长和资源的不断开发正影响着地球系统的承载能力和资源供给。为了给我们的后代提供一个高质量的人与自然和谐的环境，人们也正在努力实现社会、经济与环境发展的可持续化。

本书第 1 篇是环境地质学基础，包括两章内容，第 1 章讨论了环境地质学的基本框架，环境伦理和环境危机，以及环境科学中几个重要的基本概念；第 2 章介绍了地质循环的组成要素以及地球上重要物质的组成，比如板块构造、矿物、岩石、地表作用等，为缺乏地质学基础知识的读者提供基本素材。

第1章 基本原理与基本概念

本章将首先讨论和定义环境地质学，强调人类在社会文化发展中应具有的环境伦理意识，阐述环境危机形成的重要因素；然后介绍环境科学贯穿本书章节的几个基本概念。通过阅读本章材料，可以讨论如下内容：①环境地质学是一门地质学和环境科学交叉的应用学科；②人口增加是重要的环境问题；③可持续化是评价和应对“环境危机”的重要策略；④地球是一个内部不断变化的复杂系统；⑤地球具有灾变性，环境问题的解决需要科学的方法。

复活岛（Easter Island），位于智利，因为现存887座石像而闻名，1995年被列为世界遗产保护区。700—1100年，波利尼西亚人进入复活岛，开创了繁荣时代，并塑造了大量石像以印证这一历史。但由于人类活动剧烈和人口过剩，自然资源逐渐枯竭，物种灭绝，环境衰退，至今难以恢复（Hunt，2006）。

1.1 基本原理

1.1.1 环境与地质环境

环境（environment），是一切事物的集合体，可以分为自然环境与社会文化环境两大类。前者包括阳光、空气、水、土壤、野生动植物等，这些自然产物与一定的地理条件相结合，形成具有一定特征的自然环境，是人们赖以生存和发展的必要的物质条件；后者包括人类社会与文明的政治、经济、法律、宗教和美学等。重要的是，这两个方面是分不开的，并相互影响和相互作用。我国2015年1月1日实施的《中华人民共和国环境保护法》(1989 年颁布，2014 年修订) 第二条定义，环境是指影响人类生存和发展的各种天然的和经过人工改造的自然因素的总体，包括大气、水、海洋、土地、矿藏、森林、草原、湿地、野生生物、自然遗迹、人文遗迹、自然保护区、风景名胜区、城市和乡村等。

20 世纪 90 年代初，我国地质学家张宗祐 (1991) 认为，地质环境 (geological environment) 是指与大气圈、生物圈、水圈相互作用最直接、与人类活动关系最密切的部分岩石圈 (图 1.1)。地质环境与 21 世纪提出的“地球关键带 (Earth's Critical Zone)”概念是相似的，后者是一个近地表的环境，包括地表、植被、水体以及土壤层、非饱和渗流带和饱和的地下水带，是所有生物体存在和人类活动最密切的地带 (U.S. National Research Council，2001)。地质环境的上限是岩石圈的表面，其中所有的环境因子 (主要包括岩石、土壤、有机成分、气体、地下水、微生物以及动力作用等) 都积极地与大气、地表水体、生物界相互作用；其下限位置，取决于人类社会的科学技术发展水平，以及进入岩石圈内部的活动深度。比如，20 世纪 80 年代，苏联在俄罗斯的科拉半岛 (Kola Peninsula) 打成了一口用来探索地球深部信息的超深钻井，其深度为 12262m，这是当时地球上最深的一口井；2005 年 4 月 18 日，我国在江苏省东海县成功完成了一口直径 156mm、深 5158m 的亚洲最深的超深钻井工程。可是，对于平均半径为 6371km 的地球而言，人类能够探测的深度是非常有限的。

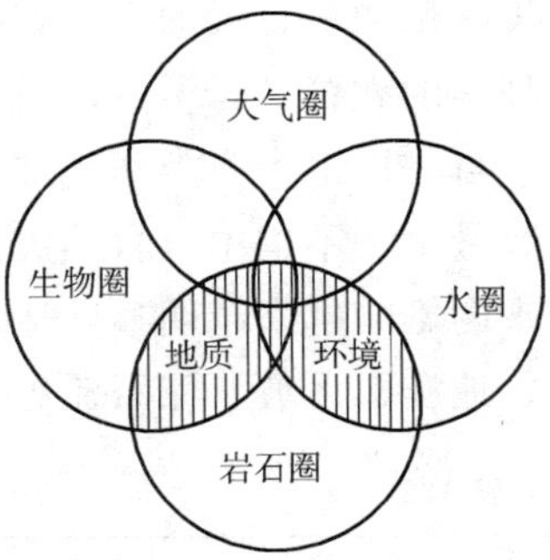

图 1.1　地质环境概念示意图
(张宗祐，1991)

在当前的学科分类中，与地质环境关系最为密切的学科是地质学 (geology) 和环境科学 (environmental science)。前者是研究地球组成物质的学科，涉及地球物质的组成、结构、物理性质、动力学和演变历史，及其形成、运动和变化的过程；后者是 20 世纪 50 年代以后逐步发展起来的新兴学科，研究环境中物理、化学和生物组分之间的相互作用，更注重人类对自然环境的影响。简单地理解，地质学与环境科学的有机结合，形成了环境地质学 (environmental geology)。

1.1.2　环境地质学的产生与研究内容

早在 700～800 年以前，用煤引起的环境问题就引起了人们的关注，而当环境问题形成公害成为一个社会问题时，则是由 18 世纪末至 20 世纪初的产业革命引起的。在 20 世纪 30—70 年代期间，世界上由大气和水体污染造成的著名的八大公害——比利时马斯河谷 (1930 年)、美国多诺拉 (1948 年)、英国伦敦 (1952 年) 先后发生的烟雾事件，美国洛杉矶光化学烟雾事件 (1943 年)，日本富山镉污染事件 (骨痛病，1955—1972 年)，日本九州水俣事件 (1953—1956 年)，日本四日事件 (哮喘病，1961 年)，日本九州米糠油事件 (多氯联苯污染，1968 年)，造成了人类公害，许多人患病，有的终生残废，并导致数万人死亡。

早在 1864 年，美国第一位环境保护论者 George Perkins Marsh (1801—1882 年) 创作了 *Man and nature*，认为人类日益强大、且具有毁灭性的行为将使自己身临不断退化的环境空间。尽管这样的言论在当时似乎危言耸听，但后来也有一些著作发表了相似的言论，我们现在看到的环境变迁也似乎印证了这些变化。

在20世纪，美国威斯康星（Wisconsin）大学从事野生动植物管理研究的Aldo Leopold（1887—1948）教授，曾鼓励信奉“土地伦理”（land ethics）思想。这是一个敦促人们关注整个自然环境的新概念，包括土壤、水体、动物和植物（统称为“土地”）。土地伦理的意义在于，地球是目前唯一的适合人群聚集的行星，土地是地球上与人类关系最密集、接触最直接的自然资源，需要人类来珍惜、保护、合理利用与和谐共处，需要环境伦理学的教育与思考（Leopold，1949）。

自古以来，人类和地球上自然灾害（natural hazards）的抗争一直存在，只是早期人口数量少、不集中，自然灾害导致的损失不明显。随着人口数量的增加和集中，自然灾害带来的影响越来越明显，造成的损失越来越大。比如20世纪上半叶，世界上死于火山爆发、地震、滑坡、泥石流等自然灾害的人数近百万之多（表1.1）。

表1.1　20世纪的环境地质灾害节选（蒋秀玲，1991）

年份	灾害事件	地点	死亡总人数/人
1902	火山喷发	马提尼克	29000
1902	火山喷发	危地马拉	6000
1906	地震	中国台湾	6000
1906	地震/火灾	美国	1500
1908	地震	意大利	75000
1915	地震	意大利	30000
1916	滑坡	意大利、奥地利	10000
1919	火山喷发	印度尼西亚	5200
1920	地震/滑坡	中国	200000
1923	地震/火灾	日本	143000
1928	洪水	美国	2000
1930	火山喷发	印度尼西亚	1400
1932	地震	中国	70000
1933	海啸	日本	3000
1935	地震	印度	60000
1939	地震/海啸	智利	30000
1945	洪水/滑坡	日本	1200
1946	海啸	日本	1400
1948	地震	苏联	100000
1949	洪水	中国	57000
1949	地震/滑坡	苏联	12000～20000
1951	火山喷发	巴布亚-新几内亚	2900
1953	洪水	北海海岸（欧洲）	1800
1954	滑坡	奥地利	200
1954	洪水	中国	40000

人们对环境问题的关注，以及自然灾害产生的灾难，促成了环境地质学的诞生。在1962年，国外首次提出了“环境地质学”的概念（Keller，1976）。它是以地质环境为研究范围并利用地质学知识解决环境问题的一门应用学科。其研究内容涉及面广，包括减轻自然灾害对人类的影响，矿物资源、水资源、能源开发和土地利用带来的环境问题，人类社会控制与修复环境问题的策略与努力，以及人类活动的环境道德规范。具体地讲，环境地质学就是运用地质学知识帮助解决土地利用矛盾、最小化环境衰退、并使得利用自然和改造环境的利益最大化。在维基百科（Wikipedia）上，环境地质学被认为像水文地质学（hydrogeology）一样，是一个包含多学科领域的应用学科，与工程地质学（engineering geology）甚或环境地理学关系密切。

我国老一辈地质学家在20世纪90年代对环境地质学的概念进行了讨论，提出了以下几点认识（哈承佑，1999）：

（1）环境地质学是地质科学中一门新兴的应用学科，是环境科学的重要组成部分。

（2）环境地质学是应用地质理论和方法，研究地质环境的基本特征、功能和自身演变规律的学科。

（3）环境地质学侧重研究人类工程技术经济活动与地质环境相互作用、相互影响、相互制约的关系。

（4）环境地质学着力为人类合理开发利用地质矿产资源和保护人类生存的地质环境，在可持续发展战略中做出贡献。

在我国，环境地质学最早的发展是与水文地质学和工程地质学联系在一起的，简称“水工环”，是水文地质和工程地质学科与环境科学相结合的结果。其研究内容可分为两个方面：①地质环境中地质作用（因素）引起的环境问题，诸如火山爆发、地震、洪水、滑坡等引起的环境问题，也包括地方病，这些可以归纳为自然地质灾害；②人为活动改变地质环境引起的环境问题，诸如水污染、资源枯竭、地面沉降、地面塌陷、废物处置不当使地表元素分布更不均匀，大型水利工程引起的环境问题，矿产资源开发利用过程中引起的环境地质问题，以及城市化进程中存在的环境问题等，还包括当前的全球气候变暖问题。前者体现了自然对人类的作用，后者体现了人类对自然的作用，是人类活动改变了环境或超过了环境承载能力所带来的问题。

1.1.3　环境伦理

环境分为自然环境与社会文化环境两个方面，这两个方面是分不开的，并具有强烈的相互影响作用。比如，两种不同的生存环境，一种是热带雨林地区，年降水量达到2500mm，一种是干旱少雨地区，年降雨量350mm；前者降水太多，后者降水太少；两种环境均会困扰人类的生活习性，并导致两种地区在水利用与水管理方式和应对政策上的差异。

社会文化与自然环境之间的关系，也会影响人类作出的决策。比如，如下一些与环境相关的、具有哲学层面的伦理问题，是我们决策过程中无法回避的：

（1）是否应该继续砍伐森林以满足人类的消费需要？

（2）是否应该继续无限制地繁衍后代？

（3）是否应该继续生产汽油动力车辆？

(4) 我们需要什么样的环境职责来保障后代需求？

(5) 为了自己的欲望而导致物种消亡，是不是人类应有的权利？

对于这些问题，不能一概否定或肯定，需要哲学层面上的思考，这促成了“环境伦理学”（environmental ethics）的诞生，该学科是在传统的、只涉及人类的伦理学基础上发展起来的，对许多学科如法律、社会学、经济学、生态学和地理学都产生了重要影响。比如，在科学家的不懈努力下，1970年建立了第一个“地球日”（每年4月22日），旨在唤起人类爱护地球、保护家园的意识，促进资源开发与环境保护的协调发展，进而改善地球的整体环境；1993年实施的“世界水日”（每年3月22日），以推动对水资源进行综合性统筹规划和管理，加强水资源保护，解决日益严峻的缺水问题。

1.1.4 环境危机

环境危机（environmental crisis），是指物种周围环境发生变化并威胁其继续生存的现象。导致生物物种不能适应的因素包括：

(1) 非生物因素变化导致环境质量退化而使得物种不能适应，比如温度的升高，降水量的减少。

(2) 由于资源被掠夺导致环境演变成不利于物种生存的情形。

(3) 由于种群数量增长（如人口爆炸，图1.2）导致物种（人群）生活质量下降的情形。

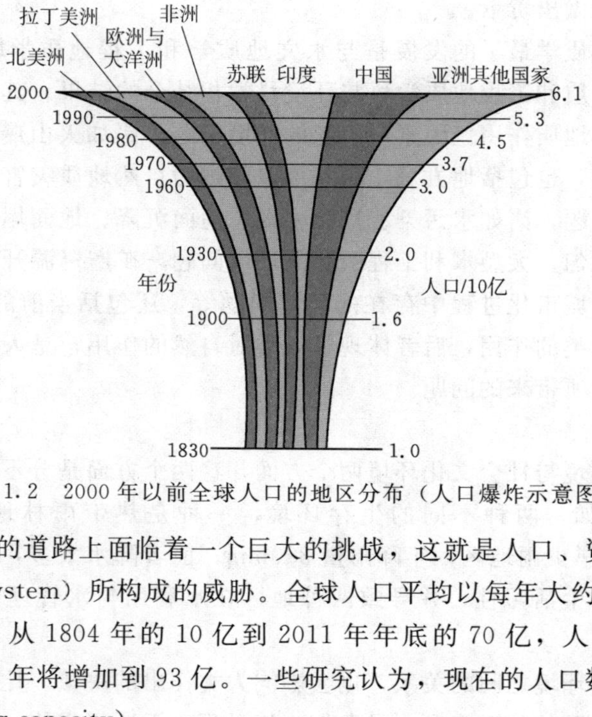

图1.2 2000年以前全球人口的地区分布（人口爆炸示意图）

当前人类在发展的道路上面临着一个巨大的挑战，这就是人口、资源和环境之间的失衡对生态系统（ecosystem）所构成的威胁。全球人口平均以每年大约7500万人、或每年1.1%的速率在增长，从1804年的10亿到2011年年底的70亿，人口数量在持续增长，预计世界人口到2050年将增加到93亿。一些研究认为，现在的人口数量已经超过了地球的承载容量（carrying capacity）。

综合人口、资源与环境3个要素，可以看出，环境危机集中表现在3个方面：有限的资源，人口增长的需求和废物的增加与安全处置。在人口迅速增长的同时，人类衣、食、住、行的需求日益增长，由此自然资源的消耗也将日益增加。更为严重的是，被开采的物质在加工过程中产生大量的废渣、废水、废气，制成品在使用后又留下大量废弃物。人类向大气中排放的废气使大气变浊，气候变暖；氯氟烃的排放使臭氧层遭到破坏；海洋、江河、湖泊、地下水被污染；森林被砍伐，耕地在锐减。

环境危机的直接原因是人口膨胀、城市化和工业化。不幸的是，对于今天全球性的环境问题尚没有快速的解决办法，主要因为：

(1) 在处理自然资源问题上缺乏道德指导。

(2) 缺乏减少环境压力的公共义务与责任。

(3) 解决问题需要合适的技术支撑。

可喜的是，越来越多的公众认识到环境问题的普遍性，环境保护意识在不断增强，对环境美学的要求在不断提高，环境保护成为基本国策，这是我们需要看到的乐观的一面。

1.2 基 本 概 念

1.2.1 人口增长

全球的人口增长呈现显著的阶段性，人口增长速率差异明显，与环境的协调关系也不同。

在 1804 年全球人口达到 10 亿，过了 118 年即 1922 年，人口达到 20 亿，可以说在 20 世纪以前，人口呈线性增长，对环境的影响是不明显的，人与自然的相处是和谐的。然而从 1959 年以来，全球人口的增长速率是每隔 13～15 年，人口增加 10 亿。据联合国报告，2011 年全球人口达到了 70 亿，按这个趋势再过 40 年即 2050 年，人口将达到 93 亿，这是一个指数增长（exponential growth）的过程（图 1.3）。

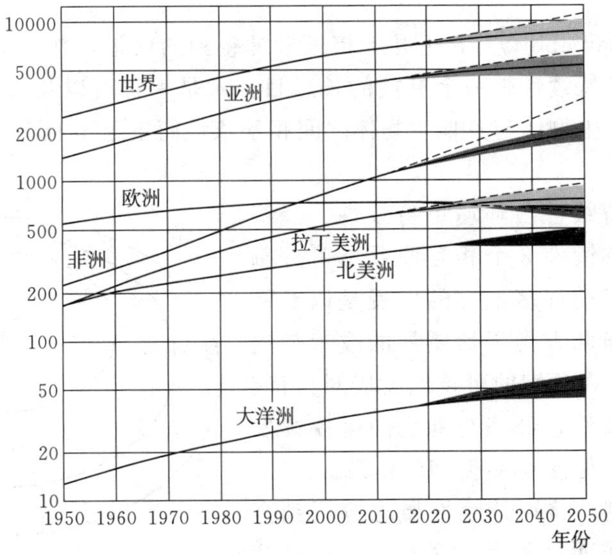

图 1.3　全球人口增长与预测图（纵坐标：对数坐标，单位百万人口，来自 http：//esa. un. org/ ）

对于人口指数增长，可以用下列方程来描述：$N=N_0e^{kt}$，式中 N_0 是现状年的人口数，

$k = \ln(1 + 人口增长速率) / \Delta t$。

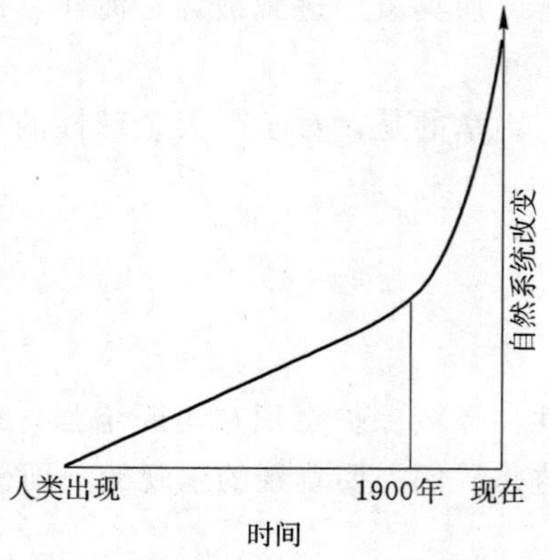

图1.4 自然系统改变速率示意图

为说明人口指数增长带来的问题，可以用一个简单的例子来类比：设想在一个固定体积的封闭烧杯内，具有适宜某种微生物生长的基质，微生物每小时成倍繁殖（增长百分数100%），12h后烧杯达到了其承载容量。结果是，由于基质的损耗，微生物活性降低、生长受到抑制而难以生存。

这个例子告诉我们一个重要的观点：人口按指数增长是一个无情的结局。在一些国家，如果没有很好的福利考虑到小孩、老人、穷人、病人和伤残人的需求，其结果往往需要家庭来支撑。对许多农村地区的人来说，福利机制的缺失使得许多家庭的小孩变成了劳动力。人口的指数增长在过去被认为是一个地区现象，而现在已成为全球性问题。

随着人口的指数增长，自然界出现了一些有害的或不受欢迎的变化或扰动，主要体现在空气、水、土壤和化石燃料等资源的消耗，以及生态系统的毁坏和野生生物的灭绝等方面。人口的快速增加，需要大量的物资与能源供给，这对于有限的自然体系，也常常以指数增长速率开发利用（图1.4），那么试图维持地球物质运动平衡的做法就会受到严重约束。以前休耕一两年再行耕作的土地，现今则被迫年复一年地进行连续耕种，导致土地没有恢复和更新地力的机会；毁林开垦、围湖造田现象普遍。类似地，资源与能源的所有环节都被要求提高产量，以求与社会现代化文明的高消费水平保持同步。

1.2.2 可持续性

可持续性（sustainability）是近几十年来常常碰到的词汇，然而对它的内涵却不容易把握。通常，认为可持续性是一个有益的长远目标，是一种可以长久维持的过程或状态，意味着地球上的每个生物体与其他生物体之间相互依赖而不至于有害于对方，能组成一个和谐的共同体。

人类社会的可持续性由环境可持续性、经济可持续性和社会可持续性3个相互联系不可分割的部分组成。尽管当前许多地方的发展是以经济发展为核心的，并强调人类生活质量的改善与提高，但不可否认的是，环境的可持续发展对经济、社会的发展具有约束性，经济与社会的可持续发展必须以环境可持续发展为保障（图1.5）。

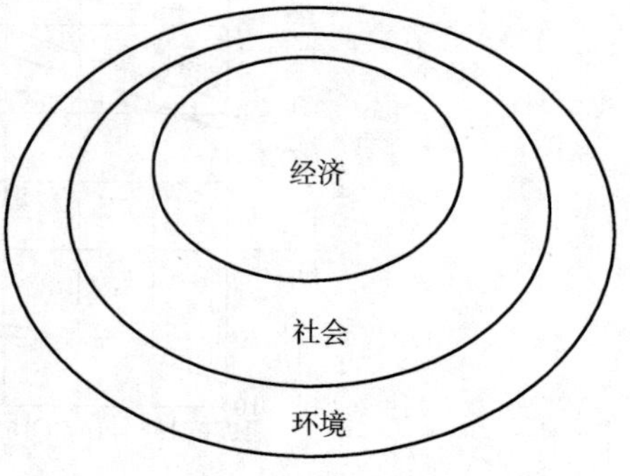

图1.5 经济、社会与环境关系

同时应该认识到，将可持续性概念应用到全球经济上是当前人类面临的巨大挑战。实现可持续的全球经济（sustainable global economy），需要发展有效的人口控制战略，彻底地重建能源计划，制定经济规划、财政援助和税收鼓励，以及切合健康的环境目标，制定社会、法律、政治和教育改革的方向。

1.2.3　地球系统性

系统（system）是由相互作用、相互依存的若干部分组合而成的具有特定功能的有机整体。系统可大可小，可简单，可复杂，其组成部分是相互联系的。系统具有开放与封闭的两重性，开放性指的是系统与外界存在物质与能量的交换，而封闭性则是指系统与外界没有物质与能量的交换。

地球是一个开放系统，每天都吸收有限的传输到地面的太阳能，形成地球表面的外力作用，如河水径流、水的入渗、冰川、风及地块运动，也形成地球内部的内力作用，如地壳运动、火山活动。地球系统是由大大小小、或复杂或简单的子系统构成的，每个子系统都会表现出各自不同的能量与物质交换特点。

系统中能量与物质的输入与输出能使系统处于平衡或不平衡、稳定或非稳定状态（图1.6）。当输入与输出相等时，系统能够维持平衡，或称稳定状态，与人类活动有关时也体现了良好的管理模式；当输入小于输出时，系统处于不平衡状态，确切地说是处于衰退状态，正如一个水库，只有水的输出，没有水的输入，水库将会干涸一样；当输入大于输出时，也是一种不平衡，会导致系统内部结构与性能的重新调整乃至破坏，比如污染。

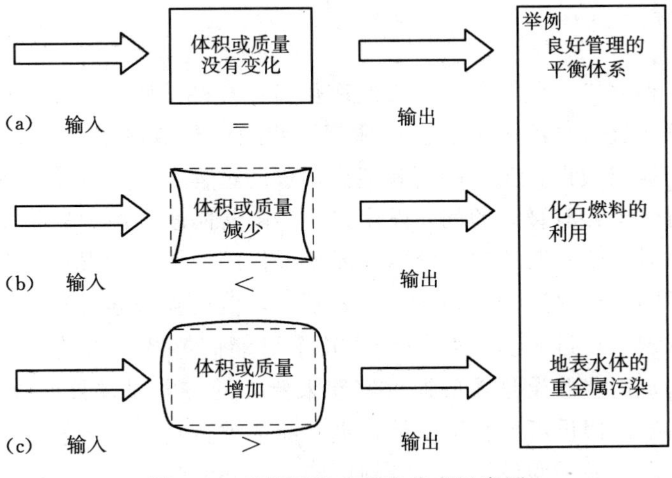

图 1.6　系统平衡或稳定状态示意图

维持系统的动态平衡是非常重要的，关系到系统能否发挥正常的功能；一个子系统的破坏，将会影响到其他子系统的物质与能量的输入输出，进而会影响更大规模的系统平衡。

系统在受到外界的影响后，会产生自我调整、平衡作用，以维持体系自身的稳定。然而，倘若外界影响急剧变化，系统可能面临平衡破坏的临界状态（阈值），一旦超出临界状态，就会引起系统的反馈。比如，断层的产生是由于外力作用破坏了岩土体的极限平衡状态后引起物体的快速位移，其结果可能导致滑坡灾害。因此，自然界系统平衡的阈值预测在环境地质学中作用巨大。

1.2.4　地球的灾变作用

地球上许多自然作用对人类都是有害的，即自然灾害。人类必须认识这些灾害，尽可能地避免或躲避这些灾害，使生命和财产损失最小化。

在人类早期，人口少，居住分散，尽管每天都有与自然灾害斗争的事件发生，但遭受的损失却不明显。随着人口增多和人群聚集，人类的需求增多，人类对自然界的改造或扰动也在不断增加，比如农业、伐木、开矿和城市化带来的土地利用变化。各种自然灾害带来的损失及其影响也在增大，以前的局部性灾害可能会演变成区域性甚至全球性的灾害。例如：人口增长迫使人群居住到一些灾害易发地区，如洪水淹没区、陡峭的山脚下、活火山附近；土地利用类型的转变，包括城市化和沙漠化，增加了洪水灾害，使斜坡失稳；化石燃料的利用增加了二氧化碳的排放，造成温室效应、海平面上升，风暴强度增强。

结合气候、生物和地质等条件，人类现在可以认识许多自然作用，并预测它们的行为和影响。比如，气象工作者根据局部和区域气象变化，警示人们提防风暴灾害；地质工作者根据地形地貌和气象预报等信息，向政府提供地质灾害预警的决策依据，以避免或减少财产损失。为提高决策精准性，常常会针对某个地区开展某种灾害的风险评价。

很多时候，一些认识难以达到精确、可靠的程度，使得人们在灾害面前毫无预感而导致重大损失，比如地震预报。然而，认识自然作用的步伐是不能停息的，只有这样，我们的认识才会不断进步，才有希望最小化自然灾害带给人类的损失。

1.2.5 科学方法

1. 科学方法

当我们面对某种环境问题时，其解决的途径离不开科学调查，结果也经常提出几种不同的解决方法，然而最后采用的方法往往体现了我们的价值体系。环境问题的科学调查，是一个问题勘察、提出假设、实验验证和理论形成的过程，是一个需要批判思维的过程。

调查者常常对一个存有疑惑的问题发生兴趣，随着问题逐渐明朗，他们往往被激励着继续探索下去。面对一个不明朗的系统内部或外部作用，调查者根据自己的认识会提出一些与系统相关的疑问。如果这些问题缺乏研究基础，他们会根据野外或实验室的仔细观察来形成概略性的认识，并进一步提出一个或几个可能的答案。这就是假设（hypothesis）产生的过程。然而，这些假设是需要通过实验来验证的，即通过数据收集、整理与分析，来获得结论。其结果是假设可能会被采纳，也可能会被否定。如果假设被采纳，可能会衍生出更进一步的假设；如果假设被否定，则可能从另外的角度形成新的假设。通常，这样的调查方法被称为科学方法（scientific method）。

图1.7说明了科学方法的步骤。首先是形成一个问题，比如，“海滩的沙砾来自哪里”？要解释这个问题，调查者会花时间在海滩进行观察，他会注意到一些发源于附近山体并汇流到海洋的河流，然后会提炼问题使之更为具体：“这些通过河流汇集到海滩的沙砾是来源于附近山体吗”？这个问题事实上反映了一个假设“海滩的沙砾来源于附近山体”。为验证这个假设，调查者采集了海滩沙样、河流沙样和山体沙样，通过比较这些沙样的成分，发现3种沙样的矿物成分是大致相同的，由此得出海滩沙砾来源于山体的结论，其假设也是成立的。如果假设不成立，调查者还需要另外再形成一个新的假设。在复杂的环境问题上，可能会形成多个假设并一一验证。如果一个假设经足够数量的实验验证后仍然成立，假设就可能被当作理论（theory）。一个理论需要有严谨的科学陈述，由于它来源于假设，这个理论可能是真理，但它的验证并没有终结。或许，会有新的证据推翻现有的理论。因此，许多的科学工作是去发展并验证假设，力争推翻现有假设并进一步形

成新的假设。

2. 批判性思维

在科学调查中需要批判性思维（critical thinking），这是一个为了决定什么可做、什么可信所进行的明确、合理的思考（Elkins，1999）。通常，批判性思维应该有一个衡量标准，比如：表述问题要明确，如果你的表达不清楚，别人就难于理解或误解你的思想；你的问题是否具有时间概念，比如自然灾害的频率，资源开发与利用的时间框架；你的假设与别人的假设是否重复？在假设验证过程中有没有认真检查你的数据？尤其是，你的结论是不是来自于你的数据？另外，文献来源可靠不可靠？等等。这些衡量标准的确有助于思维能力的提高。

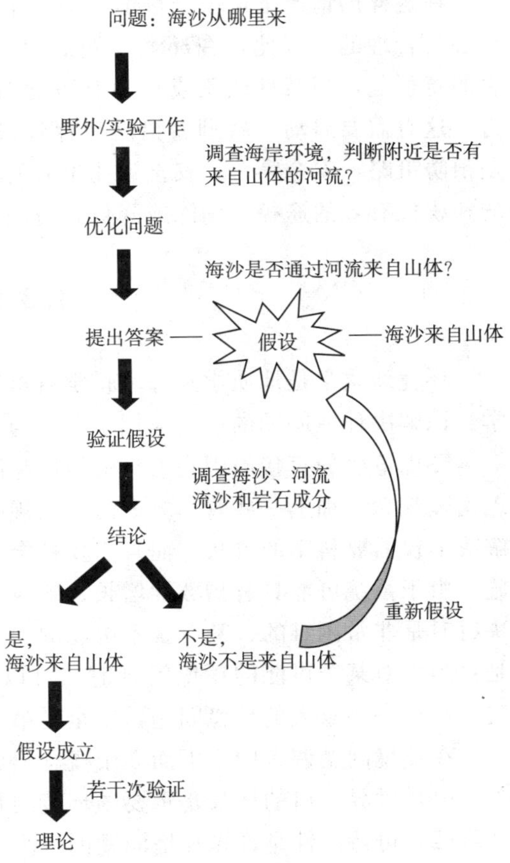

图 1.7　科学方法的步骤

3. 地质年代

地质年代（geologic time）是指地球上各种发生地质事件的时代，反映各地质事件发生的先后顺序和发生时间。地球的产生大约有 46 亿年的历史，在地质年代划分上，地球经历了前寒武纪（5.45 亿年前至 46 亿年前）、古生代（2.45 亿年前至 5.45 亿年前）、中生代（6500 万年前至 2.45 亿年前）和新生代（最近 6500 万年）。其中，在前寒武纪，地球从无氧到有氧，出现了大量多细胞的有机体，但只是在古生代寒武纪和奥陶纪，才开始出现鱼类动物和陆地植物，形成化石燃料。到了中生代，出现大型的哺乳动物，恐龙和鸟类大量出现，然而也是在这个世代，恐龙遭到灭绝。人类的出现，最早是在新生代的第四纪更新世，距今约 165 万年，相对于地球年龄非常晚。或许，这也是科学工作者对更新世晚期（最近的 1.8 万年）环境地质问题感兴趣的原因，尤其集中在 1 万年前开始的全新世。

在环境地质学研究中，人们提出假设时总是离不开时间这个因素。地质年代的利用能够帮助我们验证一个假设能否成立。比如，我们提出了燃烧化石燃料释放二氧化碳会导致全球变暖的假设，即温室效应。在验证这个假设时，会利用近几百年到几千年的温度记录，来说明在燃烧化石燃料的工业革命之前，全球温度要比现在低。在这样的假设验证中，全球温度随时间变化的过程能够帮助我们判断这个假设是否成立。

4. 预警原则

科学的作用是努力揭示与环境问题相关的各种作用，比如全球变暖、有毒物质的污染、资源消耗等。然而，由于科学处于发展阶段，当面临严重的环境问题时，科学并不能像人们期望的那样去明确环境问题的发生时间、发生地点和规模。比如地震，目前阶段用科学方法准确预报地震是非常困难的。

在这样的情况下，由于科学证据不充分，或者评价的初步性，人们对环境问题危害的担心是合理的。因此，在环境问题面前，预警原则（precautionary principle）尤为必要。它的意思是，当某种现象或行为有可能对公众或环境存在损害时，却缺乏科学证据的支持，这时需要启动一些预警措施以保证没有危害出现（Foster，2000）。通俗地讲，也就是预防策略，安全第一，安全远比事后的“对不起”要重要。预警原则鼓励人们采取经济的和积极有效的途径去消除或降低环境问题的危害性。

1.3 小 结

环境地质学是地质学和环境科学有机结合的产物，是以地质环境为研究范围、用地质学知识解决环境问题的一门应用学科，与水文地质学和工程地质学关系密切。

环境危机的直接原因是人口的过度膨胀、城市化和工业化，由于在对待土地问题上缺乏伦理观念，加上一些管理方面法律法规的缺失，环境压力的缓解非常困难。环境问题的解决不仅需要科学的方法，而且需要社会、经济和伦理行为的推动，使得一些措施得以实施。由于系统可能具有指数性增长、效应滞后以及结果不可逆转等复杂性，环境问题的解决有时是非常困难的、甚至是不可能的。为此，我们更需要一个预警应对的态度，其原则是：当面对某个可能的环境问题时，可以不经过科学论证而寻找一种经济有效的预警方法。对于一些重大的环境问题，安全是第一位的。

在环境问题调查中，下面5个概念形成了工作框架：

（1）世界人口的增长是重要的环境问题。

（2）可持续性是许多环境问题的解决之本。

（3）认识地球系统性和系统变化速率对解决环境问题很必要的。

（4）地球的灾变性总是存在的，环境问题是复杂的，我们需要认识并尽可能地避开这些自然灾害，使得生命与财产损失最小化。

（5）为解决某个环境问题而开展的科学调查，常常会产生多个不同的解决方法，而最终的选择体现了我们的价值体系。

关 键 术 语

carrying capacity	critical thinking	earth's critical zone
environmental crisis	environmental geology	exponential growth
geologic time	land ethic	precautionary principle
scientific method	sustainability	system

复 习 题

1. 什么是环境地质学？
2. 环境危机的根源是什么？
3. 我们为什么如此关注人口的增长？
4. 什么是可持续性？

5. 什么是指数增长?

6. 地球系统性的重要性体现在哪里?

7. 什么是科学方法?

思　考　题

1. 如果现在发生了一种环境危机，有什么可利用的解决办法来减轻它?

2. 你认为在人口增长控制方面有必要采用预警原则吗? 举例谈谈你的看法。

可 利 用 网 站

1. Environmental Geology. From Wikipedia. http://en.wikipedia.org/wiki/Environmental_geology.

2. Population Reference Bureau. http://www.prb.org/Publications/Datasheets/.

3. Population Growth. https://en.wikipedia.org/wiki/Population_growth.

4. 中国地质环境信息网. http://www.cigem.gov.cn/.

5. 国土资源部地质灾害实时监测预警示范站. http://www.wss.org.cn/imageX.aspx.

6. 批判性思维共同体(The Critical Thinking Community). http://www.criticalthinking.org//.

7. 中华人民共和国环境保护部,中华人民共和国环境保护法,1989 年颁布,2014 年修订,2015 年 1 月 1 日实施. http://zfs.mep.gov.cn/fl/201404/t20140425_271040.htm.

8. World population estimates. https://en.wikipedia.org/wiki/World_population_estimates.

第2章 地球物质及其作用

本章的学习将着重于与环境问题密切的地球物质及其作用，包括地质循环，岩石及其特征，以及地表作用等。如果你没有学习过地质学方面的基础知识，本章内容或许会激发你对地质学的兴趣，而且也能够为后面章节的学习提供帮助。主要包括：①地质循环及其次循环（构造、岩石、水文、生物地球化学）；②重要的矿物和岩石类型及其环境意义；③岩石构造，如断层和褶皱；④塑造地形地貌的地表作用，如风和冰。

位于我国湖南省的张家界地貌是砂岩地貌的一种独特类型，它是以石英砂岩为母岩，以流水侵蚀、重力崩塌、风化等作用形成的以棱角平直的、高大石柱为主的地貌景观。

2.1 地质学概述

简单地说，地质学是一门研究矿物、岩石起源及其随时间变化过程的学科，很大程度上只限于对地球岩石圈的研究。在矿产和能源勘查与开发、水资源评价、自然灾害防御、环境问题修复以及古气候探索等方面，地质学具有极其重要的作用。环境地质学是以地质环境研究为基础的，与地质学密不可分。

自然界本身是一个巨大的天然试验场，已经完成或正在进行着很多的试验。通过观察，人类能够了解到一些自然现象是因为什么、什么时候和如何发生的规律。从这方面看，地质学很大程度上是一门观察性学科，不同于物理、化学等学科，后者很多研究是借助于人、且在一些人为控制条件下完成的。当然，地质学的许多现象也可以通过在实验室内进行一些模拟来弄清其产生、发展、演变的规律。

由于早期地质科学的先驱一般来自于社会上流，所以地质学又称为“贵族科学”。回顾200年前地质学形成阶段，地质学是在狭窄的空想思维中发展起来的，这就需要一些必要的条件，主要有以下几个方面：

(1) 观察时间。大多数工薪阶层的平民为了生计，从早到晚忙碌，而不像贵族阶层的权贵人物有充裕的时间，能够对自然界产生的现象进行仔细观察。

(2) 旅行时间与资金。由于地质环境的差别，地质学不同于其他自然学科，尤其对一个杰出的地质学家来说，他需要四处周游，观察比较各种自然现象的相似与不同。与数学、化学不同，2+2=4 和 $Na^+ + Cl^- \longrightarrow NaCl$ 不论地点、条件，其规律性总是存在的。早期地质学家必须有充裕的时间和足够的财力去观察各种不同的地质环境。美国地质学家 Walter Bucher (1889—1965) 就信奉这样一句话“见过岩石最多的地质学家才是最好的”，这个领域以能见到更多不同岩石为荣。

(3) 思想的独立性。从科学发展角度来看，需要在学术上具有独立见解、敢于坚持己见的勇敢者。比如，很少有人敢反对圣经上所讲的“地球诞生了6000年时间”，持有相反意见的人是要被驱逐出当时的社会阶层的。相比之下，家庭富有的人更有条件与当时一些教条言论作斗争。

尽管在19世纪早期就有地质学这方面的专业书籍出版，但直至1830年，Charles Lyell (1797—1875) 写出了第一本综合性的专业著作《地质学原理》(*Principles of Geology*)。可以说，地质学是所有学科中最年轻的学科。另外，地质学作为年轻学科的原因还在于：地质学像天文学一样，必须从微观到宏观来研究物质，从瞬间到几百万年来研究事件的发生。相对于地质形成与演化的时间规模，地质学的研究历史是极其短暂的。由于地球演变历史很长，对地球上形成物质、导致变化的各种因素、过程和特征进行理解、汇编、分类与预测，则需要很长时间的研究和积累。

早期时候，地质学几乎处于定性描述阶段。然而，随着科学技术发展，地质学已越来越多地开展定量评价，广泛地运用统计学、数值方法进行各种研究。高科技的发展也给这门学科带来了新方法、新技术和新手段，主要体现在以下几个方面：

(1) 数学应用更广，参数趋于定量化。

(2) 各种模型都有了长足发展，如仿真、数值化、概念、物理模型等。

(3) 实验手段科学化，实验设备先进化。

(4) 探测地球内部变化及地球运行轨迹的应用装置更为先进。

(5) 平衡-非平衡体系的边界条件、压力、受力极限等概念在模拟、评价、管理环境系统中越来越重要。

(6) 与其他学科尤其是环境科学的关系越来越密切，资源与环境的关系密不可分。

2.2 地球的内部结构

地球内部结构是指地球内部的分层结构。如今的探测器可以遨游太阳系外层空间，但对人类脚下的地球内部却无法触及。目前世界上最深的钻孔也刚过12km，连地壳都没有穿透。科学家只能通过研究地震波、地磁波和火山爆发来揭示地球内部的奥秘。

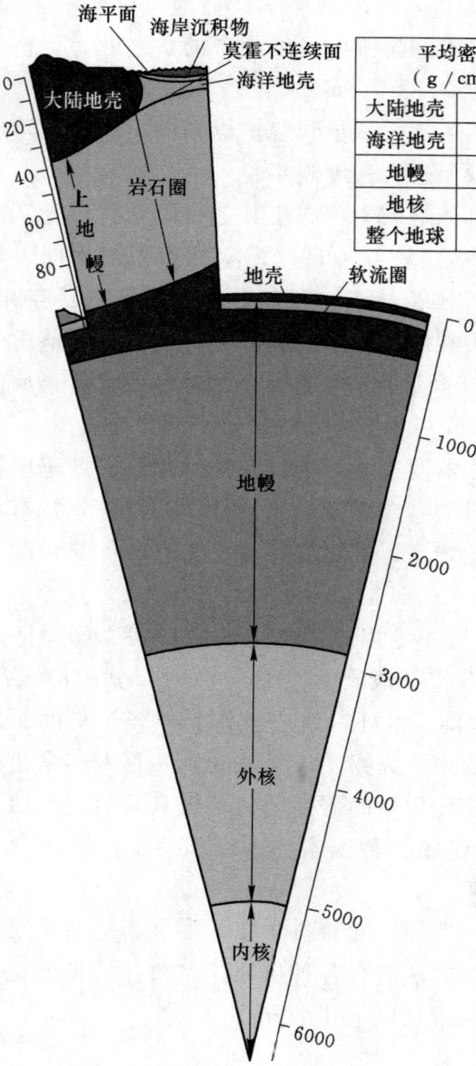

平均密度（g/cm^{-3}）	
大陆地壳	2.8
海洋地壳	2.9
地幔	4.5
地核	10.7
整个地球	5.5

图 2.1　地球的内部结构及其分层（单位：km）

地球的平均直径为 12742km，半径大于 6000km，图 2.1 反映了地球的内部结构以及从地心至地表的分层。其中，岩石圈包括地壳和部分地幔（上地幔），软流圈分布在地幔内部，位于岩石圈下面。各个分层的属性估测主要依据 3 方面：对不同地震的地震波解释、板块活动暴露的岩石特征和类似行星的陨石。

地球基本结构的组成包括地核、地幔和地壳，由两个波速变化明显的界面区分。第一个界面深度不太一致，在大陆区较深，在大洋区较浅，这个界面称“莫霍面”（Moho），是地壳和地幔的分界面；第二个界面深度约在 2900km，称“古登堡面”（Gutenberg discontinuity），是地幔和地核的分界面。

2.2.1　地核

地核（core）分内核与外核。其内核呈现固态，厚度大于 1300km，与月亮大小相近，但温度与太阳表面的温度差不多，主要由金属组成，其中铁元素占 90%的重量，还有少量的硫、氧等。外核呈液态，厚度大约 2000km，成分与内核相似，但流动性很强，甚至与水相似，比蜂蜜流动性强。内核与外核的平均密度大约 $10.7g/cm^3$，几乎是地球平均密度 $5.5g/cm^3$ 的两倍，地球中心处的密度最大，约 $13g/cm^3$。

2.2.2　地幔

地幔（mantle）厚度接近 3000km，包围在外核的外部，大部分呈固态，平均密度约 $4.5g/cm^3$，主要以富铁镁质的硅酸盐为主。

在地幔的最上部至地球的表面，冷的、刚性的地球外部圈层称为岩石圈（lithosphere），其下部热的、具有轻微流动性的软弱岩层称为软流层（asthenosphere）。岩石圈的平均厚度约为 100km，变化范围为几千米至 120km，地壳就位于岩石圈的顶部。

2.2.3　地壳

地壳（crust）由固体岩石组成，位于岩石圈的顶部。大洋地壳较薄且匀称，厚度为 6～7km；而大陆地壳较厚，平均 35km，最厚可达 70km，硅含量也较高。因此，整个地壳平均厚度还不到地球半径的 1/100。地壳的平均密度约为 2.8g/cm^3，海洋地壳的平均密度稍高，为 2.9g/cm^3。

2.3　地质循环

在地球演变的 46 亿年历史长河中，各种物理、化学和生物化学过程创造、维持、毁灭、重建了地球表层的物质，形成了人类赖以生存的物质基础——土地、水和大气，这些过程统称为地质循环（geologic cycle），如图 2.2 所示。实际上，地质循环是由多个次循环组成，包括构造循环、水文循环、岩石循环和生物地球化学循环（Longwell，1969）。这些次循环相互影响，能够产生各种地质作用，比如滑坡、地震、火山活动、洪水、地下水运动和气候变化。同时，这些次循环内在或外在的作用，致使地球物质（如矿物，岩石，土壤和水）一直处于形成、转化与运动状态之中。

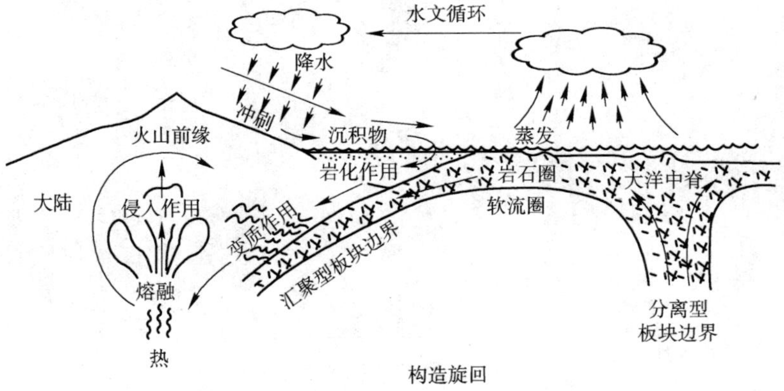

图 2.2　地质循环示意图

2.3.1　构造循环

构造作用受地球深部内力的控制，它们塑造地壳，形成海洋盆地、陆地与山脉等地貌外形，这些过程统称为构造循环（tectonic cycle）。现在已经知道地球外层岩石圈是致密的、不连续的，它包括陆地与海洋。在构造作用下，岩石圈破裂形成相互分离的板块，包括太平洋板块、欧亚板块、北美板块、南美板块、非洲板块、南极板块和印度-澳大利亚板块等（图 2.3）。板块的产生、运动与破坏过程称为板块构造（plate tectonics）。当这些板块运动、侵入岩石圈下面的软流层时，就会导致陆地运移，陆地的这种运动被称为大陆漂移（continental drift）。板块移动的速度很慢，20～150mm/a 不等，相当于人手指甲生长的速度。

相邻板块之间的接触带在地质上是活动的，许多地震、火山活动都在这里出现，后面的章节将进一步阐述。板块接触的边界有 3 类（Dewey，1972）：离散边界（divergent boundary）、聚敛边界（convergent boundary）和转换边界（transform boundary），如图 2.3 所示。

（1）离散边界：出现于大洋中脊（mid - oceanic ridge），板块相互分离引起地球内部岩浆上升形成新的岩石圈。

（2）聚敛边界：在一个板块俯冲到另一个板块前缘的下面时出现，然而当两个板块的前缘物质相对脆弱时（由较轻的物质组成），俯冲就难以发生，而出现了一种特殊的聚敛边界——碰撞边界。

（3）转换边界：在一个板块滑动越过另一个板块时出现，板块发生剪切错动，有人又称之为剪切边界。著名的美国加利福尼亚的圣安德列斯断层（San Andreas Fault）就是巨大的太平洋板块与北美板块相互作用的结果，位于转换断层边界上。

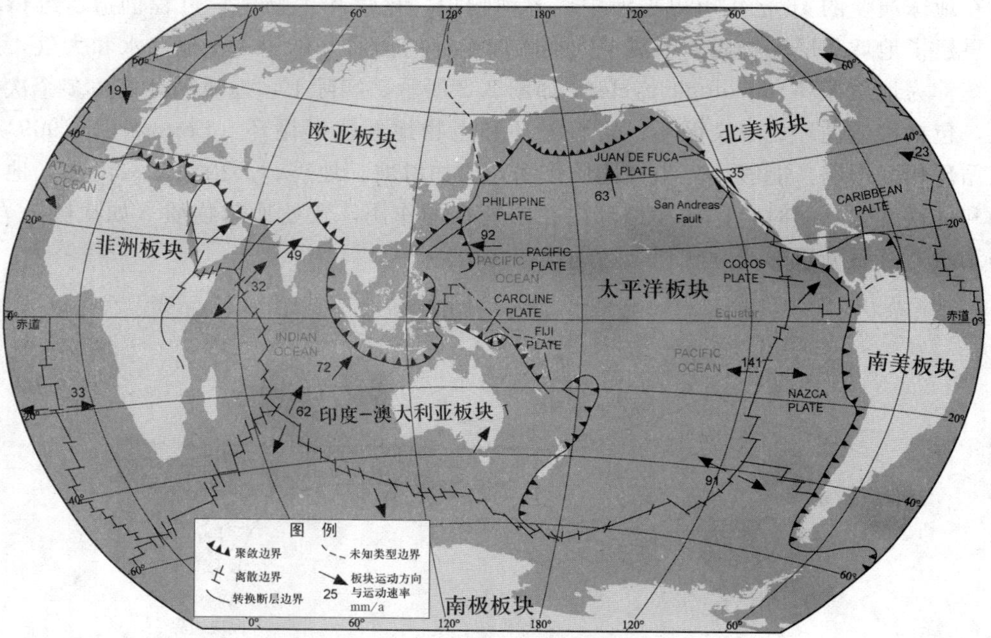

图 2.3　地球板块及其接触边界

2.3.2　水文循环

水在地球表层与大气圈之间的运动过程，称为水文循环（hydrologic cycle）。水在蒸发作用下从地球表层进入大气层，在风的作用下漂移，经凝结作用形成云、雨，再以液态或固态形式降落到地面，形成地表和地下径流。水文循环主要包括水的蒸发、凝结（云雨的形成）、降水、入渗和径流5个环节（图2.4）。在任何时刻，海洋中也只是极少的水参与水文循环，然而，对于化学元素的迁移、地貌的塑造、岩石的风化、物质的搬迁与沉积、人类水资源的供给等，这些水分却是极其重要的。因此，了解水文循环，将有助于我们认识和利用这种重要的资源。

2.3.3　岩石循环

岩石是指除了水、沉积物、土壤和有机物以外的地球组成物。岩石的分布很广泛，矿藏、油井、地震波的传输介质可深达地下几十千米的岩层。由于地表各处土壤、松散沉积物、填土的厚度不一，因而基岩面的埋藏深度也是各种各样的。不少地方松散沉积物可达几千米厚，岩石风化的土壤层厚度可达100m之多。

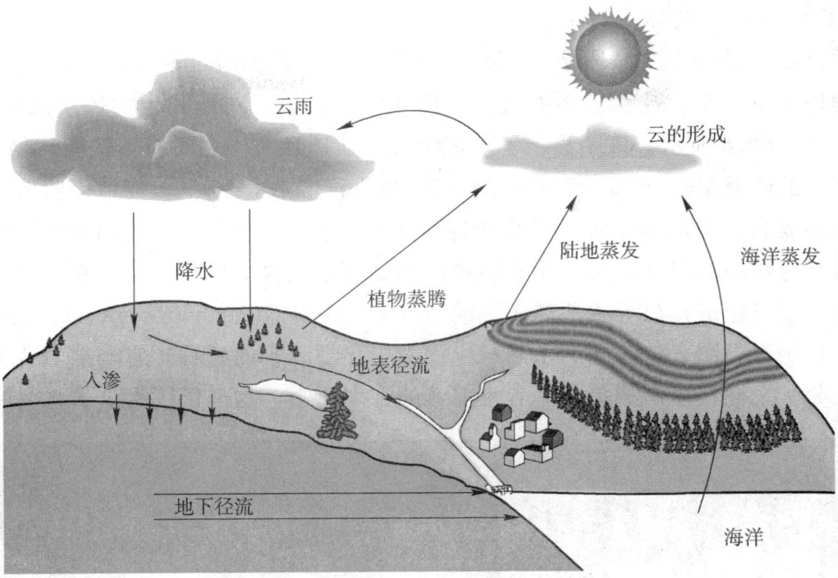

图 2.4　水文循环过程示意图

岩石是由一种或多种矿物组成的混合物，根据其成因通常可分为 3 种类型：火成岩、沉积岩和变质岩。三大类岩石构成了地壳或岩石圈，因地质条件发生变化，它们会相互转换。任何一类岩石都可以变为另外一类岩石，这 3 类岩石互相转变、不断更新循环的现象，称为岩石循环（rock cycle），如图 2.5 所示。岩石循环受其他地质次循环的影响。例如，板块活动过程中的压力和能量能够使得某些或所有矿物重结晶，并导致岩石类型转化。

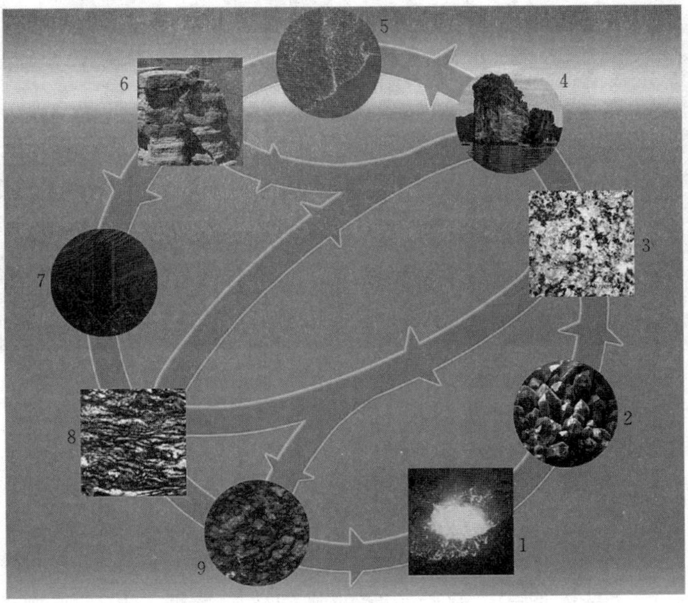

图 2.5　岩石循环系统（来自于 User：Woudloper）

1—岩浆；2—结晶作用；3—火成岩；4—侵蚀；5—沉积作用；6—沉积物和沉积岩；7—构造掩埋和变质；8—变质岩；9—熔化

2.3.4　生物地球化学循环

地质循环的另外一个次循环是生物地球化学循环（biogeochemical cycle），是指地球化学元素在生物作用下分布、迁移循环的过程。比如空气、水、陆地和生物体中的碳循环（carbon cycle），如图 2.6 所示。该图显示了全球大气、陆地和海洋之间每年碳循环格局，人类每年向大气释放的碳总量达 90 亿 t，其中 20 亿 t 被海洋吸收，30 亿 t 被地面吸收，而 40 亿 t 滞留在大气层成为年增加量；海洋自然流通量为 900 亿 t，陆地自然流通量达 1200 亿 t。当前碳循环具有特殊的重要性，因为化石燃料的燃烧可以提高大气中二氧化碳的浓度，许多科学家正在关注二氧化碳排放导致地球表层的“温室效应”（greenhouse effect）。由于生物地球化学循环包括了岩石圈、软流圈、水圈与生物圈中化学元素的迁移，它与岩石循环是相互联系的，并且与水文循环密切相关，后者为前者的许多化学、物理作用提供了必要的水分。

图 2.6　全球碳循环（U.S. DOE）（单位 10 亿 t/a，GtC/a）

2.4　岩　　石

2.4.1　矿物

矿物（mineral）呈晶体形式，具有一定的物理化学特征。尽管矿物种类有 2000 多种，但主要的造岩矿物（rock-forming mineral）仅有 6 种：石英、长石、云母、角闪石、辉石和橄榄石，它们是地壳岩石的主要组分。8 种元素构成了岩石重量的 98%，它们是：氧、硅、铝、铁、钙、钠、钾、镁（图 2.7）。因此，含有这些元素的矿物在地壳中丰度很高也就不奇怪了。

矿物的形成是各种各样的，当熔融物质冷却固结时，岩浆中组分通过结晶形成矿物。矿物也能通过交代作用形成，如变质岩中矿物的形成就是元素在新的平衡条件下重新组合的结果，老矿物因不稳定而形成稳定的新矿物。对于像岩盐这样的某些沉积岩，蒸发过程也可以形成矿物。

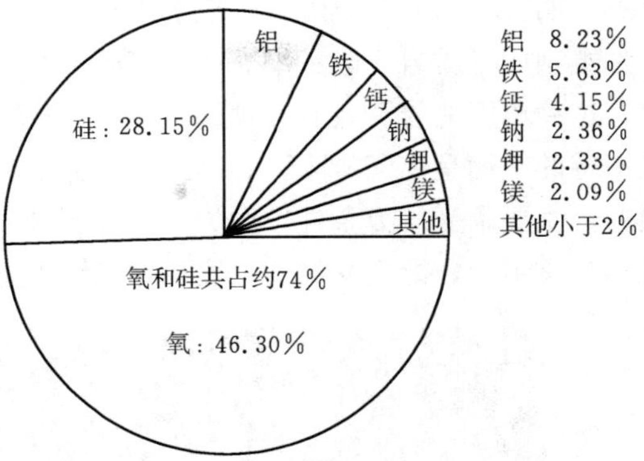

图 2.7　地壳中主要元素含量百分比图

矿物的分类方法较多，但按化学组分的分类方法是最为普遍的。该方法主要是根据矿物特征和矿物出现的阴离子或阴离子团来进行分类的，通常分为：

(1) 硫化物类：如黄铁矿（FeS_2）、方铅矿（PbS）、闪锌矿（ZnS）、辰砂（HgS）、辉锑矿（Sb_2S_3）、辉钼矿（MoS_2）。

(2) 氧化物类：如赤铁矿（Fe_2O_3）、磁铁矿（Fe_3O_4）、石英（SiO_2）、软锰矿（MnO_2）。

(3) 卤化物类：如萤石（CaF_2）、石盐（NaCl）。

(4) 碳酸盐类：如方解石（$CaCO_3$）、白云石 [$CaMg(CO_3)_2$]、孔雀石（$CuCO_3 \cdot 10H_2O$）。

(5) 硫酸盐类：如石膏（$CaSO_4 \cdot 2H_2O$）、重晶石（$BaSO_4$）。

(6) 磷酸盐类：如磷灰石 $Ca_5[PO_4]_3[F,Cl]$。

(7) 硅酸盐类：高岭石 $Al_2(Si_2O_5)(OH)_4$。

(8) 自然元素类：金（Au）、银（Ag）、石墨（C）。

在矿物方面，地质学家研究较多的有以下几方面：①矿物形成岩石的途径；②是否具有经济价值；③在风化、成土过程中矿物的稳定性；④作为材料的强度与工程特征。

2.4.2　岩石类型

岩石（rock）是由一种或多种矿物组成的，根据其成因可分为以下 3 种类型：

(1) 火成岩（igneous rock）。火成岩由熔融物质形成，分为喷出岩和侵入岩。喷出岩也叫火山岩，是岩浆喷出地表冷凝而成，典型的喷出岩是玄武岩 [图 2-8 (a)]，尤其是出现于大洋盆地的橄榄玄武岩；侵入岩可深达地表以下若干千米，当覆盖层被剥蚀后也可在地表看到，如花岗岩是最典型的侵入岩 [图 2-8 (b)]。

(2) 沉积岩（sedimentary rock）。是由各种外力地质作用形成的沉积物（碎屑物、化学和有机化学沉淀物、黏土等，通常还包括其他岩石在地表的堆积物），在地表或近地表条件下，经过固结成岩作用形成的岩石。由地质营力产生的沉积物如页岩、砂岩，由化学沉积物形成的沉积物如岩盐、石灰岩 [图 2-8 (c)、(d)]。压力作用可以使沉积物成为坚硬、致密的岩石，沉积岩通常呈层状分布，几乎覆盖了 75% 的地表。在陆地上，沉积岩的平均厚度达 2300m。另外，像煤、珊瑚这种有机岩也是一种特殊类型的沉积岩。

(3) 变质岩（metamorphic rock）。是地壳中已形成的岩石在高温、高压及活动性流体的作用下形成的岩石［图 2-8（e）、（f）］。在不同的环境条件下，原来的岩石转变成一种新的具有不同特征的岩石。侵入火成岩的热量、流体以及深层地热都可以引起围岩的变质作用，这种类型的变质岩一般都没有片理构造。另一种类型的变质作用是由造山过程中高压作用所致，这种成因的岩石具有片理构造，主要表现是片状矿物（如云母）或柱状矿物（如角闪石）按一定的平面呈定向排列；容易沿片理面形成薄片状；片理面多是平整的，也可以是波状弯曲的，主要是受压力条件、原岩层理等多种因素控制。在变质过程中，矿物可重新结晶而形成结晶质结构，即变晶结构。变晶结构与片理构造是变质岩的两大特点。

图 2.8 三大岩石部分类型

火成岩：(a) 玄武岩，(b) 花岗岩；沉积岩：(c) 砂岩，(d) 石灰岩；变质岩：(e) 片岩，(f) 角砾岩

2.4.3 岩石构造

岩石构造（structure）可分为原生构造与次生构造，两者的区别是成岩前后的两种产物。

原生构造是岩石在成岩过程中发育的构造，如原生沉积构造层理和波痕等。次生构造的两种主要形式褶皱与断裂，都是由于地壳运动导致岩石变形形成。弯曲形成的褶皱可以分为背斜和向斜以及单斜褶皱，如图 2.9 所示，通常用走向、倾向、倾角来描述褶皱的产状。

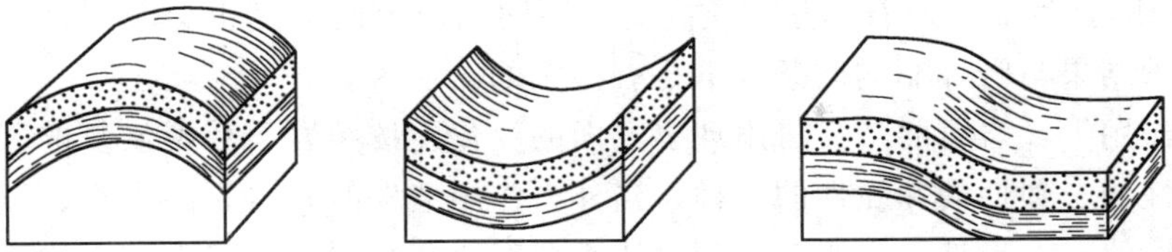

(a)　　(b)　　(c)

图 2.9　褶皱的类型

(a) 背斜；(b) 向斜；(c) 单斜

构造的另一个主要形式是断裂，又可分为节理（joint）与断层（fault），前者表明岩层沿破裂带的两侧没有发生明显位移，后者则表明岩层沿破裂带的两侧发生了较大位移。常见有断层类型见表 2.1。

断层的规模大小不一，有的小到一厘米，有的大到几千米。一些平移断层如圣安德列斯断层平移距离达几百千米。断层也可以使岩层发生垂直位移，断距大的可达几千米，比如，美国加利福尼亚州东部内华达山脉的东麓由于断层作用抬升超过 8km。这样巨大的运动常常伴生火山活动、地震和造山运动，产生岛弧、海沟等一系列现象。

表 2.1　　常 见 的 断 层 类 型

图示	断层类型	说明
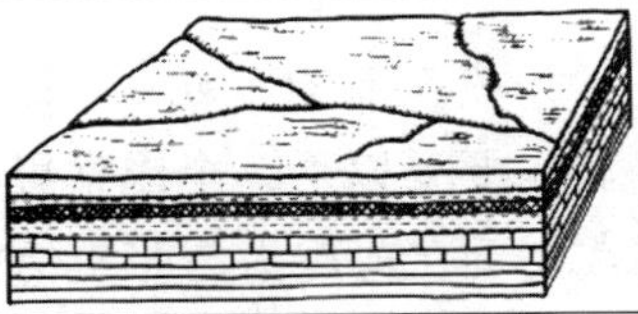		断层错动前的参照岩体，水系从左流向右
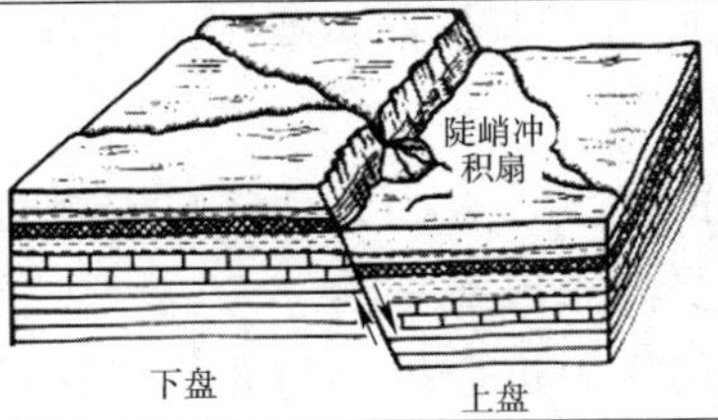	正断层	上盘相对下降，下盘相对上升，断层面一般较陡的断层称为正断层
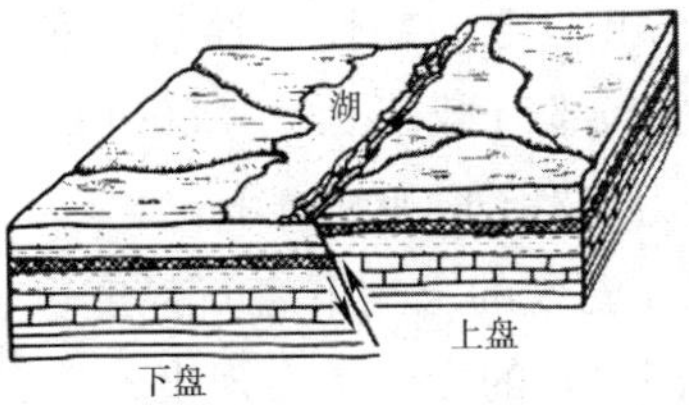	逆断层	上盘相对上升，下盘相对下降，断层面一般较陡的断层称为逆断层
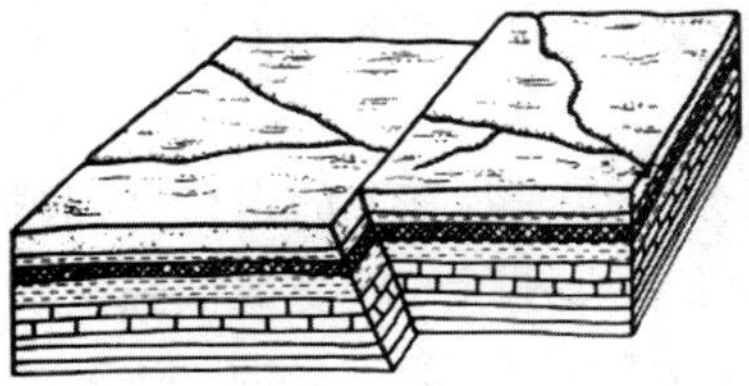	平移断层	两盘沿断层面走向相对水平移动的断层称为平移断层。通过直接查看断层及注意对盘的运动方向可对一个平移断层进行描述。左图所示的例子是一个左旋断层，这是因为对盘向左移动。如果对盘向右移动，则是一个右旋断层。要注意，水平地层没有显示有垂直位移

2.4.4　岩石强度

环境地质工作者有必要了解地球物质的强度，能够为土地利用规划和预报自然灾害服务。通常，可以通过测试岩石破裂前的应力响应和检验岩石的结构与构造来确定岩石强度(rock strength)。然而，岩石不是均质的，在不同方向上的强度也会不同，因此实验室对小样品的测试结果与野外非均质条件下是有差别的。

在力的作用下，岩石的特征将出现多方面的变化。按照岩石变形恢复的程度不同，岩石可分为弹性的、塑性的和脆性的3种。当外力作用消失时，岩石的大小、形状能完全恢复，称为弹性的；一旦外力作用消失而物体不能完全恢复到初始状态，则称为塑性的；如果岩石在外力作用下无明显变形而是立刻破碎，表明岩石是脆性的（图2.10）。根据岩石在破坏前的弹性变形与塑性变形大小，又可以将岩石分为弹塑性的和弹脆性的。

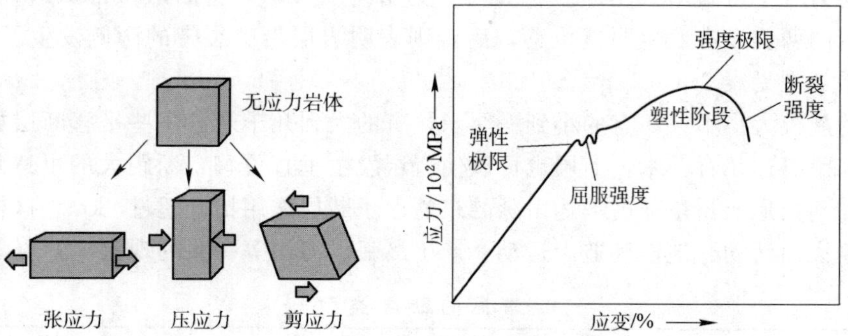

图2.10　岩石受力时应力-应变关系曲线示意图

岩石抵抗外力作用而不被破坏的能力被称为岩石强度，常用安全系数（safety factor，SF）来表征，是一个反映岩石抗外力能力上限的工程参数。其主要受以下5个因素影响：

（1）力的类型与大小。岩石在压应力作用下的强度，通常大于在剪应力与张应力作用下的强度。比如：典型的花岗岩可承受2000kgf/cm^{2}的压应力，但仅能承受40kgf/cm^{2}的张应力与220kgf/cm^{2}的剪应力。

（2）岩石类型。岩石的行为特征常常反映了组成矿物的类型、大小、晶格与矿物间的连接类型。因此，在力的作用下，片状岩石与均质岩石的受力表现不一样。

（3）承受围岩压力。随着深度的增加，岩石承受围岩的压力也会越来越大。在较高的侧向压力作用下，岩石强度增加。因此，深部岩石常常表现出一定的韧性。通过一种石灰岩力学试验表明，在一个大气压作用下，样品受力破坏时上部荷载压力为2800kg/cm^2；而在1000kg/cm^{2}的侧向作用力下，塑性变形时上部荷载压力可达到4000kg/cm^2。

（4）温度。随着地表以下深度的增加，温度也会升高，在温度的影响下岩石强度也会降低。地表或接近地表的岩石，其变形基本上是脆性的，而深部岩石的变形常表现出塑性。

（5）时间。岩石在短时间内集中受压与在长时间内缓慢受压，产生的变形是不一样的。

2.4.5　岩石风化

早期的观察者相信，矿物岩石与动物、植物一样，也会发生“器官”的退化。同样类型的岩石在原产地可能是高强度的稳定的岩石，而到了另一个地方则可能变成低强度的退化体（图2.11）。对前者可形象地描述为“年轻、有生命力的”，后者为“老的，垂死的”。

现在，我们称由于大气、地表作用力使得岩石强度下降的作用为风化作用（weathering）。这个作用可以使地球表层的固体岩石发生物理崩解和化学分解。图 2.11 显示了由于干湿变化而导致岩石破碎的球状风化作用。风化作用一方面使岩石易于破碎或腐蚀，进而产生搬运，另一方面为成土作用提供了必要物质条件。

影响风化作用的因素主要有以下 4 个方面：

图 2.11　岩石的风化

（1）岩石类型。硅质成分含量高的石英岩，其风化速度要慢于含 Fe、Mn 高的玄武岩、辉长岩。对于能溶解于水的岩石，如石灰岩，在潮湿环境中风化速度则较快。

（2）气候。气候是影响岩石强度并导致破坏、地形转化的重要因素。比如，在湿润气候条件下，石灰岩易形成峡谷，而在干燥气候下石灰岩则能形成悬崖地形。另外，气候也决定了能否存在冻胀作用与冰楔作用这样的风化营力。

（3）地形方面。地面倾斜特征能影响岩石风化、成土的速度。若地面倾斜，则重力运移加剧，水流运动加快，携带物较多；若地面平坦，则覆盖层渐厚，新鲜岩石出露少。另外，由于面阳、背阳的不同，地面吸收太阳能的数量也不同，温度和湿度也有差别。一般地，面阳山坡较缓，而背阳的山坡较陡，这也是风化程度不同所致。

（4）植物群与动物群。生物的数量、类型反映了不同的气候、海拔高度和纬度。在生物密集区，生物过程产生的腐殖酸以及动物、微生物的行为对地球岩石均有破坏作用，植物、树木的根系生长对岩石产生压力，加速了岩石的崩解。

对于上述 4 个方面的影响因素，又可分为物理因素与化学因素。岩石的物理风化伴随着以下几种应力作用：①应力释放，开挖岩石围岩或盖层导致岩石剥离；②晶体生长，如一些盐类矿物结晶导致岩石受力；③植物生长，根系发育产生膨胀压力；④昼夜温差变化，有时可达到 50℃，可引起岩石内部物质膨胀与收缩；⑤冰楔作用，岩石缝隙中水结冰可以对围岩产生 4600kgf/cm^{2}压力，导致局部岩石破裂。岩石的化学风化包括有机体的生物化学作用，它可以破坏岩石结构，降低矿物密度，增加岩石溶解能力，主要化学反应有①氧化作用；②水化作用；③水解作用；④碳酸盐化。

2.5　地表作用：风和冰

地球内部的地质循环能够营造岩石、矿物和地形地貌，但地表的一些因素包括风、水和冰也能够进一步作用，导致地球表层物质的侵蚀、搬运和沉积，创造并持续改变已有的地形地貌。由于水的作用将在后面的章节有不少阐述，这里主要讲述风和冰的相关地表作用。

2.5.1　风

风可以引起堆积沙粒的异地搬迁，形成风沙，并进一步引起堆积。风沙一般不容易在离开地面几米的空中搬运，然而沙尘则不同，可以随几千米高空的云层一起搬运。一场方圆 500～600km 的沙尘暴能够搬运 1 亿 t 的沙尘，足以形成一个高 30m、直径 3km 的沙堆。

世界上四大沙暴区是：中亚部分及中国西北部的中亚沙暴区、澳大利亚中部的澳大利亚沙暴区、美国中西部的北美沙暴区和非洲撒哈拉沙漠中的中非沙暴区。如今，中亚沙暴区已成为世界上沙暴活动最剧烈地区，主要原因是当地未将资源开发与环境保护结合起来，沙漠化问题日趋严重。在中国西北地区，沙尘暴成灾的耕地中，风蚀深度一般约为 10cm，最深的地区达到 50cm。大量有机质被吹走，被沙覆盖的厚度一般为 20cm，最厚达 150cm。

由风引起的堆积通常分为两类：沙丘（主要是沙的堆积）和黄土堆积。

（1）沙丘。沙丘（sand dune）主要由贴近地面运动的沙粒组成，不同条件下沙丘的体积与形状都各不相同。不管它们分布在哪里、如何形成、是活动的还是稳定的，它们通常都会引起环境问题，如流沙。维持沙丘的稳定性是风沙地区公路与铁路维护当中的主要问题；在沙丘地区修建和维护水库会有更多的麻烦，其费用很高，原因是可能存在大量水的流失与水库淤塞。

（2）黄土堆积。黄土（loess）是细沙、粉沙与黏土的混合物，堆积后多孔。随着砂土的不断积累，植物的根系相应发育，导致了黄土的垂向渗透能力大于水平渗透能力。尽管黄土能够形成几近垂直的陡壁，然而当黄土负载或遇水时，就会很快地压缩固结，颗粒之间的胶结物容易被溶蚀而流失。因此，黄土某种程度上是一种危险的建筑材料。然而，当黄土经过压缩改造，就不容易被侵蚀，经过处理的黄土地基是适于建筑的。

2.5.2　冰

第四纪曾有过几次大规模的冰川活动，引起了自然环境的巨大改变，其中包括地形与堆积物的变化。陆地表面大规模的冰体，称为冰川（glacier）。根据冰川发生的区域地形、冰雪补给状况、冰川的形态和规模，将冰川分为山岳冰川和平原冰川。前者出现于山岳地区，是由冰川源区和山坡上的冰雪补给的；后者分布在两极和中纬度地区，是由直接降落在冰川表面的雪补给的，规模很大，可以覆盖整片大陆，故又称大陆冰川。

在地球表面，除了覆盖在陆地基岩和松散堆积物表面的冰川外，还有一种是分布在这些岩层近地表的冻土，是一种与土壤中水和地下水有联系的冰冻或结冰现象。根据冻土作用的时间，将其分为季节性冻土作用和永久性（常年）冻土作用。前者是冬季冻结、夏季融解的冻土现象，而永久性冻土现象出现在季节冻融深度以下。两类冻土的厚度取决于当地的和区域的地形、气候条件，以及冰冻岩层的成分、结构、湿度和地下水的类型等。

在冰冻地区，典型的环境问题是融冻岩层的重力运动，冰川的滑塌、冻土的蠕动与滑塌，可能会对该类地区构筑物如公路、铁路、管线等造成破坏。另外，冻土地区水土流失与冰雪融化导致洪灾的现象也很严重。

2.6　小　结

地质循环过程产生了地球上矿物、岩石、土壤和水等物质，并使它们处于不断形成、演变、消失的动态平衡中。总体上，地质循环是由一系列次循环包括构造循环、水文循环、岩石循环和生物地球化学循环组成。人类从各种不同的循环中发现并利用各种物质，包括单质的和化合的物质。在被人类利用后，这些物质特征可能发生改变，有些可以继续利用，有些可能无法利用，但它们都会重新进入地质循环。

应用地质知识处理环境问题需要了解地球物质的地质与工程性质。不同的矿物、岩石具有不同的用途。比如黏土与页岩通常不能作为大型结构工程的基础材料，而完整致密的花岗岩则是理想的建筑材料。另外，岩石的强度很大程度上受到构造作用和风化作用的影响。

风沙、沙尘覆盖了数千平方千米的陆地，移动或稳定沙丘导致了公路、高层建筑、水电工程等构筑物高昂的建设与维护费用；未固结的黄土由于其湿陷性常造成工程隐患；地质上近期的大陆冰川产生了各种各样的地球物质，充分评价地表和地下沉积物是工程规划、设计与建筑的前提。

关键术语

biogeochemical cycle	carbon cycle	fault
geologic cycle	glacier	hydrologic cycle
igneous rock	lithosphere	loess
metamorphic rock	mineral	plate tectonics
rock cycle	sand dune	sedimentary rock
tectonic cycle	weathering	

复习题

1. 地球内核与外核的主要差别是什么？
2. 岩石圈与软流圈的主要性质有什么差别？
3. 板块边界有哪三种主要类型？
4. 三大类岩石有什么主要差别？岩石循环的主要环节有哪些？
5. 影响岩石强度的因素有哪些？

思考题

1. 生命过程是如何参与岩石循环的？与矿物和岩石有什么关联？

2. 碳循环是一个重要的地球化学循环，假如燃烧化石燃料释放的二氧化碳含量达到了目前的两倍，那么对地球的影响会是什么样？

可利用网站

1. 美国地质调查局(U. S. Geological Survey). http://www. usgs. gov/.
2. 国际地层委员会(International Commission on Stratigraphy). http://www. stratigraphy. org/.
3. 中国地质调查局. http://www. cgs. gov. cn/.
4. Carbon Cycle. http://earthobservatory. nasa. gov/Features/CarbonCycle/.
5. Rock Cycle. https://en. wikipedia. org/wiki/Rock_cycle.
6. User: Woudloper. https://commons. wikimedia. org/wiki/User: Woudloper.

7. The Water Cycle. http://water. usgs. gov/edu/watercycle. html.

8. Carbon Source. U. S. DOE, Biological and Environmental Research Information System. http://earthobservatory. nasa. gov/Features/CarbonCycle/.

第 2 篇　地质作用与自然灾害

2004 年 12 月 26 日印度洋发生里氏 9.3 级地震，震源深度 30km，引发了高达 30 余 m 的海啸，直接或间接造成斯里兰卡、印度、印度尼西亚、泰国、马来西亚大批人员伤亡及财产损失，死亡和失踪人数超过 29 万余人（人民网，http://www.people.com.cn/BIG5/paper2515/13859/1237672.html）。

地球是一个不断演变的动力系统，具有复杂的内部作用和外部作用。地球内部的构造应力导致大陆板块漂移，能够引起地震、火山爆发和地形蠕变等，并诱发一些地球外部事件，比如滑坡、泥石流、海啸。而地球外部的水流、风以及冰川是水圈、大气圈、岩石圈和生物圈共同作用的结果。

地球的灾变过程，即自然灾害，能够造成生命与财产的损失。然而，人们在灾害发生之前缺乏防范意识，这与对自然现象了解不多有关。本书的第 2 部分将进一步介绍地球内部和外部作用导致自然灾害的过程，由第 3～7 章组成，讨论了几种破坏性灾害，包括地震、火山活动、河流洪水、岩土块体运动、海岸灾害；讨论了自然作用和人类活动对这些灾害强度和频度的影响，以及各种灾害对人类土地利用和活动的负效应。

第3章 地　　震

地震是地球内部能量释放导致固体物质位移的过程。由于它具有极其可怕的突然性，地震是地球上最具破坏性的自然灾害。在本章，我们有以下的学习目的：①了解地震与断层的关系；②如何定义一个地震的震级；③认识地震波的类型、性质以及如何导致地面运动；④如何评价地震风险；⑤了解地震的主要影响；⑥地震的预报方法；⑦如何应对地震。

2011 年 3 月 11 日日本本州发生了 9 级地震，引发巨大海啸，造成了 2.3 万人伤亡和严重的核泄漏事件（鲁中网）。

地震（earthquake）是地壳快速释放能量过程中造成振动并产生地震波的一种自然现象，它是所有改变地貌、引起人类文化巨大灾难的最可怕的自然灾害。地震的可怕之处在于它的极其突然性，人们在地震来临之前往往不能及时、安全地转移。

这里所指的地震通常是一种发生于地球内部却在地球表面呈现灾变性事件的现象，常起因于地壳中地层的错位移动、能量的突然释放。在历史上人类都对这种突然的震动以及地震声音有神秘感和困惑感，并把这种现象与他们的宗教文化结合在一起，认为是上帝的旨意，是人类无法预测和控制的。

全球每年要发生 500 万次地震，绝大多数是人们感觉不到的小地震，大地震相对较少，其中 6 级以上强震每年发生 10～200 次；7 级以上大震平均每年 18 次，达到 8 级或 8 级以上的巨大地震每年平均 1～2 次。所以，认为地球是坚实稳固的观点是不合理的，地球并不稳固。另外，人类活动也创造了许多诱发地震的条件，如用注水方法进行二次采油、建造水库等。

地震预测是近几十年来才开辟的新的研究领域，人类对地震的发生和发生时间有了更为深入的认识。随着地球上城市化现象越来越明显，地震带来的破坏性也越来越突出，持续做出进一步预防努力是非常紧迫与必要的。

3.1　地震的分布

在叙述地震分布之前，有必要介绍“震源”（focus）这个概念。震源是地球内部能量释放的地方，震源至地表的垂直投影点称为震中，它是地震反映在地面的地理位置，通常也是标在图上以说明地震位置的点。震源深度小于60km的地震称为浅源地震，60～300km的地震称为中源地震，300～700km的地震称为深源地震。每年都有不少于100次震级大于6级的地震，对居住区造成很大的破坏。所幸的是，大多数海洋或陆地上的地震发生区，人口稀少。

3.1.1　全球地震的分布

全球地震的分布与“板块”的边界非常一致。“板块”是板块构造学中的基本概念，认为地球的岩石圈并非整体一块，而是分割为几个相互独立的构造单元，每个单元就是一个板块。板块在地幔软流圈上运动，板块之间或分离或汇聚。由于板块内部都是比较稳定的区域，板块的边界就构成了构造活动带，是地震、火山等频繁发生的地方。

从图3.1可以看出，世界上的地震主要集中在4个地震带（earthquake belt）上：

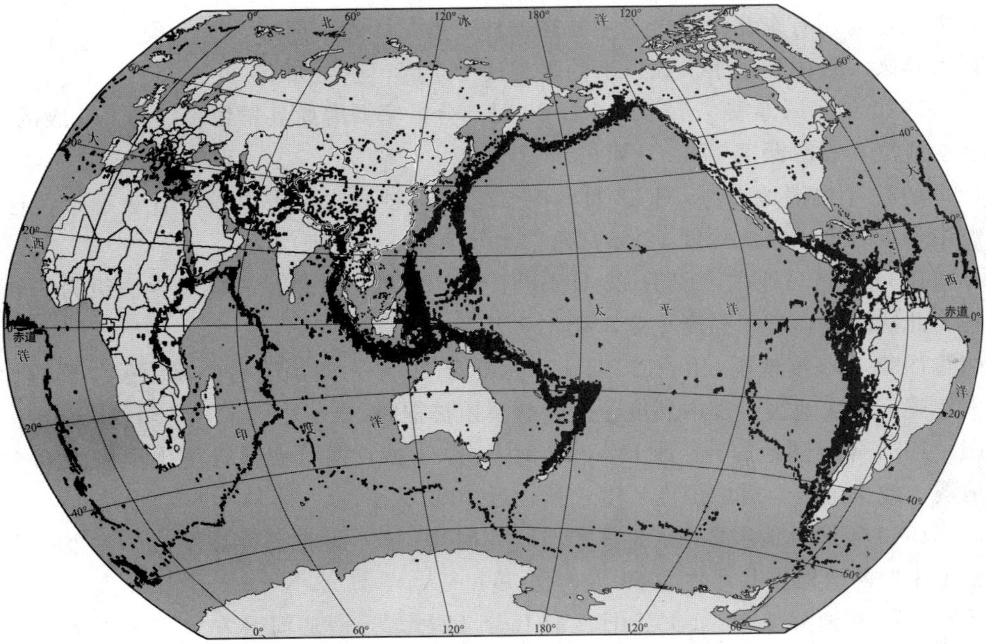

图3.1　全球地震环带

（1）与火山活动分布一致的环太平洋地震带。这个带分布着一系列连续的年轻火山，也分布着构造不稳定的岛弧体系和西半球海岸地区，大约 80%的浅源地震和 90%的中源地震以及几乎全部的深源地震都集中在这个带。

（2）沿西班牙地中海到中东和喜马拉雅山的狭长地带。这个带以浅源地震为主，而且多分布在大陆上。

（3）大西洋和印度洋中部地震带。是一些巨大海底山脉所在地，在板块构造学中叫“大洋中脊”。这里的地震一般为小震，震源也较浅。

（4）大陆裂谷地震带。其主要是沿东非裂谷，以及红海、亚丁湾、死海裂谷系分布，均为浅源地震。

3.1.2　我国地震的分布

我国地处环太平洋带和地中海—喜马拉雅带之间，是一个多震的国家。自 20 世纪以来，我国共发生 5 级以上的破坏性地震 3000 余次，仅在 1966—1976 年期间就发生了 8 次 7 级以上的大地震。根据中国地震信息网，我国的地震分为 23 个地震带，主要分布在以下地区：

（1）华北地区（含东北南部）：包括郯城—庐江带（沿郯庐断裂，从安徽庐江经山东郯城，穿越渤海至辽东半岛、沈阳一带），燕山带，河北平原带（太行山东麓），山西带（主要沿汾河地堑），渭河平原带（主要沿渭河地堑）。

（2）东南沿海地区：包括东南沿海带（主要在福建及广东潮汕地区），台湾西部带，台湾东部带。

（3）西北地区：包括银川带，六盘山带，天水—兰州带，河西走廊带，塔里木南缘带，南天山带，北天山带。

（4）西南地区：包括武都—马边带，康定—甘孜带，安宁河谷带，滇东带，滇西带，腾冲—澜沧带，西藏察隅带，西藏中部带。

除去上述，还有东北深震带（主要在吉林、黑龙江的东部）。

近百年来，我国发生了 7 级以上的强震达十余起，主要如下：

（1）1920 年海原地震：12 月 16 日 20 时 5 分，宁夏海原县发生震级为 8.5 级的地震，震中烈度Ⅻ度，震源深度 17km，死亡 24 万人。

（2）1927 年古浪地震：5 月 23 日 6 时 32 分 47 秒，甘肃古浪发生 8 级地震。这次地震，震中烈度Ⅺ度，震源深度 12km，死亡 4 万余人。

（3）1932 年昌马地震：12 月 25 日 10 时 4 分 27 秒，甘肃昌马堡发生震级为 7.6 级的大地震。此次地震，震中烈度Ⅹ度，死亡 7 万人。

（4）1933 年叠溪地震：8 月 25 日 15 时 50 分 30 秒，四川茂县叠溪镇发生震级为 7.5 级的大地震。此次地震，震中烈度Ⅹ度，叠溪镇被摧毁。

（5）1950 年察隅地震：8 月 15 日 22 时 9 分 34 秒，西藏察隅县发生震级为 8.5 级的强烈地震。此次地震，震中烈度Ⅻ度，死亡近 4000 人。

（6）1966 年邢台地震多次：3 月 22 日 16 时 19 分，河北宁晋县发生 7.2 级地震，震中烈度Ⅹ度。两次地震共死亡 8064 人，伤 38000 人。

（7）1970 年通海地震：1 月 5 日 1 时 0 分 34 秒，云南通海县发生震级为 7.7 级的大地震。此次地震死亡 15621 人，伤残 32431 人。

(8) 1975年海城地震：2月4日19时36分6秒，辽宁海城县发生震级为7.3级的大地震。此次地震死亡1328人，重伤4292人。

(9) 1976年唐山地震：7月28日3时42分54点2秒，河北唐山发生震级为7.8级的大地震。此次地震死亡24.2万人，重伤16万人。

(10) 1988年澜沧地震：11月6日21时3分、21时16分，两次地震相隔13分钟，两座县城被夷为平地，伤4105人，死743人。

(11) 2008年汶川地震：5月12日14时28分，震级为里氏8.0级，最大烈度达Ⅺ度，破坏特别严重的地区面积超过10万km^2。受灾最严重的地区是四川省北川、什邡、绵竹、汶川、彭州等地。截至2008年9月25日12时，确认69227人遇难，374643人受伤，失踪17923人。

(12) 2010年4月14日，青海省玉树地区发生两次地震，最高震级7.1级。截至2010年5月30日18时，遇难2698人，失踪270人，受灾面积35862km^2，受灾人口246842人。

3.2 地震的成因、过程与测量

3.2.1 早期思想

古代人认为地球是不动的，其绕行星旋转是一种静止。他们认为一定有什么东西支撑着地球以免下掉，并想象各种各样的动物充任这个角色，而地球的震动是动物难以支撑或行走时产生的一种现象。在印度尼西亚巴厘岛、亚洲婆罗洲岛及保加利亚，这种动物是野牛，对印度阿尔冈琴族人来说，这种动物是龟，在印度尼西亚西里伯斯岛这种动物是野猪，在印度尼西亚摩鹿加群岛这种动物是蛇，在波斯（现伊朗）这种动物是蟹，在蒙古这种动物是青蛙，而在日本，人们认为这种动物是猫或者蜘蛛。

在希腊，哲学家毕达哥拉斯认为地震起因于他们自己的搏斗。而另一个提出开创性理论的是古希腊哲学家、科学家亚里士多德，他认为地震是因为炽热气体奋力挣脱地球内部束缚的缘故。

另外，还有一种思想来源于圣经，即认为地震是“由于山体愤怒而发生的颤抖”。1750年，伦敦基督教主教Tomas Sherlock告诉他的教区居民，最近两次地震是罪人的旨意，要求人们去忏悔。

3.2.2 现代思想

3.2.2.1 与断层的关系

现代的地震学家比古代人更致力于用大量的迹象、数据去研究地震的起因，发展新的思想，用新的理论解释前震、主震与余震的一系列现象。地震的发生是瞬时的，在几秒到几分钟内可以影响到几百万平方千米以外。地震的发生与断层有关的普遍现象，使人们认识到断层活动是自然界大多数地震的主要原因。大多数科学家认为，在最近一万年内（全新世以来）活动过的断层可以认为是活断层（active fault）。

20世纪初期人们已经注意到地震活动都集中于最近时期火山和构造活动强烈的地带。1907年，美国的霍布斯提出地震构造线的概念。1911年，美国的里德根据对1906年旧金

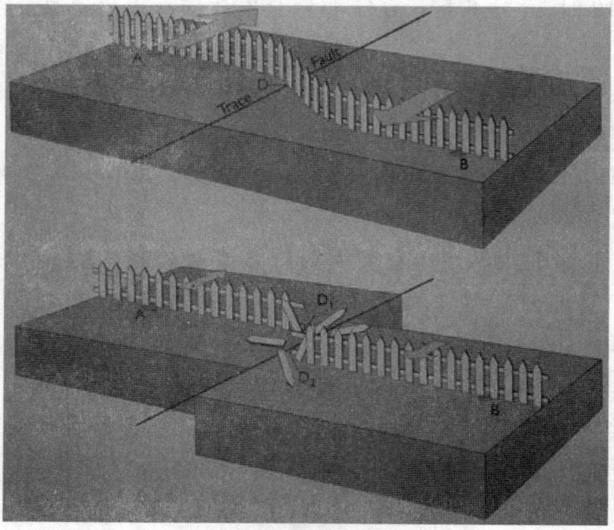

图 3.2　断裂"弹性回跳"模型演示

山大地震的研究提出了关于地震成因的"弹性回跳"（elastic rebound）或"弹性变形"（elastic deformation）假说，把地震的发生和断层活动相联系。他认为地震的直接原因是岩层不断受力发生变形，当受力超过岩层强度阈值时会导致岩层错动，形成断层。在岩层错动时，扭曲的岩层同时回弹（回跳），聚集的能量沿地壳薄弱部位释放，以地震波的形式释放。图 3.2 是"弹性回跳"的篱笆模型，上图是错动前篱笆变形扭曲，下图是错动时沿断层线破碎，而两侧篱笆回弹复位。

断层有 3 种基本类型：正断层、逆断层和平移断层。前两种是垂直方向上的滑动，而平移断层则是水平方向上的滑动。在自然界，断层活动很难遵循一个方向，通常是沿着某个倾斜方向的混合滑动。由于地下深处岩层错动、破裂所造成的地震称为构造地震。这类地震发生的次数最多，破坏力也最大，约占全世界地震的 90%以上。

我国汶川 8.0 级地震发生后，中国国土资源部、中国地震局、中国科学院等多部门认定地震成因如下：

（1）印度板块向欧亚板块俯冲，造成青藏高原快速隆升。高原物质向东部四川盆地缓慢流动，在高原东缘沿龙门山构造带向东挤压，遇到四川盆地之下刚性地块的顽强阻挡，造成构造应力能量的长期积累，最终在龙门山北川——映秀地区突然释放。

（2）逆冲、右旋、挤压型断层地震。发震构造是龙门山构造带中央断裂带，在挤压应力作用下，由南西方向向北东方向的逆冲运动，致使余震向北东方向扩张。

3.2.2.2　与火山活动的关系

由于火山岩浆活动、气体爆炸等引起的地震称为火山地震。只有在火山活动区才可能发生火山地震，这类地震只占全世界地震的 7%左右。其特点是震源较浅，一般不超过 10km，影响范围较小，主要集中于火山活动带，一般是由中性和酸性岩浆喷发的火山所引起的。

3.2.2.3　与人为活动的关系

在 20 世纪，人类模仿地震的能力大大提高，可以通过各种途径诱发地震。其中，一些地震是无意识产生的，一些地震是有准备有目的的。这些地震有时能导致很大的损失，而在严格对待时也能带来好处。

（1）坝体与水库。1931 年，人们在希腊首次发现人工水库与地震是有联系的。世界上 11000 座大型坝体（坝高大于 10m）中，0.3%的大坝产生了地震。然而，在库深大于 90m 的水库中，10%的水库与地震有关，21%的水库（库深大于 140m）产生了较大地震，其中有微震也有大到震级为 6.4 级的大地震。

因为水库诱发地震的例子不少。比如，1935 年，美国科罗拉多丹佛坝开始蓄水，1936 年附近地区就有地震活动，1937 年地震监测显示了大约 100 次地震，1939 年 5 月出现最大的地震，其震级为 5 级，1942 年以来地震活动逐步加强。

1962 年 3 月，我国广东河源市新丰江水库有过一次由于水库蓄水诱发的“大地震”：震中在大坝下流约 1000m，震源距离地下 5000m，强度为 6.1 级。图 3.3 反映了新丰江水库水位与地震频次及较强地震的关系。新丰江水库库容量达 139.8 亿 m^3，大坝为钢筋混凝土结构，大坝高 124m，长 440m，顶宽为 5m，是世界上第一座经受 6 级地震考验的超百米高混凝土大坝。

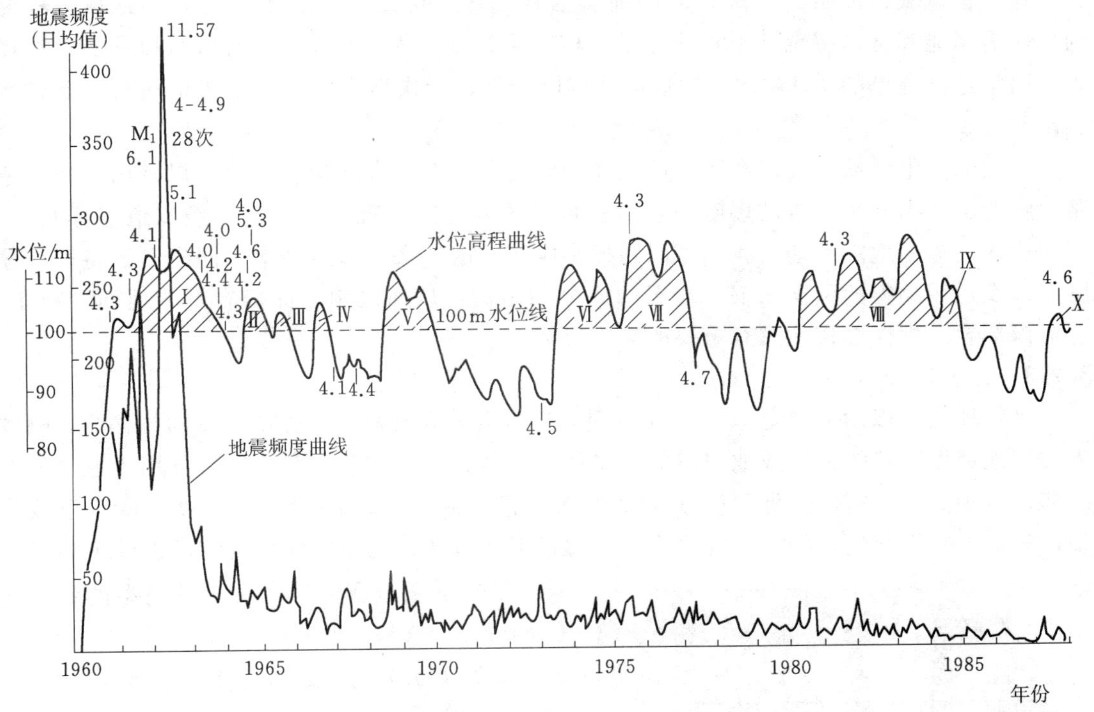

图 3.3　新丰江水库水位与地震频次的关系

(2) 注水。人类往地下灌注水体也可以诱发地震。在美国，坐落于某山脚下的军工厂，其副产品最初被倾倒在丹佛地区的水库池塘里。到 1961 年，持续 19 年的废物排放致使地下水受到了污染。对此，在 1962 年 3 月开始将废水注入一个 3671m 深的处理井中，其围岩是异常破碎的前寒武纪的花岗片麻岩。1962 年 4 月，在科罗拉多州的丹佛地区，第一次出现了该地区前所未有的地震。1965 年 11 月，人们意识到了地震与注水的内在联系后便停止了注水，然而地震还是一直持续到 1969 年，其中包括两次 3.5 级地震和 14 次 2.5 级地震。在 1962—1967 年期间，共发生至少 1500 次地震，震级最小为 0.7 级，最大为 4.3 级，影响的最大范围达方圆 8km 之外。

井下注水也是二次采油的一种方法。1957 年某公司在科罗拉多州的 Rangely 油田成功地用注水方法二次开采了大量的石油。在 1962 年，位于 65km 之外的新型地震台检测出油田的微小地震。1967 年秋，美国地质调查局在该地区装置了地震记录仪，其 10 天之内记载了 40 次小型地震。1969 年 10 月，调查局就此地区的 4 口井进行了周期性注水试验和抽水试验。试验的第一年就出现了 900 次地震，其中 367 次地震发生于井口 1km 范围内。到 1973 年，当重新从井下抽回水体时，地震几乎立即停止。在这 4 年的试验期间，近 1/3 的地震震级超过 1 级。

(3) 其他的人为因素。矿山开采可以产生意外的地震波，这是由于挖掘地球内部的岩体引起矿田应力场的重新分布，当突发事件发生时，随之而来的是更多围岩的崩塌，这种现象被称为"岩爆"。其结果可导致能量大量释放而引起地震。在加拿大、南非及美国东部的深部煤矿，都有这种现象的长时间记载。

地下核试验也能引起震级较大的地震活动，甚至可以被几千千米之外的地震仪检测到。在美国能够常常感觉到来自前苏联的核试验爆炸而诱发的地震，有些可以达到 7 级震级。内华达试验场的 1.1×10^6t 的核爆炸可以产生数千次地震，其中 5 级地震可以延伸到 7km 深处。

人类的其他活动也可以产生地震。比如高速公路上巨大的交通事故，以及由于修筑道路、隧道、矿山开采进行的爆破作业等都可以诱发地震。现在，我们已经知道怎样对待、利用这些人为的地震活动。我们可以通过小应变地震仪来了解地壳中不同岩石的特征及厚度，以及运用测得的数据来解释岩石的成分和结构，从而绘制出深部岩石的地面分布图，这对深部岩石中探油作业具有重要的应用价值。

3.2.3　地震过程

尽管地震可以发生在地球 700km 深处，但也会因为其影响地壳中岩石的位移而影响到人类。地震以突然的振动或地震波的形式释放了部分能量，但大部分能量仍用于原位岩石的移动、加热。地震的剧烈程度取决于沿断裂带或断层滑动的长度、宽度、位置以及类型，其他影响因素还包括岩石的岩性、位移量以及破坏岩石稳定性所需的积累时间。

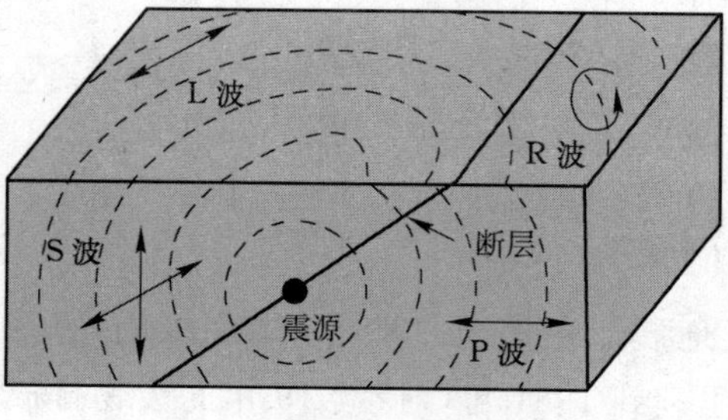

图 3.4　地震波在地球内部的传播

断层触发地震可以产生 4 种类型的地震波 (seismic wave)，如图 3.4 所示：主波 (primary wave，P 波)、次波 (secondary wave，S 波) 勒夫波 (Love wave，L 波) 和雷利波 (Reyleigh wave，R 波)。它们在同一时间产生，但传播的速度与途径是不同的。

4 种地震波可以归结为体波 (body wave) 与面波 (surface wave) 两大类。其中，体波是在地球内部传播的，又分为 P 波和 S 波。P 波沿能量冲击方向，可以在岩土体和水体中传播，速度可分别达到 6km/s 和 1.5km/s，能引起传播方向上岩土体的压缩，并首先到达地表；S 波也是剪切波，速度较慢，可达到 3km/s，仅在固体中传播，可引起与波传播方向正交的剪切。面波是在地面传播的，可分为 L 波和 R 波，L 波能引起滑动，而 R 波能引起滚动，两种波的联合可导致地面凸起和建筑物摇晃，可对建筑物、桥梁和道路实施毁灭性破坏。

地震波的产生是通过地表物质、地貌以及水体的变化反映的，可以用地震仪检测（图

3.5）。P 波和 S 波到达地表的时间、两种波的速度比率以及振幅都可以用地震记录仪测定并记录，同时反映地震的严重程度、震中及震源深度。

3.2.4 地震测量

3.2.4.1 震级

震级（magnitude）是表示地震释放能量大小的指标。1935 年，查尔斯（Charles F. Richtes）提出了地震震源震级的测量方法，用 M 表示震级，以他的名字命名，简称里氏震级表（Richter magnitude scale）。在理论上里氏震级是由阿拉伯数字组成，下限为 1，上限为 10。然而目前最严重的地震只达 8.9 级。震级在数学变化上呈对数关系，震级为 8.8 级并不代表 4.4 级的两倍。一般地，人们能够感觉到的震级是 2 级，而对人们集聚区造成灾害的震级是大于 6 级。

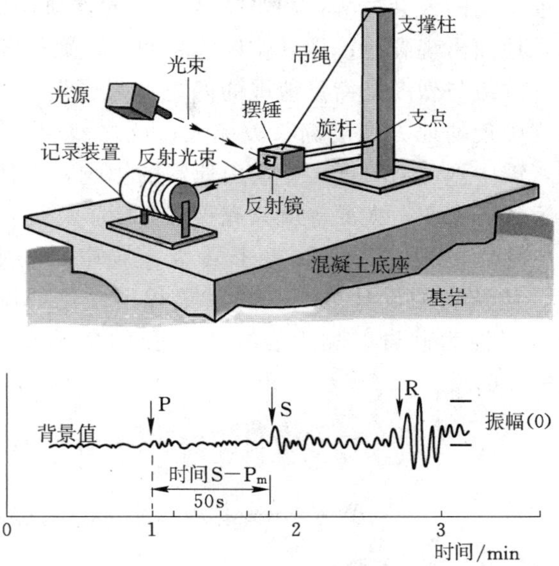

图 3.5　地震记录仪及地震波监测结果示意图

按照震级大小，可对地震进行分类。震级小于 3 级的地震为弱震，震级大于或等于 3 级、小于或等于 5 级的地震为有感地震，震级大于 5 级小于 6 级的地震为中强震，等于或大于 6 级的地震为强震，震级大于或等于 8 级的地震为巨震。按照里氏震级表，震级是相对于能量释放数量的地震波振幅对数值。据统计，全球每年发生的地震级别及地震次数见表 3.1。

表 3.1　地震强度分级及地震次数统计表

种类	震级	每年发生次数/次
巨震	＞8	1～2
强震	7～7.9	18
	6～6.9	120
中强震	5～5.9	800
有感地震	4～4.9	6200
	3～3.9	49000
弱震	2～2.9	3000000

3.2.4.2 烈度

烈度（intensity），指地面遭受地震影响和破坏的程度，是一种反映破坏程度的有关灾变特征的相对值。1902 年，意大利地震学家麦加利（Mercalli）根据地震对人类影响提出了麦加利地震烈度分级，他用罗马数学Ⅰ～Ⅻ来表示地震的烈度，后来又经过了修正

(Modified Mercalli scale)。我国也把烈度划分为十二度，不同烈度的地震，其影响和破坏大体如下：小于Ⅲ度人无感觉，只有仪器才能记录到；Ⅲ度在夜深人静时人有感觉；Ⅳ～Ⅴ度睡觉的人会惊醒，吊灯摇晃；Ⅵ度器皿倾倒，房屋轻微损坏；Ⅶ～Ⅷ度房屋受到破坏，地面出现裂缝；Ⅸ～Ⅹ度房屋倒塌，地面破坏严重；Ⅹ～Ⅻ度毁灭性的破坏。

震级与烈度是衡量地震的两把“尺子”。一次地震只有一个震级，但烈度不止一个，离震中近的地方烈度高，破坏大；反之烈度低，破坏小。1976 年唐山地震，震级为 7.8 级，震中烈度为Ⅺ度；受唐山地震的影响，天津市地震烈度为Ⅷ度，北京市烈度为Ⅵ度，再远到石家庄、太原等就只有Ⅳ～Ⅴ度了。

地震的毁坏程度取决于震级、震中、震源深度，以及当地的地质条件、地形地貌、建筑物的设计以及人口密集程度。比如说，在地震特性相同的情况下，不稳定地面（岩性为砂岩、黏土岩）所经受的影响要比稳定地面（如花岗岩地层）明显得多(图 3.6)。

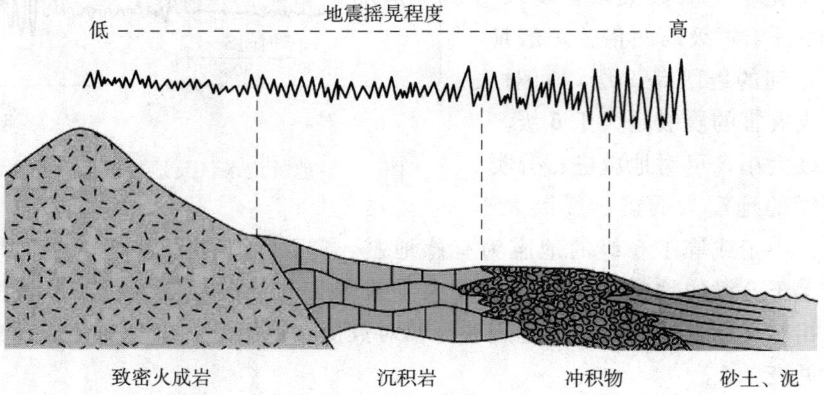

图 3.6　地面稳定性与不同类型岩土的关系

3.3 地 震 的 影 响

地震的影响可以分为永久与衍生的两种，前者具有永久的特征，包括断层崖，地面破裂、河流的堰塞等（图 3.7）。而由于地面运动衍生的破坏包括滑坡、海啸、砂土液化(liquefaction)、泥石流、水库大坝崩溃、火灾、化学物质泄漏、财产与生命的损失以及心理创伤等。衍生影响比地震本身造成的永久影响更为剧烈。地震震级越大，带来的损失也越大，影响也越大。

3.3.1　建筑物毁坏

建筑物破坏通常是因为地震面波对建筑物施加的水平作用力所致，而多数建筑物在建筑时一般仅考虑到垂直负载的作用。由于建筑物材料在性质上都存在差异，因此它们承受的力也是不同的。承压能力差的部分被压碎以及连接处松动，可以导致整个建筑物的倒塌。木质、钢质框架由于不易变形而具有良好的安全性，混凝土与钢材浇制材料则具有良好的抗震能力。

3.3.2 滑坡与崩塌

地震诱发滑坡和崩塌非常普遍，根据我国对1949—2005年以来震级大于5级的300多个地震震例研究表明，全国20多个省区都有地震诱发崩塌、滑坡灾害发生，特别是地震较多的西部地区，地震诱发崩塌与滑坡尤其严重。

汶川地震是我国建国后最为惨重的一次地震，其造成的地震滑坡灾害程度无论从影响面积，还是从发生数量上都不亚于历史震例。汶川地震诱发的崩塌滑坡具有数量多、密度大、影响广、规模巨大、分布受断层影响明显等特点。据国土资源部门对居民居住区和公路沿线初步统计，崩塌滑坡达2万～3万个，而实际数量应该远远超过这个数。在灾害严重的区县，平均灾害点密度为每百平方千米29处，公路两侧滑坡、崩塌特别密集，甚至连续成片。这些崩塌、滑坡不仅造成了巨大的经济财产损失，还给灾后救援与重建带来了极大的困难。

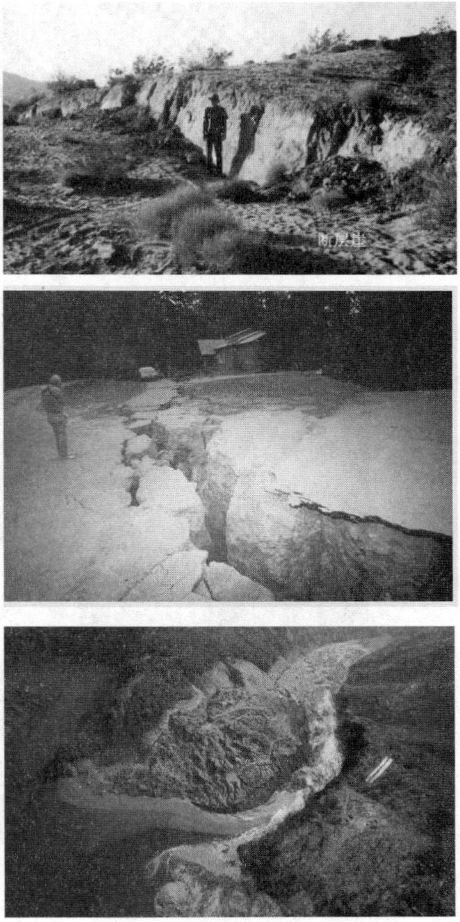

图3.7 地震造成地形永久性破坏

3.3.3 海啸

海啸（tsunami）由海底地震、火山爆发或巨大岩体塌陷和滑坡等导致的海水波动、能造成近岸海面大幅度涨落的现象。海啸产生的巨浪是所有波浪中最惊人的，在深水区运移速度最快。在7200m深处，速度可达900km/h，在140m深处可达180km/h，在20m深处可达50km/h。海啸引起1.5m高的海底水体隆起到达海岸时可达到30m高的巨浪。地震引起的海啸，可导致巨大的财产损失和生命的伤亡，比如以下实例就很典型。

1960年5月22日，智利沿海大地震引起的海啸进入到太平洋，使1000多人丧生，且以710km/h的速度运移到10600km之外的夏威夷，清除了许多建筑物，轻而易举地移动了20t的岩石，使61人丧生。

1976年4月1日，由地震引起的、发生在美国阿拉斯加州阿留申群岛的海啸，将一座房屋抛至空中13.5m高，并扔进海中，导致5个居民丧生；此后在不到5h之内，巨浪到达夏威夷，又造成133人死亡，163人受伤。

2004年12月26日8时58分，印度尼西亚苏门答腊岛附近海域发生8.7级地震（百年以来第5次大地震），其引发的海啸波及了东南亚和南亚至少10个国家，截至2005年3月5日已造成28万人死亡和重大财产损失。这是自1964年3月以来世界上发生的最强烈地震，此次海啸是1900年以来这一地区发生的最大海啸（图3.8）。

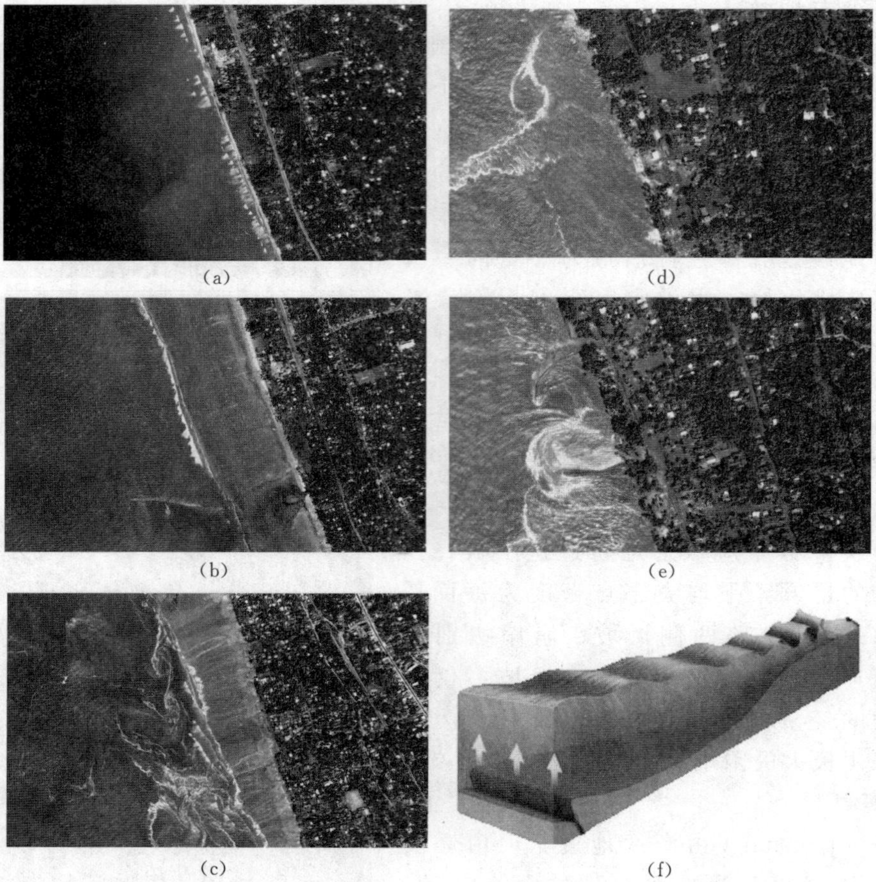

图 3.8　2004 年印度尼西亚地震引起的海啸过程

(a) 海啸前的平静；(b) 异常退潮；(c) 上岸；(d) 淹没；(e) 海啸巨浪；(f) 海啸能量推移示意图

3.3.4　生命与财产损失

地震影响生命、财产损失的因素是多方面的，其中包括地震烈度、发生时间、区域稳定性、人类建筑的抗震强度以及人口密度等。而影响人类建筑的地震因素主要包括地震烈度、地震持续时间、建筑物设计和材料类型以及地基特征和基础类型。我们不能从地震对建筑物的破坏程度了解到更多的地震特征，但可以了解到更多的有关建筑物结构类型的信息。

强烈地震常常以其猝不及防的突发性和巨大的破坏力给社会经济发展、人类生存安全和社会稳定、社会功能带来严重的危害。历史上，各种自然灾害曾毁灭了世界各地 52 个城市，其中因地震而毁灭的城市有 27 个，包括 1906 年美国旧金山 8 级大地震、1923 年日本东京 8 级大地震、1976 年中国唐山 7.8 级大地震等。自 20 世纪以来，全球共发生 1700 多次 7 级以上（含 7 级）大地震，其中 85％发生在海洋，15％发生在陆地。由于大陆是人类最主要的聚居地，可以说 15％的大陆地震造成了全球 85％的地震灾害。

我国是大陆地震最多的国家，在占全球 7％的国土上，发生了全球 33％的大陆地震，是大陆地震最频繁、地震灾害最严重的国家。

3.3.5 生态系统的破坏

地震导致生态特征的变化是各种各样的，可以对地形地貌及水环境产生各种影响。比如，由于地震的作用，可能导致局部地形标高的变化，从而导致地下管道的破坏、河道源头的变迁，产生新的湖泊。1964年阿拉斯加地震使潮水淹没区抬升到远远超过潮汐能达到的高度，几乎导致海岸水环境生命的瞬间毁灭。

3.3.6 心理创伤

地震对人的损害除了身体伤害外，还有其他方面引起的心理伤害，比如地震光、响声等对心理的影响是巨大的。

在一些地震活动中，出现许多由奇怪的光线组成的景象，这种光叫“地震光”，如图3.9所示。这种光可以出现在地震前或地震后，在出现时相似于片状闪电，但更持久。目前对这种现象的解释，有人认为是含石英岩石的“压电效应”所致，即是压力变化在岩石中产生很高的电位差，在达到临界值时由岩石通道释放到大气层中而产生这种现象。

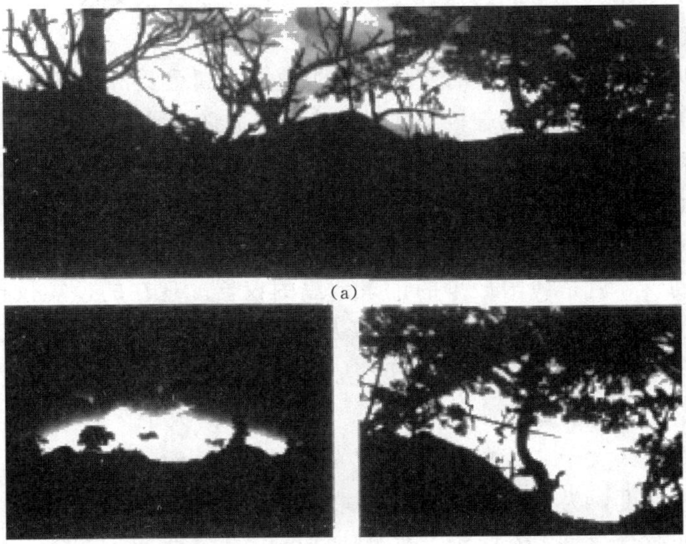

(a)

(b) (c)

图3.9 地震光

在地震产生前或地震产生过程中有时会产生响声，这种响声与建筑物的破坏发出的响声截然不同。它有时是低沉的轰隆声，有时是枪响一样的沉闷声，有时是撕布一样的声音。这些声音在地震活动中可能持续几分钟、几小时甚至几天时间。尽管没有产生多大的生命和财产的损失，但容易使人怀疑地球是不坚固的。1971年发生的圣弗兰西斯科（旧金山）地震使许多身体未受伤的小孩和成年人产生严重心理障碍，并且在地震之后仍持续了很长时间，带来的精神伤害是无法估测的。

在地震发生后的一段时间内，人们难以摆脱严重的恐震心理，从而出现了惊慌、外逃、外迁现象，给社会生活带来影响。同时地震谣言四起，人心浮动，加剧了社会不安定状况，造成学校停课，商店停业，厂矿停产现象。

3.4　地震预报与抑制

地震是摧残人类文明、引起巨大伤亡的一种突发性自然灾害。1906 年美国旧金山地震、1923 年日本东京地震和 1976 年中国唐山地震等使地震所在城市瞬间夷为平地；1920 年宁夏海原地震和 1976 年唐山地震死亡人数分别达 23.4 万人和 24.2 万人，成为 20 世纪地震灾害之最。尽管世界范围内的地震科学家长期以来坚持不懈、孜孜不倦地记录、描述和探索着地震活动，但对地震的成因、形成过程和影响因素等仍然知之甚少。

地震的预测预报是当今人类面临的科学难题。虽然我国地震专家曾成功预报了 1975 年海城地震（震级 7.3 级）和 1999 年海城岫岩地震（震级 5.4 级），这是增强我们信心难得的实例，但更多的却是地震的漏报和虚报事件。

按距离地震发生时间，预报分为中长期预报、短期预报和震前预报。中长期预报主要通过地震和地质情况调查研究来实施；短期预报，既要靠地震和地质情况的调查研究，还要依靠各种监测手段来实施；震前预报主要靠各种监测手段来实施。

3.4.1　地震的监测

地震带来的灾难是巨大的，及时警报、预防地震尤其重要，这离不开地震监测工作。

承担地震监测任务的就是地震科学战线的广大科技工作者，通过日日夜夜的监测，形成一个对大地活动进行严密监视的网络，以观察地下的动静。地震部门对地震的监测可归纳为以下 4 个方面：

（1）测震学科，专门负责记录地下大大小小的震动。1000 多年前东汉的大科学家张衡发明的候风地动仪，就是我国最早的记录地震的仪器。现在的地震仪比过去完善多了，采用先进的电子反馈技术和卫星通信技术以及计算机技术，形成一种叫“宽频带、大动态、高精度数字化地震仪”。这种地震仪可记录小到 1 级以下的微震、大到 8 级以上的巨震，而且还可以给出完整的地震波形。目前，全球发生的大于 7 级、邻国大于 6 级、国内大于 5 级、首都圈地区大于 4 级的地震，在发生以后 15min 就可以准确地给出地震的震级、位置、时间和深度，为人们减轻地震灾害的损失争取了时间。

（2）地震形变监测学科，专门负责监测地球板块的运动、断层的移动，尤其是一些重点地震区地下应力应变的微小变化。如 1975 年辽宁海城地震前，金县水准测量站就发现地壳出现显著性变化，为这次地震的成功预报立下大功。在大地形变监测中，“全球定位系统（global position system，GPS）”具有极其重要的作用。

（3）地震地球物理场监测，专门负责监测地球的重力场、电场、磁场、应力场、温度场等等变化。由于地震的能量是由地球岩石层的构造运动、地幔物质的迁移、地核高压高温物质的热运动所提供的，在地震断层发生错动的前前后后，必然伴随大量物理场的剧烈变化。

（4）地震地下水体的监测，专门负责监测地下水的水位、水中氡、水中汞等放射性元素的变化。国外有不少证据，发现震前地下水位有明显的向震中趋近的变化、震中附近的氡含量大幅度跳跃的现象。

归纳以上 4 个方面，监测手段可分为微震、强震、地磁、地电、地形变化、地应力、地下水位和地下水化学8种，是我国当前监视地下变化进行地震预测的主要手段。

3.4.2 地震前兆

地震前兆可以分为4种类型：地震波变化、物理化学性质变化、地形变化及动物行为异常。

3.4.2.1 地震波变化

（1）P波与S波速度比率的变化：这不是一个普遍存在的现象，其可能只出现在某一类型的地震活动前后。

（2）前震或微震的数量、频度变化：这样的地震群可以预告一些地震的来临，但有时作为预报又缺乏充分性，因为有时地震也会发生在地震群出现区以外的地方。如1978年1月14日发生的日本伊豆（Izo）半岛地震，就是在1月13日起发生了多次有感地震和无感地震后发生的强震，震级7.0。

3.4.2.2 物理化学性质变化

（1）电阻变化：岩石电阻变化表明了岩石含水量的变化。当岩石饱水时，电阻降低。由于裂隙的形成常使扰动区充水，导电性增强即电阻降低则意味着地震的来临。

（2）井中水位变化：几十年来，人们都已认识到地震能够地下水位的波动。在1950年8月印度阿萨姆地震后，美国地质调查局在威斯康星州的一口观察井发现水位波动振幅达4m；在1964年阿拉斯加地震时，佛罗里达钻井水位剧烈变化。这种变化在地震预报中具有重要意义。

（3）氡气辐射：地震区这种惰性气体从深井中或断层带释放出来的例子已经不少。如1966年发生在苏联Tashkent的地震，震前深井中氡气含量超过了正常值的两倍，震后又恢复到正常值。然而，由于许多地震区缺乏氡气背景值、加上连续监测的困难以及缺乏深井长时间监测数据等因素，这种方法并没有得到广泛的应用。

3.4.2.3 地形变化

地形变化可能是报道最多的前兆特征。最翔实的例子是1964年发生在日本Niigata的7.5级地震，该地区在19世纪后期就开始了准确的测量监测，结果表明1898—1955年期间该地区处于缓慢、稳定的上升阶段，而在1958年出现了较高的抬升速度，但1964年地震后几乎没有什么运动。

3.4.2.4 动物行为异常

大量事实证实，动物在临震前会表现出反常行为。我国关于这方面的材料比较多，在许多大城市人们都有受过这种教育的经历，知道震前动物反常行为特征。比如牛、羊、马等不肯进入圈栏；老鼠、蛇四处出洞逃窜；兔子竖起耳朵，惊慌失措；鱼受惊后不断跳离水面；鸟不停飞行而不归巢等等。

在1975年2月4日发生在海城的7.4级地震，动物的异常行为对地震的预报起到了巨大的作用。虽然整个城市被毁灭了，但人员伤亡很小，这是由于震中附近的100万居民在震前已经提前撤离。1976年我国根据动物的反常行为并结合其他前兆，又成功地预报了三次7级以上的地震，它们分别是5月29日发生的云南地震、8月16日发生的四川地震及11月7日发生的四川云南边境地震。然而，由于动物没有表现出很反常的行为，以及缺乏其他的地震前兆，1976年发生的唐山地震和2008年发生的汶川地震伤亡惨重。

3.4.3　地震安全性评价

地震安全性评价（earthquake security evaluation），是根据对建设工程场地和场地周围的地震活动与地震地质环境的分析，按照工程设防的风险水准，给出相应的地震烈度等参数以及地震灾害预测结果。

地震安全性评价工作的主要内容包括：工程场地和场地周围区域的地震活动环境评价、地震地质环境评价、断裂活动性鉴定、地震危险性分析、设计地震动参数确定、地震地质灾害评价等。

地震发生后，建筑物是否倒塌与抗震设防要求直接相关。抗震设防要求包括建设工程抗御地震破坏的准则，以及在一定风险水准下抗震设计采用的地震烈度或地震动参数。我国一般建设工程抗震设防要求通常采用 3 个水准概率来设防，这 3 个风险水准分别是小震不坏、中震可修、大震不倒。也就是说，所设计的工程在常遇的小震下，工程基本无损，无需修理即可继续使用；在难得一遇的中震下，经修理后仍可继续使用；而在不大可能遭遇的特大地震下，可以造成工程破坏，但仍不倒塌，以保证人身安全。

3.5　小　　结

地震是所有改变地貌、引起人类文化巨大灾难的、最可怕的自然灾害。地震是时常发生的，只不过我们有时感觉不到而已。

地球上地震的分布与板块构造边界的分布非常一致，常常起因于地壳中地层的错位移动、能量的突然释放。人类的活动也能够诱发地震，这些行为有些是无意识的，有些是有目的的，如水库蓄水、井下灌注水体、开采矿藏都可能引起地震。

地震前兆微妙，且具有突发性，衍生的灾难性影响以及建筑物由于震动影响而倒塌带来的影响是灾难性的。这不仅包括建筑物的倒塌、心理的恐惧，还包括伴发灾害如海啸、火山爆发、滑坡等的发生。由于地震而导致地貌与水生环境的改变也是灾害之一。

我国地处环太平洋带和地中海—喜马拉雅带之间，多发的地震给我国带来了巨大的灾难。在占全球 7%的国土上，我国是大陆地震最多的国家，发生了全球 33%的大陆地震。

然而，地震的预报与抑制研究却是极为艰辛的，尽管地震科学家长期坚持不懈、孜孜不倦地记录、描述和探索着地震活动，但对地震的成因机理及其形成过程和影响因素等仍知之甚少。值得一提的是，地震前兆尤其动物在震前的反常行为曾为我国成功预报三次 7 级以上地震做出了巨大贡献。在地震抑制工作上，不能忽视的是地震安全性评价。

关　键　术　语

active fault	body wave	earthquake
elastic rebound	focus	liquefaction
Modified Mercalli scale	Richter magnitude scale	seismic wave
surface wave	tsunami	

复　习　题

1. 解释断层蠕动的概念，它有破坏性地震有什么关系？

2. 地震震源和震中有什么区别?
3. 里氏震级与麦加利烈度有什么不同?
4. 如何判断活断层?
5. 地震波的主要类型有哪些?描述它们的运动特征。
6. 人类活动如何引起地震?
7. 地震的主要影响有哪些?
8. 地震减灾程序的主要目标是什么?
9. 人们应对如何应对地震的出现?
10. 全球地震带主要是哪些?
11. 地震安全性评价的概念与内容是什么?
12. 地震监测主要监测哪些内容?

思考题

准确预报地震是非常困难的,其主要原因有哪些?社会上有不少人对地震预报的必要性持否定态度,你如何看待这样的问题?

可利用网站

1. 历史上有记录的最大的10次地震. http://www.elist10.com/top-10-biggest-earthquake-ever-recorded-history/#ixzz3JfkHYfHx.
2. 自然灾害,美国地质调查局(U.S. Geological Survey). http://www.usgs.gov/natural_hazards/#eq.
3. 中国地震信息网. http://www.csi.ac.cn/.
4. 中国地震台网. http://www.ceic.ac.cn/.

第4章 火 山 活 动

地球上活火山很多，其中在20世纪喷发过的大约400座。火山不仅分布在陆地上，而且也分布在海洋中。人类生活在火山附近，同样面临着火山灾害。本章学习内容主要有：①火山在全球和我国的分布；②火山活动的主要类型及其主要特征；③火山活动对自然和人类的价值和影响；④火山活动的预警。

2015年8月14日，厄瓜多尔皮钦查（Pichincha）省科多帕希火山喷发，这是世界上最危险的火山之一，火山灰升高3英里，大约32.5万人受到影响（Juan Cevallos /法新社 /Getty图片社）。

火山活动（volcano activity）是地下的岩浆沿地壳中的裂隙通道或地壳的薄弱环节喷出地表的一种现象，是自然界最剧烈的地质活动现象之一，其过程的景象非常壮观。在生命出现很久之前，火山活动就已存在。人类出现之后，人们对火山爆发时的壮观既感到稀奇，又惊吓于火山带来的突然灾变。最早时候，人们认为火山是神圣的地方，是神的归宿，火山活动是神愤怒与恩惠的象征。比如，剧烈的火山爆发导致“恶魔存在于地球深部任何一个地方”这样的信念，“volcano”一词意义即来源于古罗马上帝之火。这种当地的民间观念是历史上关于火山活动最重要的古老信息。

火山活动与地震一样，是由地球深部强大能量释放导致的地质灾难。地震导致固体岩石的搬迁，而火山活动是液体岩石的运动。倘若将火山活动与其他地质灾害比较，可以看到一些差别。尽管火山爆发时会产生可怕的埋葬，对附近生命、财产造成毁灭，但长期以来记载的所有损失却小于其他灾难。而且，火山活动是唯一的对人类生存与发展有积极贡献的灾难，火山活动形成的土壤是地球上最肥沃的，它们富藏供水资源与地热资源，也是新生矿物的主要来源。另外，火山活动还能够创造出具有观赏价值的地貌景象。

不同的是，火山活动对边缘地区的影响大于对火山周围邻近地区的影响。越来越多的现象表明，多数火山爆发引起的大量烟雾进入到大气层中，从而在很大程度上改变着气候条件，同时可能引起的海啸也会导致几千千米以外的人群伤亡和财产损失。

虽然火山爆发具有突然性，但它通常给人们很多前期的征兆，可以避免人类的伤亡。像地震一样，我们没有办法去阻止火山爆发，一般情况下也不能阻止其破坏，不能管理其活动，但近年来人类正在利用围堵引导等技术来降低熔岩流的影响，以减少灾害损失。

4.1　火山的活动与分布

火山是地球内部的固体或液体物质喷发而形成的山体，由熔岩与火山碎屑组成。大多数火山分布于地球板块的边缘地带，其活动原因多与板块构造有关，但不会出现在转换边界上。由于岩石圈板块的扩张下沉与地球其他物质的相互作用而产生岩浆，能量积累到一定极限时喷发出地表就形成了火山。目前，世界上大约有850座活动火山，主要分布在4个火山带（volcanic belt）上：地中海火山带、大西洋海岭火山带、东非火山带与环太平洋火山带。其中，超过3/4的火山环绕太平洋形成火山环带（图4.1）。在这个火山带上，分布着著名的火山——日本的富士山（3776m），它是世界上著名的风景名胜。此外，在太平洋广大地区，也分布有许多星罗棋布的火山岛。

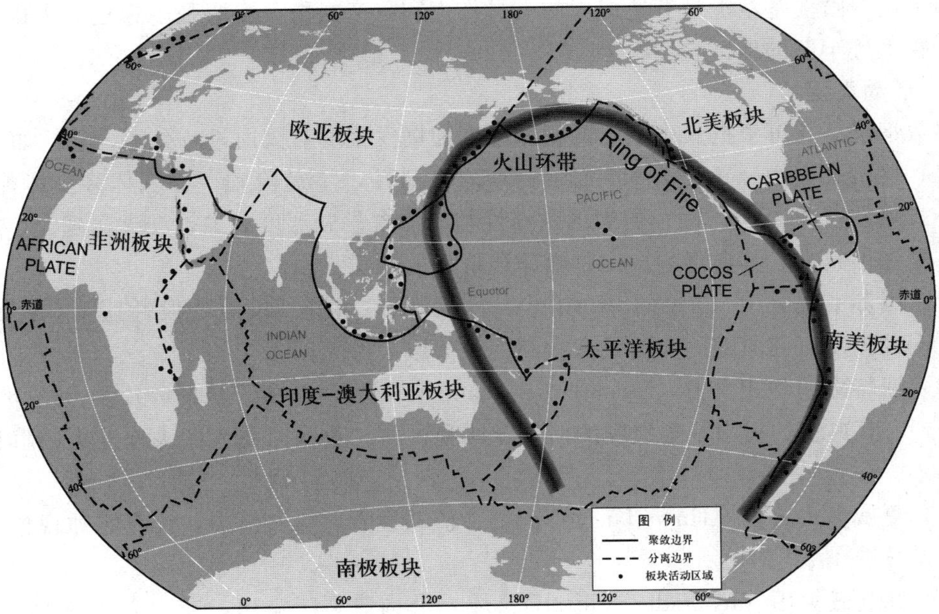

图4.1　太平洋火山环带

我国地域辽阔，虽然缺少现代火山喷发，但新生代火山分布广泛，目前已发现的火山锥有660座，其中绝大部分为第四纪的死火山，只有少数在近代有过活动，如台湾的大屯火山群（包括有16座活火山）。在成因上我国火山的分布与两大板块边缘有关：一是受太平洋板块向西俯冲的影响，形成我国东部大量的火山分布；另一是受印度板块碰撞的影响，形成了青藏高原及周边地区的火山分布；其中很多地区已成为人口稠密的都市或旅游胜地，如长白山天池、五大连池、腾冲、海南和台湾等地区。

4.2 火山的分类

根据火山活动期、活动类型和活动形成的地形特征，可以对火山进行分类。

4.2.1 活动期

在历史上有过喷发记录的火山称为活动的火山，否则就称其为不活动的、休眠的、死的火山。这是一种简单而满意的分类方法，即活火山（active volcano）、休眠火山（dormant volcano）或死火山（extinct volcano）。然而，有许多火山被认为是死火山，但过了一段时间后这些火山可能重新爆发，从而给原以为安全的居民带来了灾难。火山可以在重新爆发之前休眠几百或几千年。

比如，坐落在意大利那不勒斯海湾且风景秀丽的四周光滑的维苏威（Vesuvius）火山，由于历史上没有它活动的记录，人们一直认为它是一个死火山，然而在公元 79 年，火山苏醒了，开始了一系列无法预料的间歇性喷发，附近的 3 个城市被火山碎屑物掩埋深达 15m，死亡 2000 多人。

我国的火山喷发有多处历史记载，如五大连池、长白山等，在过去 300 年内都有过喷发，最近一次火山活动是发生于 1951 年 5 月 27 日的西昆仑阿什火山喷发。在我国历史上这些活火山的喷发基本上没有造成大的人员伤亡和财产损失，主要是因为这些火山喷发大都发生在人迹罕至的地区。

4.2.2 活动类型

多数情况下，可根据火山喷发的剧烈程度和爆发程度对火山进行分类，具体如下：

（1）培雷式火山（Pelean volcano）：熔岩黏滞性，不易流动，含气体多，爆炸猛烈，呈中心式喷发［图 4.2（a）］。熔岩的黏滞性与硅质含量和温度有关，硅含量越大，或温度越高，黏滞性越大。其典型的火山是西印度群岛的培雷火山。

（2）维苏威式火山（Vesuvius volvano）：喷发时宁静—猛烈阶段性明显，间歇时间长，节奏性喷发。其典型的火山是意大利的维苏威火山［图 4.2（b）］。

（3）斯特隆博利式火山（Stromboli volcano）：爆发时形成炽热的碎片及白色烟云［图 4.2（c）］。其典型的火山是意大利的斯特隆博利火山。我国黑龙江五大连池火山群也属于该类型。

（4）夏威夷式火山（Hawaiian volcano）：流动性大，含气体少，没有爆炸现象，呈中心式喷发［图 4.2（d）］。

（5）冰岛式火山（Icelandic volcano）：熔岩沿构造裂隙溢出，非中心式喷发［图 4.2（e）］。

根据火山形成的地形地貌，我们可以把火山分为 4 种基本类型：

（1）火山锥（cinder cone）：是一种由中心溢出的火山碎屑物形成的四周陡峭堆积体，形成的地形呈锥形。喷发的火山碎屑物包括火山灰、火山渣，以及在爆发过程中被抛到天空的火山弹和岩石块。火山锥可以在短时间内形成，如 1945 年爆发于墨西哥的巴尼古丁（Paricutin）火山，在一个月内形成的火山锥体就高达 300m，其数个火山锥呈点状环绕，

(a)　　(b)　　(c)　　(d)　　(e)

图 4.2　不同活动类型的火山

(a) 培雷式火山；(b) 维苏威式火山；(c) 斯特隆博利式火山；(d) 夏威夷式火山；(e) 冰岛式火山

它们的高度一般都低于 400m，形成了美丽的火山锥风景。

(2) 盾火山 (shield volcano)：这类火山具有广阔的窿状特征，山体坡度很缓 (2°～10°)，通常由玄武岩 (basalt)、熔岩流和大的喷火山口组成，具有巨大的体积。世界上最大的单个盾火山是夏威夷的冒纳罗亚 (Mauna Loa) 火山，其规模是长约 96km，宽 48km，高 9000m (距太平洋海底)，总体积达 67000km^3。盾火山的岩浆多呈液体状，黏滞性小，熔岩多从山体裂隙中缓慢地溢出，气体释放稳定。

(3) 复式火山 (composite volcanoes)：是一种完全不同的火山体，由内部层状分布的熔岩组成，多数为安山岩 (andesite)，山体呈锥形，匀称而陡峭，爆发时可以达到几千米高度，景象壮观，比如圣海伦（St. Helens）火山。由于内部气体、岩体的快速积聚，常常导致内部巨大压力的形成，结果造成突然的“冲顶”爆发，因此又具有极其严重的不可预测性。美国俄勒冈州的 1200m 深的喷火山口，目前变成了火山湖（crater lake），就是复式火山的典型实例（图 4.3）。这种火山常常在沉睡几个世纪后产生灾难性的活动。

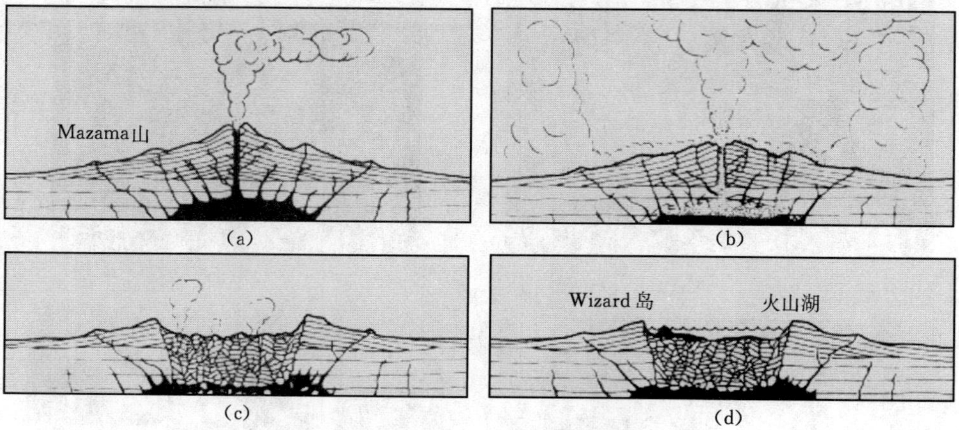

图 4.3　火山口湖形成过程示意图

（4）火山穹窿（volcanic dome）：这种火山爆发时，极其黏稠的流纹岩岩浆从火山口喷出地表。由于岩浆的黏滞性，且夹带部分岩石块体，岩浆流动距离较短，且多堆积于火山口周围。对于喷出岩穹窿，岩浆喷出地表形成一系列厚的巨大的熔岩流；对于侵入岩穹窿，多是岩浆挤压出地表形成的，同时随着穹窿的膨胀，通常导致坚硬的火山岩覆盖层破碎成棱角状的岩块。世界上著名的穹窿火山是美国加州北部拉森火山（Mt. Lassen），爆发于 1915—1917 年。

以上对火山类型的各种分类，并不适用于所有火山，这主要与火山本身特征的复杂性有关。

4.3　火山活动的影响

4.3.1　火山活动的益处

尽管火山活动带来了明显的严重危害，但长期以来其带来的益处还是远大于坏处。在过去的地质年代里，火山活动喷发的气体营造了大气圈和水圈，而且火山活动也是陆地地表的主要营造过程。

火山活动常常产生意外的肥沃土壤，尤其在气候温暖湿润的地区，快速风化使火山物质变成了有利于植物吸收的营养物质。世界上几个农业产量最高的山脉，都是位于火山活动的地区，尤其当火山灰频频降落的地区，如在印度尼西亚群岛一带农业产量更高。然而，这样也促使这些地区的居民数量不断增加，从而带来了更多的承受火山突发灾难的风险。

火山活动也为人类提供了许多有价值的矿藏。早期有人利用坚硬的黑曜岩做挖掘工具；坚硬的熔岩常被用来作为建筑材料；轻的泡沫状火山渣常被用作建筑填料和制作轻型的混凝土；火山灰形成的膨胀土是一种很有价值的黏土；常常提供重要的地热资源；能产生各种有价值的矿物，比如火山岩中的金属、硫，地壳深部沿火山口通道产生的天然钻石以及积累在火山口周围的其他矿物。

4.3.2　对气候的影响

本杰明·富兰克林（Benjamin Franklin，1706—1790）是第一位提出火山活动影响气候并作了记载的科学家。他认为1783年冰岛火山爆发带来的烟雾阻碍了1783—1784年夏季太阳能的辐射（图4.4），从而导致冬天气温的下降。后来的工作者也曾将1816年北半球夏季气温的降低与1815年发生于荷兰的火山爆发联系在一起。在美国北部新英格兰州的一个夏天，1800人冻死，雪、霜毁坏了庄稼，农民不得不卖房、卖牲口以维持生计；在欧洲，1816年被认为是“没有夏天的一年”，庄稼不能成熟，饥饿冲击着英国、法国和德国。在1883年的印度尼西亚卡拉卡托火山活动和1912年的阿拉斯加卡特迈（Katmai）火山活动中，也出现了其他的不同寻常的天气现象。

图4.4　火山爆发烟雾影响太阳能的辐射

印度尼西亚巴厘岛Mt. Agung火山在沉睡了120年之后，于1963年爆发，喷发的大量火山灰进入了1895年以来一直受火山灰影响的大气层，这是观察和测量火山活动对天气影响的好机会。通过精密的仪器和技术，可以测量到对流层温度数据，可采集到同温层烟雾成分。通过研究这些数据，Hansen et al.（1978）认为火山活动在1～2年内使对流层温度下降了十分之几摄氏度。

另外，由于喷出物的影响，火山灰引起能见度的降低。

4.3.3　灾变性爆发

直至1883年，许多人仍认为位于印度尼西亚的卡拉卡托火山是沉睡了200多年的死火山。然而，在当年的5月，开始了时断时续的喷发，仅仅过了3个月，在1883年8月26—28日，开始了一系列强烈灾变性的埋没喷发。8月27日上午10点，人们听到了有史以来最大的爆炸声，可以传到4800km以外，同时诱发的海啸激起了36m高的海浪，导致36000人丧生。喷发的火山灰升入80km高空的大气层，导致火山80km范围内暗无天日长达57h，风携带着尘埃扩散全球。在以后的几个月里，恐惧一直笼罩着北半球。爆发后，在原来位于海平面以上120～420m的陆地上，发现了一个深达海底以下270m的火山口，其中坍塌了大量的岩石碎块。

像这种灾变性爆发的例子可以举出许多，死亡可以直接归因于火山爆发本身，大规模埋没和熔岩移动导致的死亡则相对较少。

4.3.4　熔岩流

熔岩流（lava flow）由于黏滞性的差别，表现出的外形特征是多种多样的。黏滞性小的熔岩经常产生较光滑而起伏的表面，薄层的熔岩泡沫可以形成绳状熔岩［图4.5（a）］；较为黏滞的熔岩通常产生表面粗糙不平、短而厚实的流体，而非常黏滞的熔岩在迁移过程中能推动大而坚硬的岩块或具有棱角状的碎石，形成渣状熔岩。在玄武岩熔岩流中，熔岩通过裂隙管道而形成的熔岩管（lava tube）是很普遍的，像石灰岩岩溶地貌一样，这样的管状熔岩也是地下水富集的空间。

熔岩的流动速度或快或慢。当黏滞性小时，熔岩每小时可达 300m，典型的如夏威夷玄武岩；对粗厚、黏滞性大的块状流，可能每天仅达几米。熔岩流动的速度取决于温度、液体成分以及山体坡度。有些熔岩的运移速度较快，但通常都有足够多的征兆提醒人们。当熔岩覆盖面大时，可以导致很大的财产损失，如农田埋没、河道与道路堵塞及建筑物焚毁［图 4.5 (b)、(c)］。历史上规模最大的熔岩喷出是 1783 年发生在冰岛的火山活动，其爆发一次性地覆盖了 560km^2的土地。

(a)

(b)

(c)

图 4.5　熔岩流及其危害

(a) 绳状熔岩；(b) 道路堵塞；(c) 焚烧建筑

可以通过分散或者堵截，使熔岩流分布达到预期的效果。一种方法是实行爆破，良好的点爆破可以开启流体旁侧的凝固熔岩，开辟熔岩流体新的流动方向。炸破火山口熔岩通道，可以避免有用土地的覆盖，同时爆破可以畅通熔岩堵塞的河道。比如，1992 年意大利埃特纳火山大喷发的时候，火山熔岩直扑有 7000 居民居住的扎夫拉纳镇，意大利军方靠爆破力量使熔岩改道，从而使小镇免遭灭顶之灾，当时被许多人称为奇迹；在夏威夷的 Hilo 城市，通过有计划的爆破分流，已能有效地控制熔岩流，达到成功的效果，这在很大程度上依赖于当地地形以及熔岩喷发的规模。第二种方法可以通过构筑人工障碍物来分散熔岩流。构筑障碍必须用硬性材料，且有一个宽阔坡度较缓的基座以降低熔岩对障碍物的冲击压力。筑坝可以暂时阻止流体，同时再通过人工隧道避开人口密集地区。另外，对流动的熔岩喷水也可以减慢其向前的流动速度，1973 年冰岛曾成功地运用这一方法。

4.3.5　炽热的火山云与火山灰流

当火山爆发时，熔融的岩石一下子使压力降低，同时导致其中的气体瞬时膨胀。当岩浆进入大气层时，其逐渐固化并释放气体，使得凝固的岩浆裂解成碎块，在过热膨胀的气流作用下飞行。

炽热膨胀的气体夹带着不同体积的火山碎屑从火山口呼啸而出，这种由炽热熔岩块、火山渣及火山灰构成的岩团被称为炽热火山云。

火山灰流与炽热火山云是很相似的，主要是复式火山与穹窿火山的产物。不同的是火山灰流包含细粒的炽热玻璃质浮石碎块，且大量出现的记载不多，而炽热火山云的出现是相当普遍的。

4.3.6 有害气体

在火山爆发中，喷发出的气体中水蒸气占大多数，然而也不乏存在 SO_2、H_2S及 HF 等威胁生命的有毒气体（toxic gases），导致水体、土壤与空气污染。1912 年阿拉斯加卡特迈火山在爆发一个月之后引发了一场酸雨，酸雨烧坏了当地人的皮肤，损坏了温哥华、英国人的衣服。79 年维苏威火山爆发以及 1902 年培雷火山爆发，导致意大利无数人死亡，其原因就是因为有毒气体的侵害。

4.3.7 火山碎屑

在火山爆发中，通常都有大量火山碎屑（pyroclastics）从空中降落。一般地，降落下来的岩屑、火山灰及浮石碎块都已冷却。人遇到火山碎屑，很可能由于浓烈的有害烟气或缺氧而窒息。在公元 79 年维苏威火山爆发期间，给城镇铺上了厚达 4m 的火山灰及火山碎屑，至少 2000 人受难于这样的情况。

大量降落的火山碎屑可以像熔岩一样毁灭所有的植被与建筑物，从而形成新的地面，如 1963—1965 年 Costa Rica 的 Irazu 火山曾导致 150 万美元的农田损失。即使降落量少的时候，火山碎屑也能够污染地表水体及农作物，玻璃质火山灰还能够影响牲口的视力，而含有毒物时则可以威胁到植物与动物的生长与生存。

在火山爆发过程中，人们几乎无法阻止火山碎屑降落带来的地表侵害，只有爆发停止后才能做一些清除工作。1978 年日本 Mt. Usn 火山爆发导致的严重“岩雨”使 20000 旅游者和 7000 居民不得不撤离爆发影响区。当然，这种侵害从长远利益出发，只是暂时的，它在某种程度上可以改良土壤的肥力。

4.3.8 火山泥流

火山泥流（lahar）是由于火山爆发而导致的泥石流。复式火山喷发出大量的火山灰和松散的岩屑在陡峭的斜坡上易造成泥石流。这种泥石流推移速度可高达 90km/h，可以运移到距离火山 160km 之外，甚至更远，这对人类的损害有时更甚于单个火山活动过程。

火山泥流的作用与强降雨、火山湖爆发、冰雪瞬时熔化所具有的作用相仿。1919 年，印度尼西亚爪哇岛的 Kelut 火山湖爆发导致了 5000 人死亡，毁坏了 $200km^2$农田。

4.3.9 火山爆发引发的洪水

当火山被冰川覆盖时，火山释放的热量融化冰川中大量的冰，从而在冰川中形成强大的压力，最终导致冰川的爆发，引起灾变性洪流。比如，冰岛常出现这样的灾害。

尽管这种现象持续时间不长，但洪流流量却大得惊人，如 1918 年冰岛卡特拉（Katla）火山引发的冰川洪流流量远远大于亚马逊河的平均流量，幸运的是，冰岛的人口密度很低。

4.4 火山活动的预警

从地质研究和火山历史记载角度来说，在火山附近居住的冒险精神是值得肯定的。许多火山爆发的规模和特点跟以前爆发相比基本上是相似的，这就有利于对其进行预测和研究。

然而，很少有像冒纳罗亚火山那样具有周期活动的火山特征，因此对大多数火山的再次活动进行预测几乎是不可能的。尽管火山活动有各种各样的前期征兆，但至今仍然没有得出一个完全可循的预测规律。

地震和微震能引起火山爆发，但在火山爆发前，它们可能持续几年时间，也可能在火山爆发前 1h 内发生，有时在火山爆发前完全停止，这就使得根据地震来预测火山爆发面临许多困难。一些能够预示火山爆发的火山前兆（volanic precursor）包括：

（1）喷气、热泉、火山湖特色和行为的变化。

（2）地球磁场的强度与定位变化。

（3）有时红外照片能够检测出某个地区地热流的增强。

（4）地球电流在研究区的改变。

（5）测量大地岩层倾斜状况，可判断火山岩浆作用导致地层向上冒顶的现象。

（6）观察动物及其他事物的反常现象来判断可能的地震以及可能的火山活动。

科学家对中新世以来的火山活动进行了广泛的研究，利用这些成果，人类有可能避免火山活动带来的生命财产损失。其中，密切注视火山爆发前的征兆是非常重要的，生活在火山附近的人们因此可以安全转移。1978 年菲律宾群岛的 Mayon 火山附近的 8000 多人因为得到征兆的警告而安全脱离危险。

在过去的年代里，也有许多大规模分散从而保护无数生命的先例。在公元 79 年的维苏威火山活动中，18000 名附近居民被安全撤离，然而仍有 2000 人死亡。1914 年位于日本九州海湾 Sakurajima 火山在爆发前显示了喷烟、地震及泉水断流等征兆，当地政府迫使人群全部撤离，从而拯救了 23500 居民。当火山爆发时，火山云喷至 6000m 高空，12%的山体被破坏。1902 年，位于拉丁美洲的长 27km 的加勒比岛北部 La Soufriere 火山爆发，死亡 2000 多人，而在 1979 年春季再次爆发前，地质学家根据征兆证明了即将来临的爆发，敦促政府发布撤离命令，结果是 20000 人撤离危险区。随后火山爆发时，大量的热气流和炽热岩屑呼啸而出，导致次日天空出现高达 12000m 的蘑菇云，岩屑扩散至 145km 以外的巴巴多斯岛（Barbados）。所幸的是，由于撤离及时，没有一个人在这次灾难中丧生。

只要火山地区居住人类，人类就有可能面临剧烈的火山爆发灾难，而他们的安全与拯救却有赖于对来临灾变的科学预测。因此，在人口密集的火山活动区建立预警系统是非常必要的。目前，火山学家可以采用先进的设施对火山岩浆活动进行跟踪监测，随着科学技术的进一步发展，多数情况下可以对火山活动进行预警，从而拯救人类。

火山活动的预警，可以用图来表示火山地区的风险程度，并应用于土地规划，以防止高度危险区被开发利用。然而，在考虑安全的地质学家与考虑发展经营的土地所有者之间，却常常存在严重的分歧。这是因为，火山地区一般是很富饶的，分布着重要的资源，不仅具有土壤、水、矿产等物质财富，而且有大自然赐予的建筑学上惊人的壮观，过早搬迁能引起居住人群的怨恨和财政上的困难。因此，一个有效的、尽早的预警系统对居住在火山活动区的人群来说是很必要的。

4.5 我国火山活动的监测与研究

我国存在活火山，因此也具有火山灾害的威胁。尽管我国火山喷发的出现频次很低，几百年才有一次，但也不能忽视对活火山的监测。在1995年之前，我国对活火山的监测几乎是空白，火山研究大都集中在火山和火山岩的地质、地球化学工作方面，有关火山监测预防的工作规模很小且缺乏连续性。

1997年，我国开始了对长白山、五大连池与腾冲火山较系统的监测与研究，初步建立了这3个火山的观测系统。同时，对长白山、腾冲、五大连池火山的深部结构开展研究，开展地震监测、地形变测量、地下流体的监测和岩石化学分析，并据此给出3个火山喷发危险性的定性结论。

由于我国火山活动监测研究工作开始较晚，与国际先进水平相比较，我国火山监测研究工作仍处于起步阶段，其水平与菲律宾、印度尼西亚等发展中国家相比亦有不少差距。具体表现在：监测时间短、积累资料少及研究程度低，依靠这些资料难以定量地分析其活动危险性。

4.6 小 结

火山活动是地下的岩浆沿地壳中的裂隙通道或地壳的薄弱环节喷出地表的一种自然现象，其主要环绕太平洋火山环带分布。我国火山绝大部分为第四纪的死火山。火山活动是地球上剧烈而壮观的地质灾害，其喷发的熔岩、火山灰、火山碎屑、有害气体、火山泥流以及其突发性，给人类社会带来巨大灾害，也引起邻近地区气候异常。然而，长期以来火山爆发给人类带来的益处还是远大于坏处，如肥沃的土壤、有价值的矿藏以及优美的景观等。火山爆发的许多相似特征有利于人类预警研究，对火山地区进行风险程度评价有利于土地规划与利用。

关 键 术 语

cinder cone	composite volcano	lava flows
pyroclastics	shield volcano	volcanic dome

复 习 题

1. 火山在分布上有何特点？可分为哪几个主要火山带？
2. 夏威夷岛的火山都是盾火山，为什么它们的灾害性较小？
3. 火山活动具有哪些影响？如何能影响全球气候？
4. 描述两种阻止熔岩流侵入的策略。
5. 描述两种警示火山爆发的征兆。
6. 为什么说火山活动对人类是有益的？

可 利 用 网 站

1. Volcano. From Wikipedia, the free encyclopedia. https://en.wikipedia.org/wiki/Volcano.

2. Volcano Hazards Program. http://volcanoes. usgs. gov/.

3. 火山视频. http://cn. bing. com/videos/search? q=%e7%81%ab%e5%b1%b1&qpvt =%e7%81%ab%e5%b1%b1&FORM=VDRE.

4. 火山爆发的历史. http://volcano. h. baike. com/article-38729. html.

第5章　河流与洪水

只要人们选择在洪泛区居住、工作，洪水带来的灾害就一直存在。本章学习要点如下：①理解河流的基本结构与作用；②认识洪水的主要特征与影响因素；③认识土地利用变化对河流水沙运移的影响；④认识洪水形成的影响因素，以及城市化对小流域洪水的影响；⑤认识洪水的防护策略与河道修复的作用。

2011年1月13日洪水淹没澳大利亚第三大城市布鲁斯班伊普斯威奇高速公路西路段，使得城市部分地区面临数年的重建（新华社/路透社）。

地球表面大约70%的面积是被水覆盖的，水是地球上一切生命赖以生存的基础。在地貌形成过程中，山体可以由板块运动和火山活动营造，而水也是塑造地貌极其重要的营力。本章要讲的是水另外一个重要的角色，就是它还能给人类生命与财产带来重大损失，比如洪水（flood）。

洪水，是河流水位超过河滩地面溢流的现象，是人们常常经历的最为普遍的自然灾害。洪水之所以形成灾害，是因为一个流域内降水汇入河道的径流量超过其泄洪能力而漫溢两岸、或造成堤坝决口导致洪水泛滥。受洪灾影响的人数相当于其他所有灾害的总和，每年在全世界都会造成令人震惊的破坏（图5.1），能够使数以千计的人和不计其数的动物丧生，毁坏财产、搅乱商业，造成巨大的财产损失。被称为“中国忧患”的黄河，由于洪水含沙量大使得下游河床淤积十分严重。1931年长江洪水影响的面积相当于英国不列颠岛那么大，死亡人数达数百万人，并毁灭了6000万美元的房屋及财物。对于生活在洪水泛滥地区的人们来讲，这样的自然灾害常常难以避免。

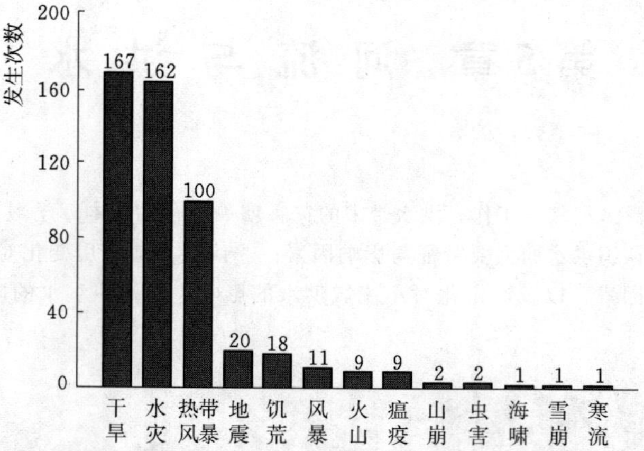

图 5.1　全世界主要灾害发生次数（1963—1992 年，按涉及人数统计）

5.1　河　　流

河流（river/stream）是在一定气候和地质条件下形成的天然泄水输沙通道，是河槽与水流（挟沙水流）的总称。在重力的作用下，水流经常或间歇地沿着地表或地下长条状槽形洼地流动，是水文循环系统的组成部分。我国的河流有江、河、水、川、溪等称谓，如长江、黄河、汉水、四川大金川、湖北香溪等，这些只是规模上的差异。长江、黄河、珠江、黑龙江、海河、淮河和辽河是我国境内的七大河流。

水分由地面汇流到小溪，再汇集到大的河流。在某个河流断面以上由大大小小河流组成的河网地区，被称为流域（drainage basin）。对应于七大河流，我国有七大流域，即长江流域、黄河流域、珠江流域、黑龙江流域、海河流域、淮河流域和辽河流域。

5.1.1　河流剖面

河流在结构上可分为横向剖面与纵向剖面。

（1）横向剖面。横向剖面（cross section）指垂直于河流走向、从河流一侧到对岸的剖面。在河流的横向剖面上，大多数河流包含 3 个主要部分（图 5.2）：河槽（stream channel），一年中大部分时间水流流淌的部分；洪泛区（floodplain），河槽一侧或两侧时或被洪水淹没的较高地带；高地过渡带，河漫滩一侧或两侧与周围地形相过渡的部分高地。3 个组成部分可以借助结构特征与植物群落来区分，在常年有水的河槽难以生长植被。

（2）纵向剖面。纵向剖面（longitudinal profile）是指沿着河流的走向、从上游源头到下游河流侵蚀基准面的高度变化，表示河流沿水流方向的几何形态。这里，河流侵蚀基准面（base level）是指河流在冲刷下切过程中其侵蚀深度往往受某一基面所控制，河流下切到这一基面后侵蚀下切即停止。

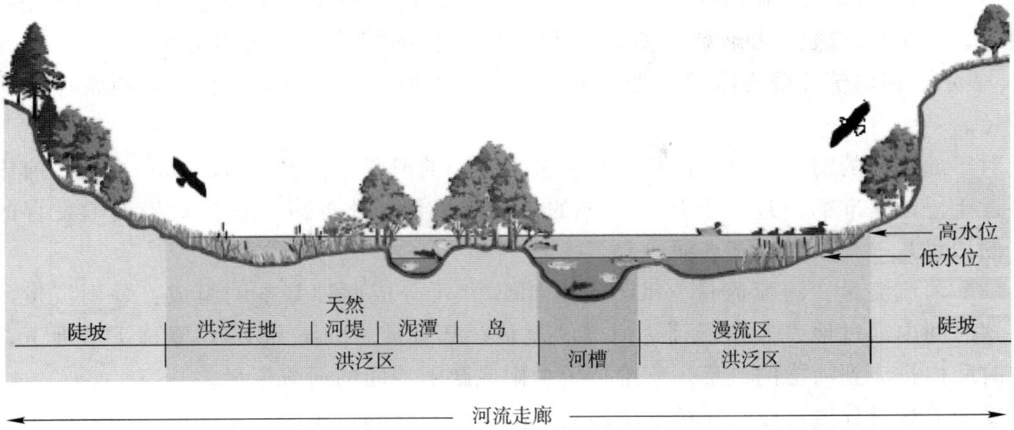

图 5.2 河流的横向剖面

河流纵剖面的几何形态多样，主要呈现为上凸型、直线型、下凹型和阶梯型。其中，以下凹型纵剖面为多。在河流上游，特别在河源处，受到地形的影响，河道比降较大，但流量较小，下蚀受到限制。在河流中游，汇集了足够的水量，发展纵剖面最为有利，因此河流纵剖面形态常常呈凹型。在河流下游，特别在河口地带，由于受河流侵蚀基准面的控制，向下侵蚀受到限制，河道比降（相对落差）减小。受河流纵向地形的变化，大多数河流在纵向上都可以概括地分成 3 个区：源头区（headwaters）、输送区（transfer zone）和沉积区（depositional zone），如图 5.3 所示。

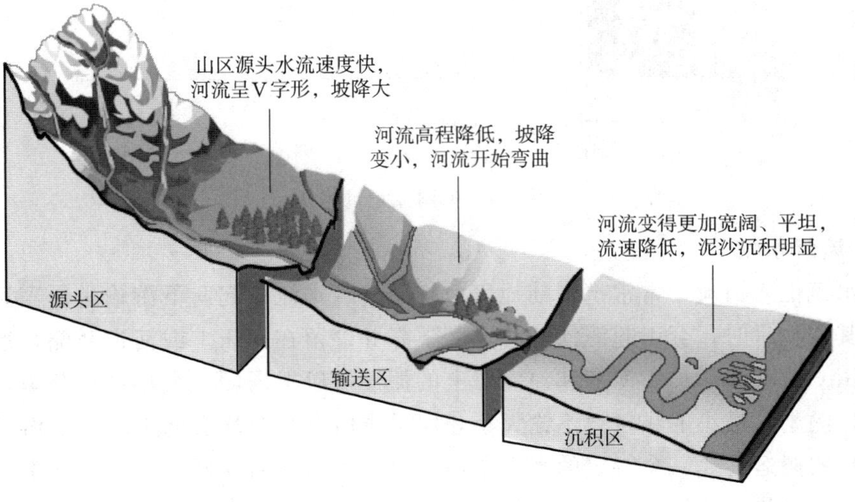

图 5.3 河流纵向剖面示意图

河流高度的转变，往往只是河流长度的 1‰，因此在绘制河流纵剖面图时，必须垂直放大比例尺，才能显示出河流高度的变化。研究河流纵剖面对航运、防洪、城市建设、研究流域自然地理特征以及分析河谷发育过程等都有着重要意义。

5.1.2　河流比降与流量

（1）河流比降。河流比降（gradient）通常是指河流纵比降，即单位河长的落差，也称坡度，是某个河段河床高程垂直落差与对应河长的比值，常用百分率（%）、千分率（‰）表示。因河流比降在沿程各处可能不同，对于较长距离河段的比降，通常用平均比降表示。

对于地势高的河源区河流比降较大，多为陡峭的河段。在河口（estuary）处，河床地势接近于侵蚀基准面，理论上处于侵蚀的最低水平面，比如海平面。对于湖泊发育的河流，湖泊也是一个临时的基准面。

（2）河流流量。河流流量（discharge/flow）可分成两种基本的组成：暴雨流量，降雨在短时间内通过地表或地下到达河槽的流量；基流量（base flow），降雨下渗地下，在较长时间内排泄到河槽的流量，它维持了少雨或缺雨期间的河流流量。

暴雨流量过程线可以较完整地反映流量随时间变化的过程。图 5.4 曲线的上升翼与下降翼反映了河流流量从基流量上升到峰值和回退到基流量所需要的时间。

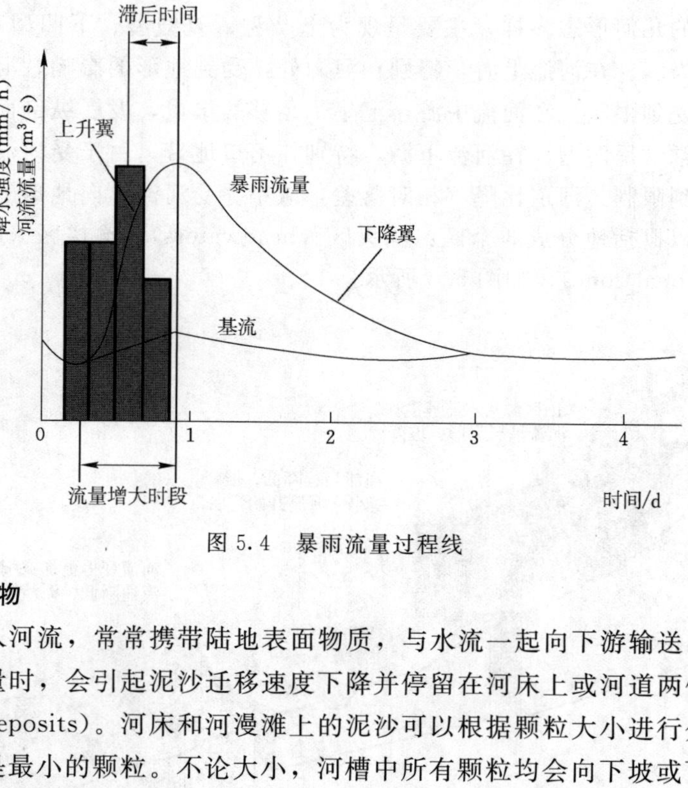

图 5.4　暴雨流量过程线

5.1.3　河流沉积物

地面水流汇入河流，常常携带陆地表面物质，与水流一起向下游输送。当河流的输沙能力小于其来沙量时，会引起泥沙迁移速度下降并停留在河床上或河道两侧，形成了河流沉积物（fluvial deposits）。河床和河漫滩上的泥沙可以根据颗粒大小进行分类，漂砾是最大的颗粒，黏土是最小的颗粒。不论大小，河槽中所有颗粒均会向下坡或下游搬运。河流中最大颗粒的搬运需要一个特定的水力条件，可称为河流启动搬运能力，通常也只有很大的流量才能搬运最大颗粒。由此，人们有时也用搬运的颗粒大小评价河流搬运能力。仅次于河流启动搬运能力的一个概念是牵引力，提供提升与拖曳的力量，使得颗粒沿河床底部或岸边搬运。

这些物质按颗粒大小和在水体中的运移方式分为推移质、悬移质和溶解质。其中，河流推移质（bed load）沿河床的底部向下游呈滚动、跳动或滑动式迁移，多为漂砾、砂砾，一般占迁移总量的10%。稍细颗粒的搬运相对较容易，在湍流的作用下呈悬浮状态搬运，这些颗粒因此被称为悬移质（suspended load）（图5.5）。悬移质主要由粉砂、黏土组成，悬浮在水体中，向下游迁移，并使得水体呈浑浊状。悬移质一般占河流迁移总量的90%，是河流迁移量的最多部分。部分悬移质可能是胶状黏土，能够很长时间呈悬浮状态，取决于黏土的类型与水化学条件。溶解质（dissolved load）是流域中风化的化学物质，可以影响水体的水质状况，通常以重碳酸根、硫酸根、钙离子、钠离子和镁离子为主要成分，它们占水体中溶解物质总量90%以上。

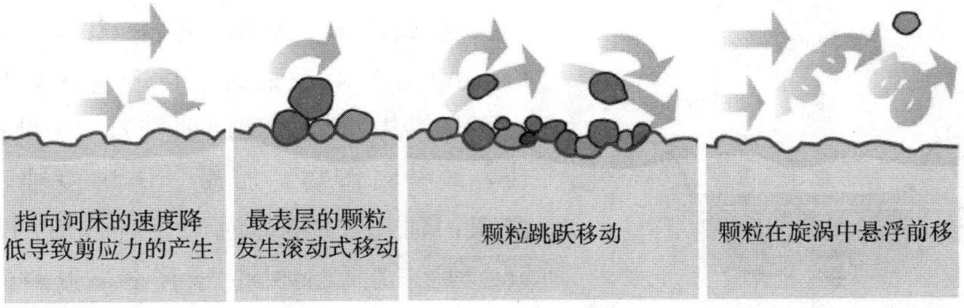

图5.5　河流泥沙颗粒的搬运

河流沉积物的量化通常用输沙量（sediment load）表示，即特定时间段里，如1年或1天，沉积物通过河流断面的总量，是由推移质、悬移质和溶解质3部分组成。单位常以“t”表示；还可以用输沙率（sediment yield）表示，指单位时间内沉积物通过河流断面的质量（或体积），单位常以“t/d”表示。

5.1.4　河流分级与水系类型

1. 河流分级

流域中各种大小不等的沟道与河流，可用河流的级别来表示。河流分级方法主要有两类：①从河流水系的研究分析方便考虑，把最靠近河源的细沟作为一级河流，最接近河口的干流作为最高级别的河流（图5.6）；②把流域内的干流作为一级河流，汇入干流的大支流作为二级河流，汇入大支流的小支流作为三级河流，如此依次类推。我国许多地区习惯上按第二种方法分级。

2. 水系类型

水系（river system）是河流的集合，是地表径流对地表土的漫长侵蚀以后，逐渐从面蚀到沟蚀、槽蚀，以至发展到由众多支流和干流所构成的复杂的河流网络系统，也通俗地称为“河网”（river net）。

水系的平面形态多样，主要受地质构造、地理条件以及气候因素所影响。常见水系形态可归纳为树枝状、平行状、放射状、环状、复合盆地状、羽毛状、格状、网状和混合状等等。

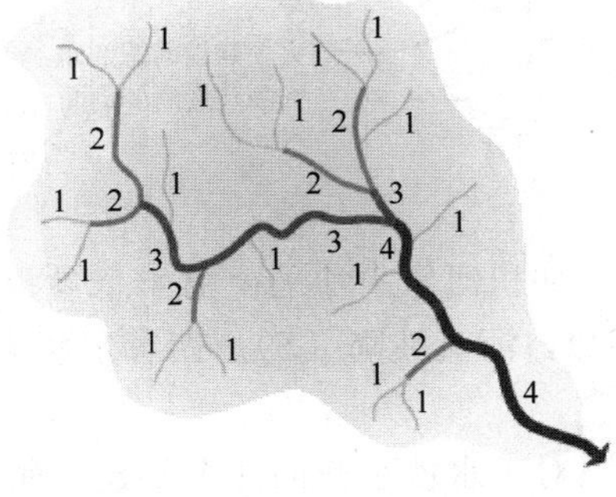

图5.6　河流的分级

5.1.5　土地利用变化的影响

河流是一个开放系统，自然条件下通常能维持一个水沙运移的动力平衡或稳定状态。

河床坡度使得水流携带沉积物向下游迁移。然而，河流中水沙数量的增加或减少，能导致河床坡度和横断面形状的变化，并影响水流运动速度；反过来，水流速度的变化又影响河流系统中沉积物的数量。由于土地利用的变化可以影响河流水体与沉积物体积，因此土地利用变化将影响河流原有的动力平衡，并产生新的动力平衡体系。

由于农业用地的土壤侵蚀速率比森林土壤侵蚀速率大，砍伐森林改做农业耕地将增加土壤侵蚀，并导致河流输沙量增加。其结果，河流因输沙能力限制难以输送全部沉积物，而导致沉积物沉积和河床坡度增加。与此同时，增加的河床坡度又会反过来加速水流速度，进而提高输沙能力。这样，一个新的水沙运移平衡就可能形成。

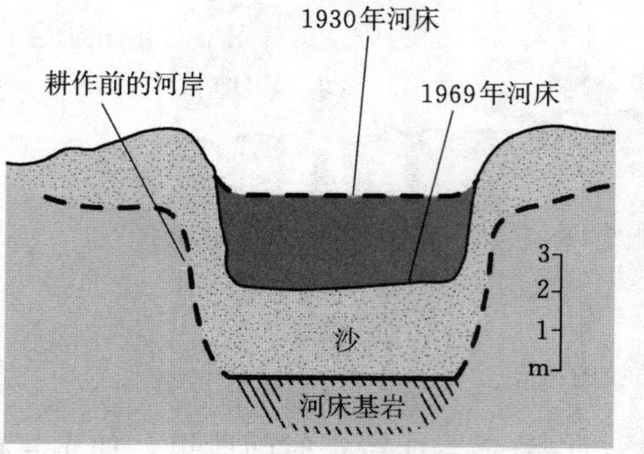

图 5.7　土地利用变化带来的河床沉积

比如，在美国东南部的皮德蒙特（Piedmont）高原地区（位于美国阿巴拉契亚与大西洋沿岸平坦的高原地带），19 世纪森林被砍伐，改种农作物，加速了土壤侵蚀，引起河床淤积；到 1930 年，河床比耕作前的高程高 4～5m。后来在水土保持号召下，退耕还林，上游侵蚀量随之减少，河床中沉积物在新平衡形成过程中被逐渐向下游搬运，河床高程下降，到 1969 年仍比原耕作前的高程高 2～3m（图 5.7）。

再比如，河流大坝建筑带来的影响。在大坝建设后，河流的上游和下游都会发生巨大的变化。在上游，由于水流速度降低将增加沉积（deposition），库区拦截了大部分的沉积物，而大坝下游沉积物侵蚀（erosion）增强，水流有能力携带另外的物质。其结果导致新的冲刷形成，河床坡度变缓，直至新的平衡条件产生，如图 5.8 所示。

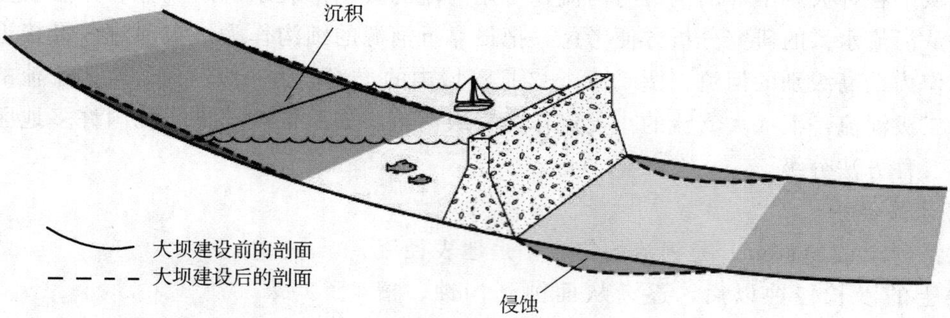

图 5.8　河流大坝导致的河流沉积与侵蚀

冲积河床水沙平衡由 4 个参量组成：泥沙运移量（Q_s），泥沙粒径（D_{50}），河流流量（Q_w），河流坡降（S）。四者定性关系为

$$Q_s D_{50} \propto Q_w S$$

对于水沙平衡的几个要素，如果流量增加而河床坡度不变，则输沙量或泥沙粒径则会增加；若河床坡度增大而流量不变，则输沙量或粒径也会增加。要维持新的平衡，需要依赖进一步的侵蚀来增加输沙量或增大泥沙粒径。图 5.9 直观地反映了输沙量与流量的平衡关系。指针偏向右侧，则为沉积；偏向左侧，则侵蚀。

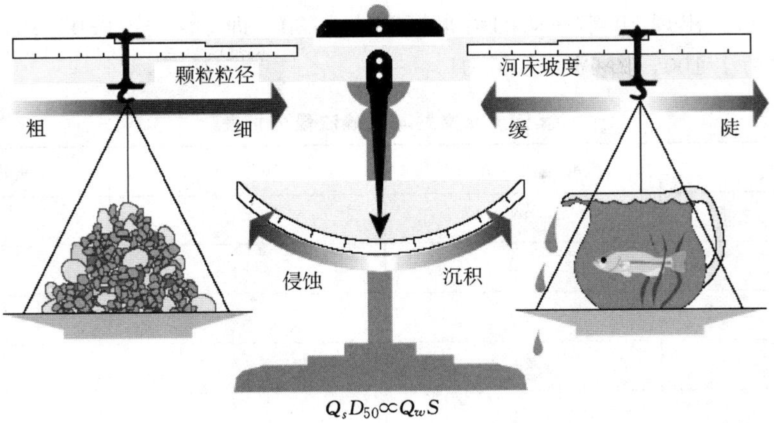

图 5.9　河流输沙量与流量的平衡关系

5.2 洪　　水

当河床中流量溢过河岸时，就可以认为出现了洪水。对于大多数河流来说，洪水是流域中降水量、降水分布、降水入渗速率与地形地貌的函数。然而，某些洪水融冰、融雪与坝体匮乏也可以引起洪水。

洪水流量是指某个河流断面位置洪水溢过河岸时河流流量，是洪水的量化指标，可用来进行洪水频率分析与计算。河流中某个时间的水面高程是水位（stage），洪水水位可以警示洪水是否可能造成生命与财产的损失。对于某个地区来讲，洪水水位有警戒水位与危险水位之分，取决于当地对洪泛区的土地利用状况。

5.2.1　洪峰流量、重现期与洪水频率

洪水与降水量、径流量及其强度有密切关系，一般电视与报纸上报道的灾害性洪水与少见的大强度暴雨有关，而由强度较小的暴雨引起的洪水则较为多见，出现的频率较大；反之亦然。对于一定规模的河流，一般都设有水文站（gauging station），测量河流断面水位，计算流量（一般用 m^3/s 来计量）。根据水文站记录，可以将每年的流量峰值与出现的重现期（recurrence interval）作成流量频率曲线（discharge-frequency curve）。该流量峰值称为洪峰流量（flood-peak flow），而重现期则是指该量级的水文要素每出现一次的平均间隔（年数）。重现期可以根据下式计算：

$$R=(N+1)/M$$

式中：R 为某个洪峰流量的重现期，单位通常是年；N 为分析年数内的洪峰流量数据个数，也就是样本个数；M 为样本中某个流量对应的序列号，通过流量由大到小排列后确定。

比如对于某个水文站 1995—2003 年共 9 年的洪峰流量序列（表 5.1），最大值为 $280m^3/s$，对应于 1996 年，其排位第一，M 值取 1，重现期 R 为 $(9+1)/1=10$ 年，表示每 10 年可能出现大于或等于 $280m^3/s$ 的洪峰流量，通常也称为 10 年一遇的洪水（10

year flood)。按照该序列做成的流量频率曲线如图 5.10 所示。出现 10 年一遇的概率为1/10，即 10%（=0.1）；出现 20 年一遇的洪水概率为 1/20，即 5%（=0.05）；出现 100 年一遇的洪水概率为 1/100，即 1%（=0.01）。

表 5.1 某河流水文站年洪峰流量分析表

年份	洪峰流量/(m^3/s)	序号 M	重现期 R/年
1995	30	5	2
1996	280	1	10
1997	45	4	2.5
1998	28	6	1.7
1999	120	2	5
2000	26	7	1.4
2001	100	3	3.3
2002	23	8	1.3
2003	20	9	1.1

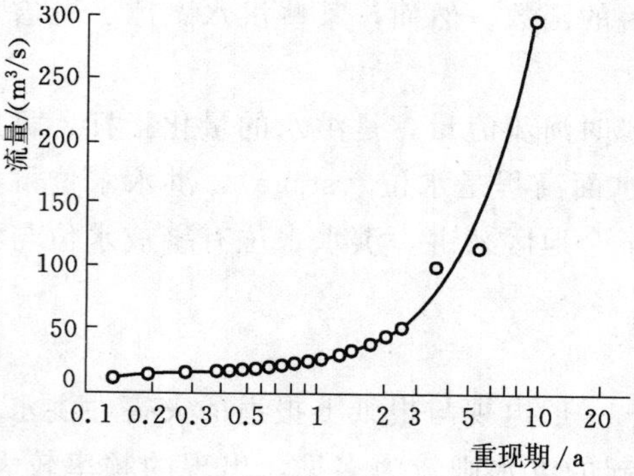

图 5.10 洪峰流量与重现期关系图

根据表 5.1 中列出的数据，外推可以得到 20 年一遇的洪水为 450m^3/s。然而，这样的外推是有风险的，一般不能超过分析序列长度的两倍。针对许多河流的研究表明，形成或维持河床的流量称为满槽流量（bankful discharge），通常定义为重现期为 1.5 年对应的流量。比如有 100 个数据样本，1.5 年重现期的数据大致是排位第 67 位的数据。对应表 5.1 所列 10 个数据系列，满槽流量可取排位 6～7 中间的对应流量，大约为 27m^3/s。

随着洪峰流量系列的累积，可以更精确地预测洪水。但是，由于预测是建立在概率统计基础上的，洪水设计是有风险的。从长远观点来看，理论上 20 年一遇洪水表示每 20 年可能出现这样的洪水，但或许 20 年之内会两次出现 20 年一遇洪水，100 年一遇洪水并不代表每 100 年出现 1 次这样的洪水。

5.2.2 上下游洪水泛滥

区分上游洪水与下游洪水对下游防洪措施部署是有意义的。上游洪水出现在集水流域的上部，一般是短期强降雨导致小面积范围的洪水灾害，不会引起区域性的洪水出现。但是，下游发生洪水，往往是由于大面积强降水所致，洪水组成复杂，消退时间长，再加上下游居住人口多，造成的损失更严重。

5.2.3 洪水的灾害效应

20 世纪 90 年代我国特大洪涝灾害计有 1991 年、1994 年、1996 年和 1998 年；较大洪涝灾害为 1993 年（表 5.2）。平均大约每 2 年就要发生一个洪涝大灾年，其出现频率与 20 世纪 30 年代、50 年代相近，远高于其他时期。

表 5.2　　20 世纪 90 年代我国主要洪水灾害统计

年份	月份	地点	死亡人数	财产损失/亿元
1991	5—7	淮河和长江中下游地区；黑龙江、吉林、四川和贵州	5113	779
1993	5—6	广东、浙江、江西和福建	3321	630
	7—9	湖南、江西 、山东、江苏、四川、内蒙古、吉林		
1994	5	福建、江西	5000	1700
	6—7	广东、广西及湖南，黑龙江、吉林、辽宁和内蒙古		
	8	浙江沿海		
1996	6—8	长江、柳江、海河、黄河		2200
1998	6—8	长江、嫩江、松花江、珠江	3004	1666

洪水的灾害效应可分为直接与间接两个方面。直接效应可归因于淹没，是洪水强度所导致的直接损失。比如，受伤与死亡，桥梁、道路、房屋等建筑物（构筑物）的冲毁，农田埋葬、侵蚀与淤积，通信中断，景观与作物受损等；间接效应包括河流短期污染，疾病传播，移民，以及衍生的火灾、管道的破裂、化学物质泄漏等。

直接效应和间接效应都能进一步引起连锁反应，大大加重因泛滥所造成的损失和破坏。主要体现在：

（1）正常公共设施的破坏和货物供应的混乱状态能导致饥饿、疾病和人类的其他苦难。

（2）家庭被分离，人们无家可归，以及丧失了经济生产能力。

（3）水和卫生系统的污染会对健康造成持续的危害。

（4）野生动物、蛇以及老鼠被赶出其常规栖息地，以致大批出没于人类聚集的群落，引起了另外的健康问题。

（5）学校和商店的关闭会使教育、贸易和就业受到损失。

（6）工业商品不能运往他处，销售就会耽搁甚至失去生意。

（7）田地和牧场由于其富饶表土被侵蚀和碎石的淤积这双重破坏，会丧失其生产能力。

（8）洪水在形成新河道的过程中，会损毁土地界线和航线。

（9）虽然大多数野生动物能对一定程度的泛滥作出调整而适应新的环境，但巨大洪水仍可对一些种属动物的食物来源和繁殖地造成破坏。

然而，泛滥平原对人类很有价值，不仅因为它能滋生肥沃的土地，而且也因为该地区适于建筑房屋和开办工厂，便于运输和使用其他服务设施。人们之所以居住在这些经常遭受洪水泛滥的地区，因为人类从这些地区获得的利益超过了由洪水带来的损失。只要我们继续居住在泛滥平原和低洼地带，我们就将面临洪水的威胁。可以说，洪水是阻碍文明、向人类适应自然环境能力挑战的一个灾害现象。

5.3　我国洪水形成的影响因素

尽管洪水主要是由暴雨引起的，但洪涝灾害形成过程中受到的影响也是多方面的，有自然因素，也有人为因素、包括气候因素、地质因素、流域滞洪能力、水土流失以及城市化等。

5.3.1　气候环境

我国降水的最大特点，是时间分布和区域分布上严重不均，这是导致洪涝和干旱交替频繁发生的根本原因。这种降水特征，是伴随新生代区域地壳运动和气候环境演化逐步形成的。

第三纪早期，全球气候比较温暖，我国和东亚大陆构造活动相对稳定，青藏高原，以及周缘山地尚未强烈隆起，大陆各地温差不大，气候带稀疏宽广；到第三纪末期，全球气候开始变冷，气候带增多，各带之间冷暖、干湿变化加大。一方面，我国各地区地貌形态出现比较强烈的多元化，另一方面青藏地区在全部成陆后开始向高原发展，大部分地区高程达 2000m 以上。在这种情况下，我国大陆气候带开始南移，而青藏高原对夏季风也开始产生更加强劲的阻滞作用，使西北地区开始出现干旱特征，华南地区的湿润热带、亚热带气候得到进一步发展。从第四纪以来，全球性降温形成大范围的东亚季风环流，并因青藏高原的急剧隆起而得到极大的加强。这加剧了西北地区的寒冷与干旱，并使华南地区夏季较同纬度地区更加炎热多雨，洪涝灾害尤其严重。从宏观上看，由于东亚季风气候和青藏高原持续隆起，我国洪涝和干旱灾害日趋频繁而又强烈。

5.3.2　厄尔尼诺与拉尼娜现象影响

厄尔尼诺（Ei Nino）一词来源于西班牙语，原意为“圣婴”。这个名称最早起源于 19 世纪末秘鲁沿岸的渔民中间，指季节性向南流动的暖洋流入侵，取代了往常他们捕鱼时向北流动的冷洋流，这种现象一般发生在圣诞节前后。其结果导致赤道太平洋东部和中部海域海水出现显著增温。如今，厄尔尼诺不再是局部性洋流的季节性变化，而是指影响全球的连续但不规则的大气和海洋循环变化的一种现象，能产生较为显著的天气影响。

与之相反，自 1985 年起，中东太平洋地区海洋表层异常变冷的现象被称为“拉尼娜”(La Nina)，其字面意思是“女孩”，也被称为反厄尔尼诺现象。拉尼娜现象是赤道附近东太平洋水温异常变冷的一种现象。

拉尼娜与厄尔尼诺现象现在都成为预报全球气候异常的最强信号。对居住在印度尼西亚、澳大利亚、东南非的人来说，厄尔尼诺意味着严重的干旱和致命的森林火灾。相反，厄瓜多尔、秘鲁、加利福尼亚的人则认为厄尔尼诺会带来暴风雨，然后引发严重洪水和泥石流。

根据这些年来的气候变化实况分析，厄尔尼诺和拉尼娜现象已经成为影响我国乃至全球气候的主要因素。1998 年我国由于受到厄尔尼诺和拉尼娜现象的交错影响，江南、华南地区降雨频繁，长江流域、两湖盆地均出现了严重的洪涝灾害。

5.3.3　主要江河河水宣泄不畅

受区域构造控制，我国地势西高东低，依次形成高原向高山、向平原过渡的三级台阶式地貌格局。主要江河上游地势陡峻，水流一泻千里，而到中游或下游，地势陡降，河床坡度急剧变缓，河道曲折迂回，河水流速骤减，大量泥沙沉积，导致了行洪不畅，极易泛滥成灾。以长江为例，出宜昌进入中游后，河道标高由100m以上陡降至50m以下，由此至长江入海口长达1800km，平均坡降只有0.28‰。这样的地貌格局，进一步加剧了积洪滞涝，加大了防洪抗洪难度。

差异性构造运动和泥沙淤积，造成河道迂回多变。以荆江河段最为典型：由湖北至湖南，荆江的直线距离只有170km，但水流经九曲回肠，以致河长达420km。新中国成立以来，尽管对部分河道裁弯取直，并多次加高加固防洪大堤，但仍然是防洪险中之险。

5.3.4 湖泊调蓄洪水能力严重下降

湖泊对于蓄洪、分洪、调洪具有重要作用，然而湖泊调蓄洪水的能力严重下降。这种情况在我国各地区普遍存在，以长江中下游尤为严重。

据有关地区资料，1949年长江中下游地区共有湖泊面积25828km^2，1997年缩减至14073km^2，减少45.5%。被称为“千湖之省”的湖北，新中国成立初期有天然湖泊1066个，到80年代末仅存309个。洞庭湖演化萎缩之剧烈，也为国内外所关注。1825年以前，洞庭湖为一广阔的完整湖泊，面积6270km^2；此后，被逐渐分解为东洞庭湖、南洞庭湖、西洞庭湖，到1949年，总面积4350km^2，容积近300亿m^3；此后，进一步萎缩，西洞庭湖已消逝，到1984年总面积只有2691km^2，容积只有174亿m^3；90年代进一步缩减到2150km^2。

造成湖泊萎缩的主要原因，除了日益严重的围湖造田外，湖泊淤积也是根本性因素。强烈的淤积不但直接造成湖泊萎缩，而且为人工围垦造田提供了便利条件，从而进一步加剧湖泊萎缩退化过程。例如，洞庭湖平均每年接纳泥沙1.33亿m^3，其中82%来自上游，其余来自湘江、资水、沅水、澧水。大量泥沙淤积，一方面使湖泊面积减小；另一方面使湖底抬高，年均抬升速率0.03m/a，同时，使湖泊容积急剧减小。

另一方面，湖泊淤积萎缩与一定环境背景下的地质动力过程也有关。长江上游处于持续性抬升的构造剥蚀地区，加上强烈的构造活动和森林植被的严重破坏，大规模水土流失和崩滑流活动，为中下游湖河提供了大量碎屑泥沙；中下游地区是相对沉降的堆积区，地势平缓，河道湖泊开阔，自然是泥沙沉淀淤积的场所。这一过程是漫长而又强劲的自然动力活动，对洪水以及区域生态环境产生的影响是不能忽略的。表5.3列出了长江流域主要水域泥沙淤积情况。

表5.3　长江干流及支流、湖泊、水库泥沙淤积情况

江河	年限	淤积厚度/m	淤积速率/（cm/a）
长江（荆江段）	—	—	3.0～5.0
平江（江西）	1958—1980年	0.88～1.54	4.0～7.0
巴水（湖北）	1966—1980年	1.0～1.40	7.0～10.0

湖泊	年泥沙输入量/万t	年泥沙输出量/万t	年泥沙淤积量/万t	平均淤积速度/（t/km^2）
洞庭湖	20600	5400	15000	55741
鄱阳湖	2280	1160	1120	2862

续表

湖泊	年泥沙输入量/万 t	年泥沙输出量/万 t	年泥沙淤积量/万 t	平均淤积速度/(t/km²)
洪泽湖	1750	1030	720	3900
巢湖	112	44	78	1000
太湖	44	10	34	145
合计	24800	7644	17152	
水库类型	数量/座	库容/万 m³	淤积量万 m³	淤积量占库容/%
大型水库	23	2563800	129300	5.04
中型水库	12	25754.6	2418.1	9.39
小型水库	182	9234.3	1978.25	21.42
塘堰	6492	7424.0	4148.0	55.90
合计	6709	2606212.9	137844.55	

5.3.5　水土流失和崩、滑、流活动强烈

水土流失、崩塌、滑坡、泥石流与洪水灾害，具有同步消长的互馈关系。

一方面，暴雨洪水是激发水土流失和崩塌、滑坡、泥石流的重要因素，这些地质灾害时空分布明显受降雨条件控制。在区域上，多发生在地形起伏较大，新构造运动强烈，降水丰沛，且暴雨频发的地区；在时间上，以降水集中的夏季最强烈。区域性暴雨洪水，常常引发大面积群发性崩滑流灾害。如 1994 年 6—7 月，地处长江上游的云南省富源、曲靖、楚雄、昆明、思茅、临沧、红河等地区，因暴雨洪水引发大面积群发性泥石流，直接经济损失达 10 亿元以上。1998 年因长江、松花江流域和广西、广东、新疆等地区大范围暴雨洪水，崩塌、滑坡、泥石流灾害特别严重，截至当年 8 月下旬的初步统计，全国 1998 年雨季共发生地质灾害 18 万处，造成 1150 人死亡，其中，长江中上游地区占 2/3 左右。

另一方面，水土流失和崩滑流灾害又进一步加剧了洪涝灾害的活动强度：这些地质灾害严重破坏森林植被和土地资源，使生态环境恶化，导致生物、土地调蓄涵养水分功能严重下降，从而增强了洪水的暴发强度和频次。同时，这些地质灾害还造成河湖水库淤积，使湖泊、水库调蓄洪水能力下降，河床湖底抬高，中下游洪水水位高出两岸地面几米到十几米，使之成为地上“悬河”，从而加剧了洪水灾害，也加大了防洪难度。

5.3.6　城市化影响

在一些几平方千米或几十平方千米的小流域，城市地区的土地利用不仅会增加洪水流量，而且会增加洪水的频率。其增长速率与土地硬化利用的比例有关，该类土地利用能形成非渗透的覆盖层；还与雨水排放管的服务面积有关，由于雨水管汇集非渗透地面的雨水到河流中，其汇集雨水的速率比天然条件下好。因此，非渗透地面和雨水管设施是城市化洪水出现的度量指标。比如，当城市非渗透地面占有比例达 40%、排水管网服务面积达 40%时，洪水出现的几率大约是城市化前的 3 倍，这个比例常被用于小频率和中等频率洪水的分析上。然而，随着流域集水面积的增大，50 年一遇的大洪水受城市化的影响不明显。

洪水是降水与径流的函数，而城市化能够明显地改变这个关系。一些研究表明较大的暴雨带给城市的径流几乎是郊区的 5 倍，图 5.11 呈现了城市化前后地区洪水径流量与滞后时间（lag time）的变化，明显表明随着城市化程度的增大，即非渗透地面面积和雨水管服务面积增大，城市径流快速增大，滞后时间减少，径流量增大。

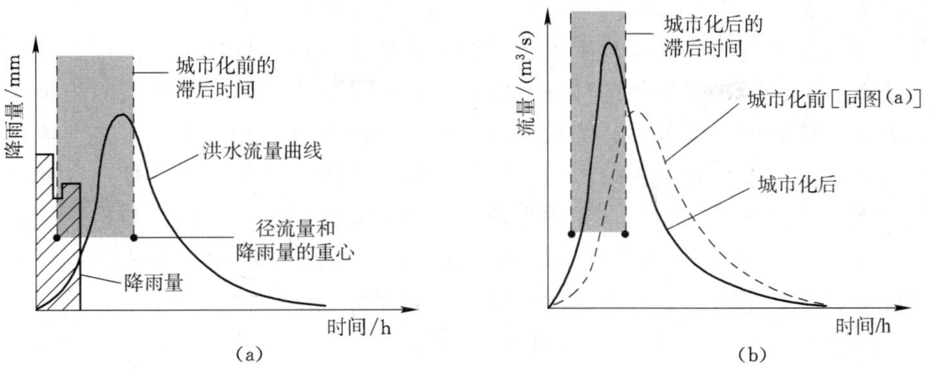

图 5.11 城市化对洪水的影响

然而，如果雨水管网被堵塞或冲毁，持续时间长的中等降雨可导致城市洪水，这种情况下，城市内涝就会产生。城市化对洪水的影响，不仅体现在地面渗透性变化与雨水管网设施上，还体现在为获得水面景观而建筑的蓄水构筑物，以及小型河流上的桥梁设施，它们都能够影响河流的行洪，有时甚至是造成行洪不畅与内涝的主要原因。不可忽视的是，城市地下建筑以及地基处理也会减少地下储水空间，阻碍地下径流通道，导致地表内涝。

目前，我国正在推进“海绵城市”发展理念和建设方式转型，通过规划和建设城市排水防涝设施，同时加强建筑物雨水分级收集利用功能，使城市像“海绵”一样，对雨水具有吸收和释放功能，能够弹性地适应环境变化和应对自然灾害，实现“小雨不积水、大雨不内涝”的目标。

5.4 洪水防护及对策

历史上尤其在19世纪，人类已经尝试通过河流的整治方法，比如通过建造大坝或防洪堤或河道疏浚来抵御洪水灾害。每一个防洪工程的建成都似乎告诉人们，这里不会再受洪水的侵害，以前的洪泛地也会被进一步开发利用。然而，当出现更大的洪水且防洪工程难以抵御时，人类又不得不建造更大的工程，抵御更大的洪水灾害。

近年来，人们开始比较不同防御方案的优缺点，是应该采用建造工程的方法来防御洪水，还是应该调节人类行为来适应洪水，后者包括洪水保险和洪泛区土地利用的管理。

5.4.1 防洪工程

(1) 防洪屏障防御洪水的措施包括建筑防洪屏障 (flood-proofing)，比如通常用混凝土来固化的防洪堤和防洪墙，河流上游可以蓄水延迟泄洪的水库，以及可以滞洪的低洼盆地。然而，由于洪泛区的不断开发利用，防洪屏障时常遭受不同程度的损毁，顺河建筑的防洪堤也年久失修，其防洪功能常常失效。不幸的是，当这些防洪工程失效时，洪水对邻近地区的侵害会更加严重，因为人们一直相信这些防洪工程是有用的，当地在洪水季节是安全的。

(2) 河流渠道化所谓渠道化 (channelization)，指顺直、加深、拓宽、清洁河流的一系列措施。图 5.12 概括了自然河流与人工渠道之间的一些差别。这是一项工程技术，目的是能够防御洪水、排除内涝、防御侵蚀和改善通航条件，其中防洪与排涝是最主要的目标。目前，美国已经对几千千米的河流进行了改造，渠道化工程也正在规划与建设中。

在许多地方，排涝工程是有利的，尤其对于历史上土地利用不当的城市和城乡结合部区域。另外，有不少实例表明渠道化工程能够改善通航条件，减少洪水。然而，一些不成熟的渠道化改造工程也带来了负面的环境效应。比如：①低洼区的排涝会消除当地某些物种的生境，恶化动植物的生存条件；②砍伐沿河树木会消除鱼类的遮阳带，将河流暴露在太阳底下，其结果会导致植物物种的丧失，增加水域有机体对热量的敏感性；③砍伐洪泛区的年长树木将消除大部分动物与鸟类的生境，使得河流更容易遭受侵蚀与盐化；④整治河道会毁坏水流的多样性，改变水生生物的栖息地；⑤将蜿蜒河流变成顺直、暴露的河流，很大程度上也消除了自然河流的美学价值。

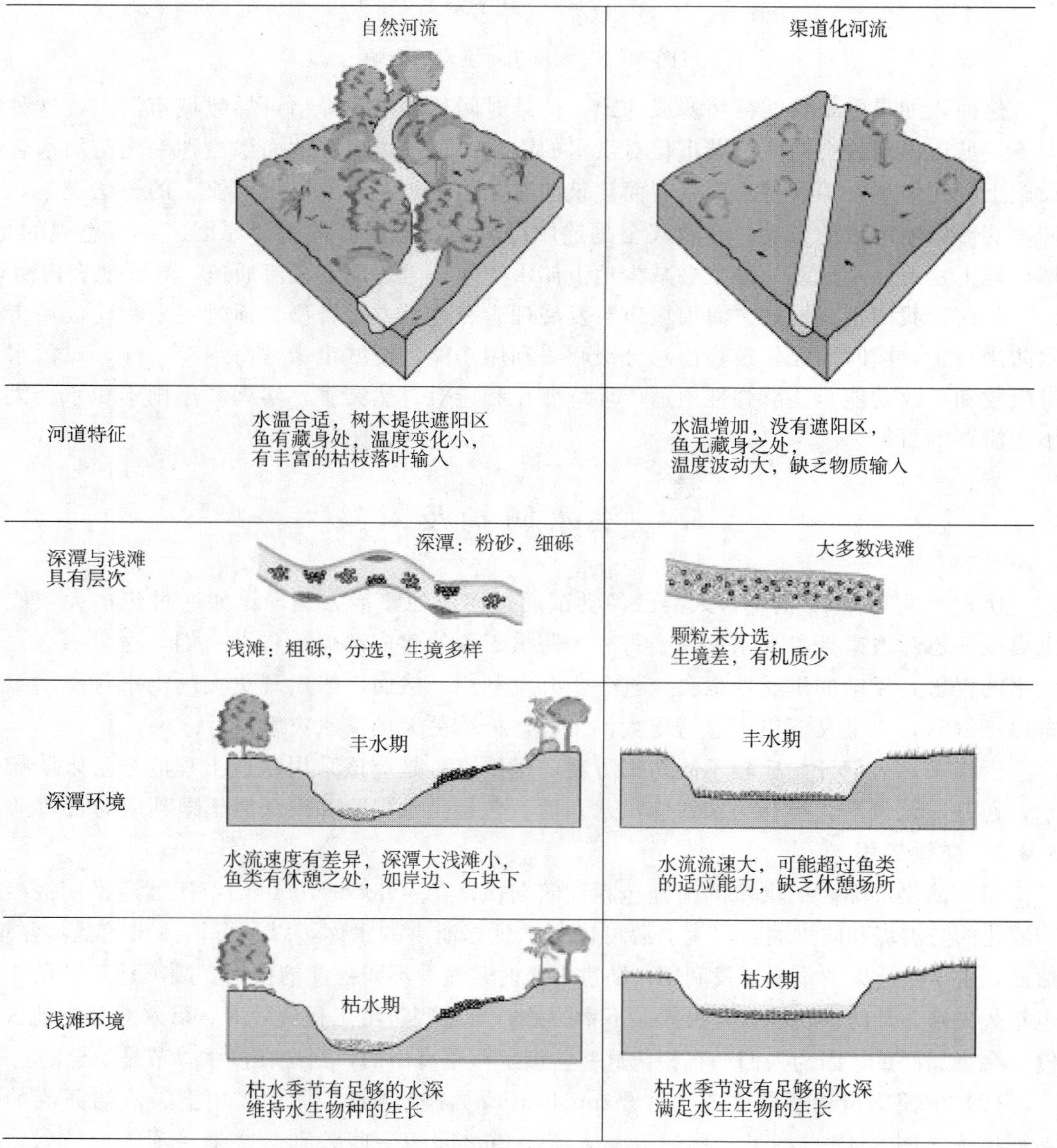

图 5.12　自然河流与渠道化河流特征对比图

5.4.2　河道修复

城市各项设施的建设存在填挖过程，产生了大量的建筑废土与垃圾，并阻隔了不少的小型河沟。河道修复（channel restoration）就是采用各种技术，包括清除河道中城市沿河垃圾，使得水流畅通。由于树木能形成河流的遮阳带，树根可以防御河岸侵蚀（图5.13），这样的修复尽量不要移植树木，保护现存河岸能够使得河流更加自然化。在修复过程中，应尽可能地允许河道保持蜿蜒，提供各种快慢不同的流速区，同时应严防侧向侵蚀，在河湾外侧（凹岸）流速大，冲刷能力强，应采用块石护岸（图5.14）。

图5.13　河流岸边的树木

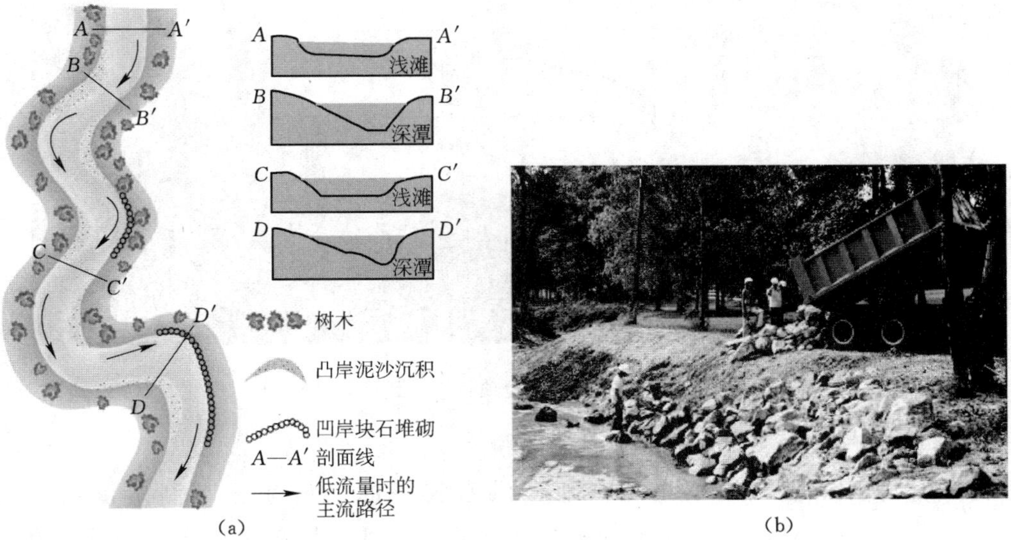

图5.14　自然河流不同的流速区和块石护岸

5.4.3　洪水保险业

洪水保险（flood insurance）就是对洪水灾害实行的保险。为配合洪泛区管理，限制洪泛区不合理开发，减少洪灾社会影响，对居住在洪泛区的居民、社团、企业、事业等单位实行的一种保险制度，属于非工程措施。一般有自愿保险和强制保险两种形式，后者更有利于限制洪泛区的不合理开发。

早在1968年，美国联邦政府接管了私人公司难于开展的洪水保险业务，形成了美国国家洪水保险项目（U. S. National Flood Insurance Programe），要求在30天内落实洪水保险的信贷津贴。尤其在按100年一遇设防洪水的地区，新的财产拥有者必要按照风险评估来购买洪水保险。洪水保险项目目的是对短期洪水受害者提供资金资助，同时也为洪泛区确定长期的土地利用规则。

在美国，洪水评价的范围为100年一遇淹没的区域，这个范围内仅能分布防洪构筑物，并且在 20 年一遇洪水范围内不能有其他建筑物（图 5.15）。凡是参与国家洪水保险项目的团体，必须遵守这样的洪泛区土地利用规则。在 20 世纪 90 年代，美国对保险项目进行了改革，并在 1994 年形成了国家洪水保险改革方案，以减轻洪水灾害，包括防洪设施建设、重新安置、政府购置常被洪水淹没的财产等。

我国的洪水保险业务还刚刚开始，需要广泛地开展宣传，提高社会各阶层对洪水保险的认识，进一步研究、完善各种合乎国情的洪水保险制度和机制，使其在我国的防洪事业中发挥更大的作用。

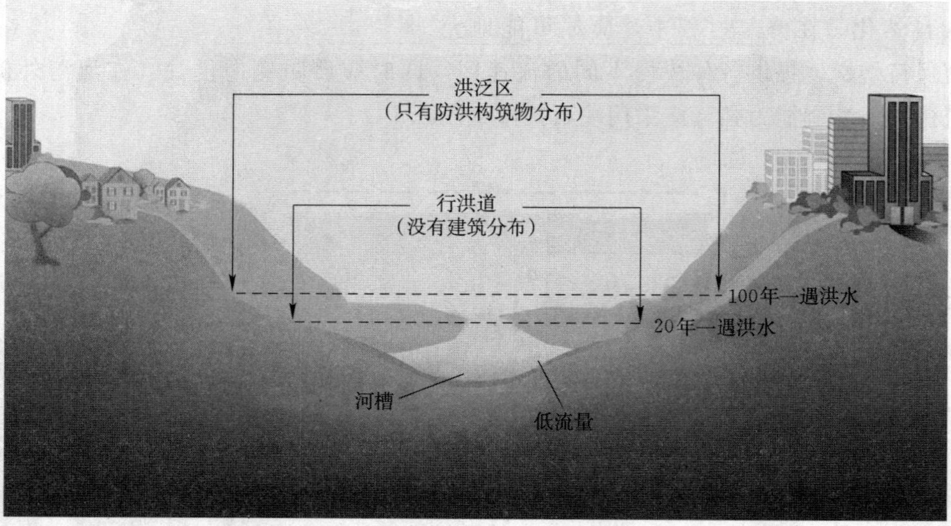

图 5.15　美国洪水保险项目中洪泛区管理规则

5.4.4　洪泛区土地管理

从环境角度出发，最小化城市地区洪水灾害的最好途径是制定洪泛区条例（floodplain regulation），对洪泛区实施严格管理，其目的是在最小化洪水损失和洪水防御成本的同时，最大效益地利用洪泛区。对于盲目利用洪泛区造成巨大财产与生命损失，对于完全放弃洪泛区利用、放弃有价值自然资源开发，洪泛区管理是一个折中措施。

洪泛区管理不意味着不需要防洪屏障、水库和渠道化工程，在已经开发的洪泛区，它们保护生命与财产的功效是不可否认的。然而，也需要认识到，洪泛区是河流系统的一部分，任何侵占都会减少洪流侧向断面，增加洪水淹没。一个妥善的解决方法就是中止洪泛区的开发，避免形成新的阻洪障碍。换句话讲，在开发过程中应该考虑自然属性，需要综合考虑人工屏障与洪泛区管理规则，减少河流系统的人为改造。

5.4.5　灾害知识教育

洪水是最为普遍的自然灾害，尽管我们不能阻止洪水的发生，但每个人应有更好的防备。洪水来临前后，每个人都应该知道能够做什么样的准备，以及什么样的事是不能做的，见表 5.4。

表 5.4 洪水前后可做的与不可做的事

洪水前的准备	
可做的	向当地洪水管理机构咨询，了解你的财产是否存在洪水侵害的风险； 如果财产有风险，应争取购买洪水保险； 购买沙袋或挡板，防止洪水进入家门； 整理防洪工具包，包括手电筒、毯子、装电池的收音机、急救包、橡胶手套、重要的个人文件，可能的话，将它们放在高处或楼上； 弄清你的电源开关与天然气阀门在哪里，若不知道则需要尽早向查表人了解； 与你的家庭成员或室友聊聊洪水知识；如果想写洪水日记，可以购买笔记本并事先存放在防洪工具包中
不可做的	低估洪水的危害
洪水警报发出后	
可做的	准备撤离； 观察水位，等待，听取广播、电视新闻； 人与宠物撤离到楼上或高处； 将你的车开到高地上； 关心你的邻居，了解他们是否需要帮助，比如撤离或搬运方面的困难； 尽量在白天多做些事，一旦晚上停电，做事则很麻烦； 保持温暖与干燥。洪水可能延时，天气会变冷，准备充分衣服和食物
不可做的	在洪水中行走不要超过膝盖：很容易滑倒，水下的隐患不易识别与处置
洪水之后	
可做的	检查房屋的毁坏情况，并摄影记录； 如果事先有保险，可索赔； 在搬回家具、清理地板时可寻求专业人员的帮助； 与气、电、水公司联系，在重新使用前进行检查； 打开门窗，房屋通风； 清洗水龙头，并打开持续几分钟；若水源可能被污染，应及时与供水方接触
不可做的	接触被水浸湿的物体：洪水可能受到污废水污染，应对潮湿的物体进行消毒与清洁

5.5 小　　结

河流是岩石循环中基本的输送系统单元，是塑造地形地貌的主要动力源泉。河流的侧向迁移与周期性的洪水上岸导致了泥沙沉积，形成了洪泛区；洪水的大小与频率呈负相关，是降水量大小及其分布，以及降水入渗速率的函数。在中小城市，地面硬化将增加洪水径流。

洪水是人类经历的最普遍的自然灾害。在发达国家由于有先进的监测与预警系统，生命损失相对较轻，但财产损失较为严重，这与洪泛区的开发利用有关。影响洪水灾害程度的因素包括洪泛区的开发利用，洪水的流量与频次，洪水位上涨速度和持续时间，季节，河床沉积，预警与应急系统的有效性。

从环境角度，洪水损失最小化的最好方法是洪泛区管理，但同时需要一些工程构筑物来保护已开发的城市化地区，这些工程构筑物包括防洪堤、防洪墙和水库等。洪泛区管理与防洪工程技术相结合，是较为实用的解决方案。

通过顺直、加深、拓宽、清洁等措施使得河流渠道化，是目前普遍的防洪与排涝措施。渠道化可引起环境的退化，过去许多渠道化河流正在被修复，以恢复自然河流具有的面貌。

对于洪水的来临需要有更精确的预测，因而对洪水防治任务也越来越艰巨。在进行灾害知识教育的同时，单纯依靠加高、加固和防守堤防可以取得一次、两次抗灾胜利，但这绝非长久之计。因此，面对日益严重的洪涝灾害威胁，必须寻求长治久安的综合对策与措施，尤其是洪泛区土地利用的管理。

关键术语

base level	base flow	bed load
channel restoration	channelization	discharge
drainage basin	dissolved load	Ei Nino
floodplain	floodplain regulation	flood-proofing
gauging station	lag time	longitudinal profile
recurrence interval	sediment yield	suspended load

复习题

1. 什么是流域？
2. 河流的总输沙量由哪三部分组成？
3. 什么是河流的水沙平衡？
4. 10 年一遇洪水意味着什么？如何确定 10 年一遇洪水？
5. 河流的横断面和纵剖面有什么差别？
6. 城市化对洪水有什么样的影响？
7. 洪水的影响主要体现在哪些方面？
8. 什么是河流的渠道化？什么是河流修复？
9. 制订洪泛区条例的目的是什么？
10. 洪水保险对洪泛区管理有什么作用？

思考题

如果你工作的单位正在对洪泛区做城市开发规划，你也知道城市化会带来洪水效应。为避免这样的效应，你应做怎样的建议？

可利用网站

1. Water Watch. http://waterwatch. usgs. gov/.
2. USGS Current Water Data for the Nation. http://waterdata. usgs. gov/nwis/rt.
3. Global Hydrology Resource Center. https://ghrc. nsstc. nasa. gov/home/.
4. 98 长江特大洪水 . http://www. weather. com. cn/zt/kpzt/65137. shtml.
5. 中国海绵城市网 . http://www. calid. cn/.

第6章 斜坡岩土体运动

斜坡岩土体运动包括滑坡、崩塌以及泥石流，在很多地区是一种严重的自然灾害，能够诱发其他一些灾害，比如地震，也是水土流失的物质来源。该类运动能够导致财产与生命的损失，尤其在人类居住地区。本章将集中学习如下内容：①斜坡岩土体运动的类型；②斜坡稳定性机理和影响因素；③人类开发活动对斜坡岩土体稳定性影响；④灾害的监测和防治。

2008年四川汶川地震中北川新县城滑坡景象。

斜坡岩土体运动，是指地球表层岩土沿斜坡或垂向向下位移的现象。在国外教材上，有用 mass wasting 来描述土壤、表层风化物、岩体在重力作用下沿斜坡向下位移的过程，也包括下沉。我国对"mass wasting"一词没有贴切的译文，通常的滑坡、崩塌、泥石流都属于该类现象。由于"下沉"这样的块体运动，比如地面沉降、地面塌陷，与斜坡体上的块体运动存在成因上的差别，多与矿产资源和地下水资源开发有关，本章对下沉现象不做详细讲述，将在后面相关章节中介绍。

斜坡岩土体运动是普遍存在的一种地质灾害，常常与其他灾害如地震、洪水和火山爆发联系在一起，它的发生需要足够的驱动力克服岩土本身的稳定性。当驱动力超过抗剪强度极限时，岩土体会失稳，导致一系列不同的物质运动。

大多数的岩土体位移是小型的，缓慢的，但有的规模很大，位移速度快。该类岩土体位移能够造成生命财产的损失，在石山地区，每年因自然作用和人为活动导致的斜坡失稳损失十分严重。比如美国平均每年死于该类灾害 25～50 人，而全球的损失则是该数字的数倍。在我国 2008 年 5 月 12 日的四川汶川地震后，截至 7 月 20 日，统计有 8627 处地质灾害点，其中滑坡 3627 处、崩塌 2383 处、泥石流 837 处、不稳定斜坡 1694 处，直接威胁 804945 名群众的生命财产安全。

随着人们居住条件的改变，越来越多的人生活在山脚下，加上现代交通道路、航线、旅游的发展，岩土体失稳问题越来越多地影响人们的生活、工作与出行，引起了人们的密切关注，是地质灾害研究与防治的重点对象。

6.1　斜坡岩土体运动的类型

6.1.1　分类

由于斜坡岩土体运动具有物质构成与诱发因素的差异性，对该类地质灾害事件进行归纳是困难的。物质的构成有岩石、土壤，其块体大小不等，运动速度快慢不同，有不同的含水量。因此有必要在对该类运动形成因素调查的基础上，根据其主要特征进行分类。

国外对该类运动的划分较细，按照运动物质的构成与运动方式，结合含水量与运动速度，通常将岩土体运动分为滑动（slide）、崩落（fall）、流动（flow）、下沉（subsidence）与混合式滑坡（complex landslide）等几种类型（图 6.1）。

我国的分类比较简单，大致分为滑坡、崩塌和泥石流 3 类。

（1）滑坡。滑坡（landslide）是指斜坡上的土体或岩体，受河流冲刷、地下水活动、地震及人工切坡等因素的影响，在重力作用下，沿着一定的软弱面或软弱带，整体地或分散地顺坡向下滑动的自然现象。我国一些地方的群众形象地把滑坡俗称“走山”“垮山”“地滑”和“土溜”等。滑动面可以是平面状或凹形；滑体在滑动过程中可以呈碎块状，或呈整体，可以具有一定的运动方向，也可以呈旋转运动［图 6.1（a）～（d）］。有时滑体移动的位移达数百千米，表现出惊人的壮观。

根据我国《滑坡防治工程勘察规范》（DZ/T 0218—2006），滑坡可以按照滑体厚度、运动形式、发生原因、发生年代、稳定程度和滑体体积进行不同分类。其中按照滑体体积在规模上分为五级：①小型滑坡，滑坡体积小于 10 万 m^3；②中型滑坡，滑坡体积为 10 万～100 万 m^3；③大型滑坡，滑坡体积为 100 万～1000 万 m^3；④特大型滑坡：滑坡体体积为 1000 万～10000 万 m^3；⑤巨型滑坡：滑坡体体积大于 10000 万 m^3。

（2）崩塌。崩塌（falling）通常指陡坡上被直立裂缝分割的岩土体，由于根部空虚，折断压碎或局部滑移，失去稳定，突然脱离母体，向下倾倒、翻滚的地质现象［图 6.1（e）、（i）；图 6.2］。产生在土体中的称为土崩，产生在岩体中的称为岩崩。规模巨大、涉及山体者称山崩。大小不等、零乱无序的岩块（土块）呈锥状堆积在坡脚的堆积物，称为崩积物。

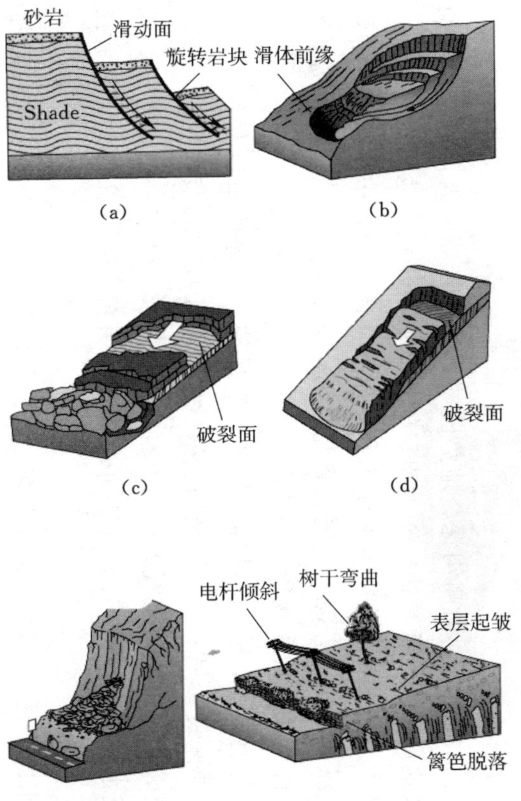

运动类型	物质	
	岩体	土体
不同含水量与运动速度的滑坡	旋转的	
	岩体旋转滑坡(a)	土体旋转滑坡(b)
	平面的	
	岩体平面滑坡(c)	土体平面滑坡(d)
崩塌	岩崩(e)	土崩
流动（慢→快→非常快）	岩体蠕动	土层蠕动(f)
	未固结物质	
	泥流(g) 岩屑流(h)	
	岩屑崩落(i)	
侧向滑移	岩体(j)	土体
下沉	岩体(k)	土体
混合式滑坡	滑动与流动组合(l)	

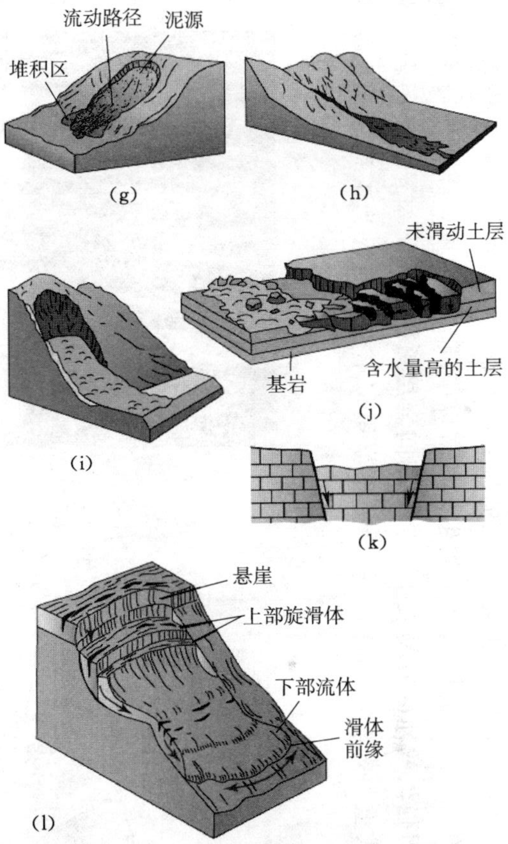

图 6.1 国外岩土块体运动的分类示意图

(a) 岩体旋转滑坡；(b) 土体旋转滑坡；(c) 岩体平面滑坡；(d) 土体平面滑坡；(e) 岩崩；(f) 土体蠕动；(g) 泥流；(h) 岩屑流；(i) 岩屑崩落；(j) 侧向滑移；(k) 下沉；(l) 混合式滑坡

崩塌主要发生在雨季，经常在大于 45°的峡谷陡坡段、河谷凹槽、冲沟岸坡、山坡陡岸和山区建设的削方路堑高陡边坡上发生；地层以坚硬岩石为主，在有地质构造发育的区域和风化作用强烈的地区容易发生；软硬相间岩层，由于风化差异，坚硬岩土体突出，结构面切割或重力蠕变（creep），就会产生崩塌；不合理的人为工程活动也易产生崩塌。

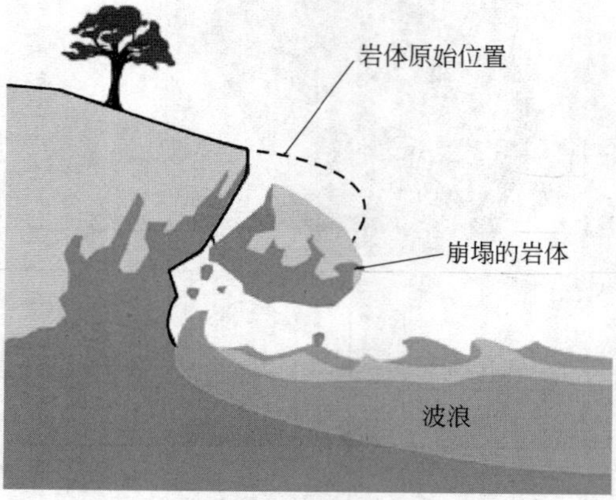

图 6.2　崩塌示意图

图 6.3　泥石流造成树根弯曲

（3）泥石流。泥石流（debris flow）是山区特有的一种自然地质现象，它是由于降水（暴雨、冰川、积雪融化水）产生的沟谷或山坡上的一种挟带大量泥砂、石块、巨砾等固体物质的特殊洪流，是高浓度的固体和液体的混合颗粒流［图 6.1（g）～（j）］。我国有些地方俗称“走蛟”“出龙”“蛟龙”等。“泥石流”的概念与国外“岩屑崩落”（debris avalanches）相似，其特征往往是暴发突然，浑浊的流体沿着陡峻的山沟而下，在很短时间内将大量泥沙石块冲出沟外，沿途植被根部常被挤压弯曲（图 6.3），最后在宽阔的堆积区漫流堆积，常常给人类生命财产造成很大的危害。

泥石流形成一般必须具备 3 个条件：较陡峻的、便于汇集的地形地貌；丰富的松散物质；短时间内有大量水源。

1）地形地貌条件：地形上，山高沟深、地势陡峻，沟床纵坡降大，流域形状便于水流汇集。上游形成区地形多为 3 面环山，一面出口的瓢状或漏斗状，地形比较开阔，周围山高坡陡，山体破碎，植被生长不良，有利于水和碎屑物质的集中；中游流通区，地形多为陡峭的峡谷，谷底纵向坡降大，泥石流能够迅猛直泻；下游堆积区地形为开阔平坦的山前平原或河谷阶地，碎屑物有堆积场所。

2）松散物质来源条件：地表岩层破碎，滑坡、崩塌等不良地质现象发育，为泥石流提供了丰富的固体物质来源；另外，岩层结构疏松软弱，易于风化，节理发育，或软硬相间成层地区，因易受破坏，也能为泥石流提供丰富的碎屑物质来源；一些人类工程经济活动，如滥伐森林造成水土流失，采矿、采石形成的尾矿、弃渣等，往往也为泥石流提供大量的物质来源。

3）水源条件：水既是泥石流的重要组成部分，又是泥石流的重要激发条件和搬运介质的动力来源。水源有暴雨、冰雪融水和溃决水体等。我国泥石流水源主要来自暴雨和长时间的连续降雨、高山融雪及冰湖溃决等。

（4）下沉。下沉（subsidence）是一种垂直的重力运动，包括快速下沉的地面塌陷和缓慢下沉的与人类建筑有关的建筑物下沉，如图 6.1（k）所示。下沉的成因有自然的也有人为的，其影响范围大小不一。当前，由于开采地下水引起的区域性地面沉降，已成为突出的环境地质问题，比如我国长江下游不少城市出现的地面沉降问题，已经影响到地下水资源的利用、地面建筑物的稳定以及城市的防汛抢险等；因为矿产资源开采引起采空区覆盖层陷落，已成为土地利用重要的制约因素。

6.1.2　不同类型间的关系

滑坡、崩塌和泥石流之间常常具有相互联系、相互转化和不可分割的密切关系。

（1）滑坡与崩塌的关系 。滑坡和崩塌如同孪生姐妹，有着无法分割的联系。它们常常相伴而生，有着相同的地质岩性与构造条件，有着相同的触发因素，容易产生滑坡的地带通常也是崩塌的多发区。

滑坡与崩塌可以互相诱发，互相转化。一个地方长期不断地发生崩塌，大量的堆积体在一定条件下可形成滑坡；有时崩塌在运动过程中能够直接转化为滑坡运动，且这种转化是比较常见的。同样，滑坡在向下滑动过程中若地形突然变陡，滑体就会由滑动转为坠落，即转化为崩塌。由于滑坡发生后其后缘常产生许多裂缝，陡直的后壁会不断地发生崩塌。

（2）滑坡、崩塌与泥石流的关系。滑坡、崩塌与泥石流的关系也十分密切，崩塌和滑坡的物质经常是泥石流的重要固体物质来源，滑坡、崩塌还常常在运动过程中直接转化为泥石流，实际上泥石流是滑坡和崩塌的次生灾害。与滑坡与崩塌不同的是，泥石流通常是在水的携带下向下游运动的，因此在潮湿多雨的我国南方地区，泥石流也是一种严重的地质灾害。

6.2　斜坡稳定性

6.2.1　作用力

判断岩土体运动的原因，需要分析斜坡的稳定性（stability），这可以通过斜坡受力分析来反映。

作用于斜坡上的力可以分为两类，即驱动力（driving force）与阻力（resisting force）。驱动力促使斜坡物质向下运动，通常是滑动面上岩土体和其他物体（如建筑、植被）重力沿斜坡向下的分力；阻力能够阻止斜坡物质向下运动，通常是滑动面上岩土体及其他物体重力引起的摩擦阻力。可能的滑动面（slip plane）通常是地质上的软弱面或断层面。

斜坡的稳定性评价需要计算安全因子（safety factor，SF），是指阻力与驱动力之比。当 $SF>1$ 时，阻力大于驱动力，斜坡是稳定的；当 $SF<1$ 时，驱动力超过了阻力，斜坡会失去稳定性。

6.2.2　影响稳定性的因素

需要注意的是，驱动力与阻力不是不变的，当地条件变化，可以引起受力条件的变化，并影响安全因子 SF。影响斜坡受力变化的因素包括：斜坡物质构成、构造活动、斜坡角度、地形地貌、气候、植被、水和时间等。

(1) 物质构成。斜坡物质的构成能够影响斜坡向下运动的类型。对于滑坡，有旋转滑动（rotational landslides or slumps）与平面滑动（translational landslides）两种基本的运动类型。旋转滑动常产生一个像躺椅一样向上弯曲的曲面，比如在均质各向同性物质中常出现旋转滑动（图 6.4）。当软弱夹层出现时，滑坡常呈平面滑动，其滑动面通常是岩石中的裂隙面、基岩面和软弱夹层面。对于基岩面上较薄的覆盖层，出现滑坡时通常也是呈平面状（图 6.5 和图 6.6）。

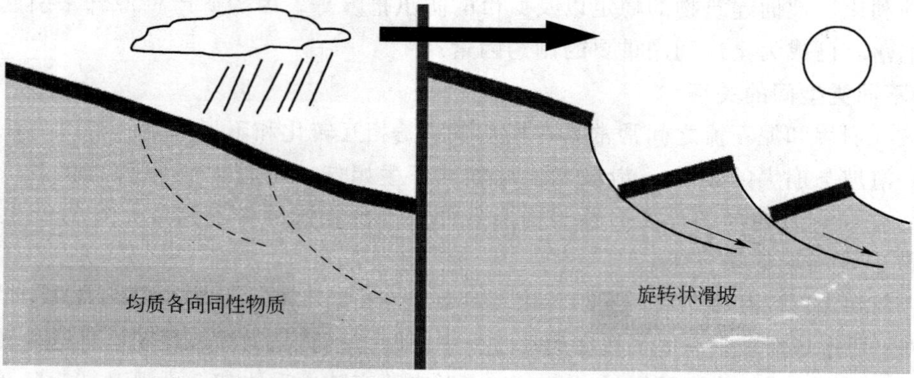

图 6.4　均质各向同性物质中常出现旋转状滑坡

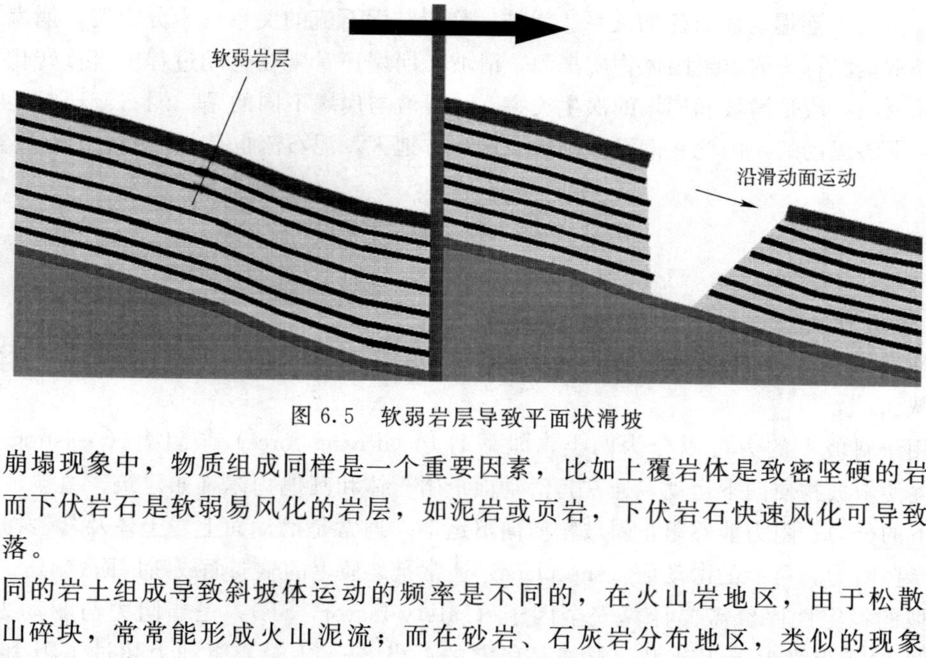

图 6.5　软弱岩层导致平面状滑坡

在崩塌现象中，物质组成同样是一个重要因素，比如上覆岩体是致密坚硬的岩石，如砂岩，而下伏岩石是软弱易风化的岩层，如泥岩或页岩，下伏岩石快速风化可导致上覆岩石的崩落。

不同的岩土组成导致斜坡体运动的频率是不同的，在火山岩地区，由于松散的火山灰、火山碎块，常常能形成火山泥流；而在砂岩、石灰岩分布地区，类似的现象相对较少。因此，在开发利用页岩、泥岩等软弱岩层斜坡之前，人们必须小心论证可能存在的滑坡等灾害。

(2) 构造活动。许多滑坡都有一个明显的应力剪切面，通常又与构造活动有关。典型的，地震是激发滑坡产生灾害的直接原因。如 1973 年四川炉霍地震的同时，在震中附近有 139 处滑坡；2008 年四川汶川地震引起的滑坡达 3627 处，加上崩塌、泥石流等，地质灾害点达 8627 处。

（3）斜坡角度。斜坡角度是山体陡峭程度的量化指标，它对斜坡体的下滑力影响很大。当斜坡角度从 15°增加到 45°或更大时，驱动力也会增大，这也是滑坡常出现在陡峭山体的原因（图 6.7）。对美国加利福尼亚州圣弗朗西斯科（San Francisco）海湾地区的研究表明，在两个雨季里 75%～85%的滑坡都与陡峭的山体有关。另外，陡峭的山体也常常与岩崩、岩屑崩落、浅层土壤滑坡联系在一起。

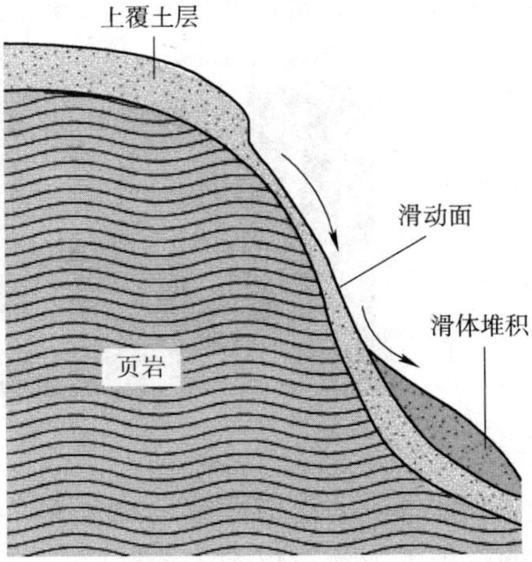

图 6.6　基岩上覆土层的平面滑动

（4）气候。气候是某个地区在不同季节、年份的天气特征，除了平均气温和降水量之外，气候要素还包括天气的季节类型。对于斜坡岩土体的运动，气候的作用是十分重要的，这是因为气候影响到水量，降水时间，水存在形式，水的入渗与潜蚀，以及植被发育程度等。在干旱半干旱地区，常常植被稀少，岩石裸露，风化作用强烈，岩崩、岩屑流和浅部土层滑坡常常发生。

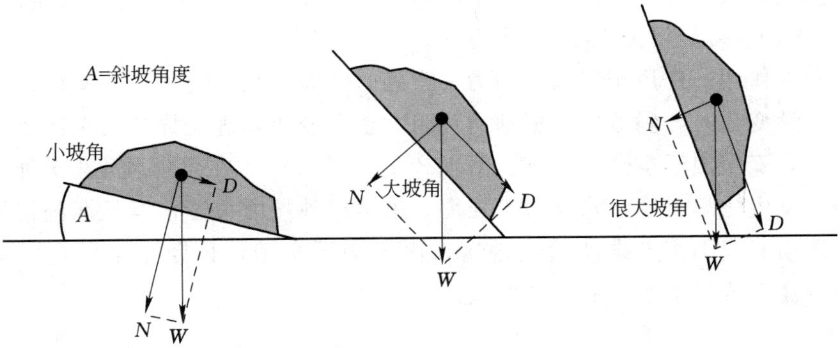

图 6.7　斜坡角度对下滑力的影响

（5）植被。一个地区的植被常常受当地气候、土壤类型、地貌条件等因素影响，对斜坡的稳定性具有重要的影响，主要体现在：①植被产生的覆盖层能够减少雨水对斜坡的冲击力，同时促进水分下渗，减少表层土壤侵蚀；②植被的根系与斜坡岩土之间具有明显的黏结力，可以增强斜坡的抗滑力；③植被增加了斜坡体的重量。

在某些地区，植被的存在增加了滑坡的可能性，尤其是陡峭山坡上的土层滑坡。在潮湿的冬季，浅层植物根茎吸水成冰，增加了斜坡体的重量，同时也增加了驱动力；另外，植物能够增强水分入渗，从而降低阻力，这些都会降低斜坡体的安全因子。一旦斜坡失稳，这些植物连同根茎和土壤会下滑到斜坡脚部。

（6）水的作用。水的作用总是直接或间接地与滑坡联系在一起，因此对斜坡的稳定性尤为重要。在调查一个滑坡时，应首先调查坡面和坡体中水的作用。水对斜坡稳定性的影响有 3 方面：①当斜坡体在雨季被水饱和时，就容易产生滑坡，尤其是土层滑坡；②当水侵入到斜坡内部后，可能会成为滑动面的润滑剂，促进滑坡的发生；③水能侵蚀斜坡的基部或坡脚，从而降低斜坡的稳定性。对于第三种情况，河水或波浪冲刷河岸，引起泥沙搬运，岸堤掏空，常常发生塌岸现象，就是一个普遍的例子（图 6.8）。

图 6.8 波浪冲刷引起的塌岸现象

在亚洲，无数的滑坡、岩土体运动都与洪水有关。1938 年 7 月，日本 Kobo 的暴雨产生的滑坡与泥流造成 461 人死亡、10 万间房屋被毁坏；1945 年 9 月，日本 Kure 由于台风降雨产生的岩质泥流造成 1154 人死亡；1958 年 9 月东京台风降雨在 24h 内降雨量达 392.5mm，创历史纪录，同时产生 1029 个滑坡、塌陷，导致 61 人死亡。我国滑坡灾害发生的时间，主要集中于每年的 5—10 月，大多产生于暴雨或连续降雨之后。如 2000 年 9 月 3 日，云南兰坪县在连续降雨之后产生滑坡，滑坡面积约 $1km^2$，占县城面积 1/3，受灾人口 5000 多人，直接经济损失 5000 多万元。

（7）时间的作用。作用于斜坡上的力常常随时间而变化。比如，当斜坡岩土体含水量或水位随季节性变化时，斜坡体的驱动力和阻力也会变化，进而导致安全因子下降；随着蠕动速率增大，安全因子也会下降直至滑坡产生（图 6.9）。在化学风化岩分布地区，水与岩土的接触会发生化学侵蚀，降低岩土强度，虽然这种侵蚀很慢，但长期的侵蚀会促进斜坡体的下滑运动。我国南方碳酸盐岩地区，由于潮湿多雨，长期化学风化，从而成为滑坡、崩塌甚或泥石流常常发生的多灾地区。

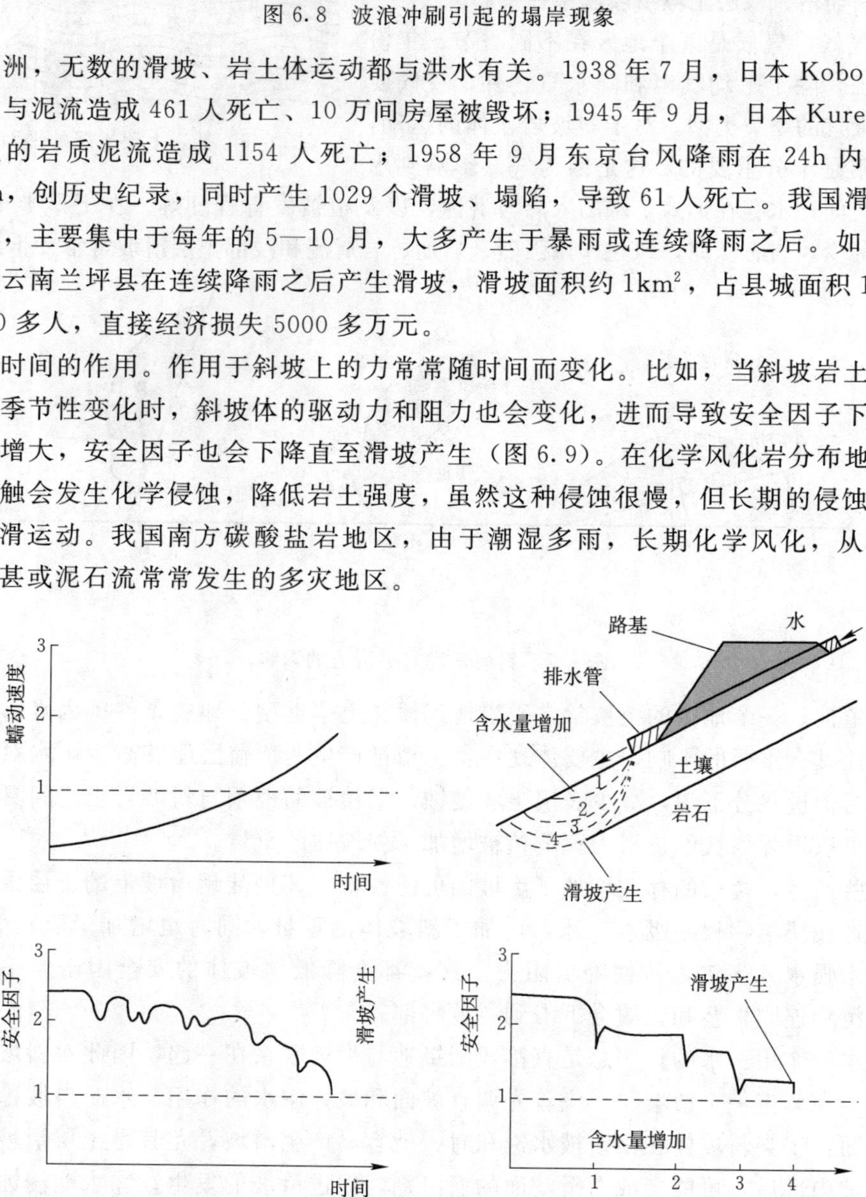

图 6.9 时间对滑坡产生的影响

6.3　人类开发活动的影响

在 20 世纪，人为活动诱发的滑坡记录急剧上升，这主要是由于人口膨胀、城市化以及越来越多的建设，以致我们大规模地改变了地貌景观，比如大坝与公路的建设改变了坡体形状，常常导致斜坡体运动的发生。人类活动增大山坡坡度、扰乱地球物质性质、增加山坡负载以及使山坡物质含水量增加等，都会破坏斜坡岩土体平衡，能够导致山坡不稳定和激发滑坡产生（图 6.10）。

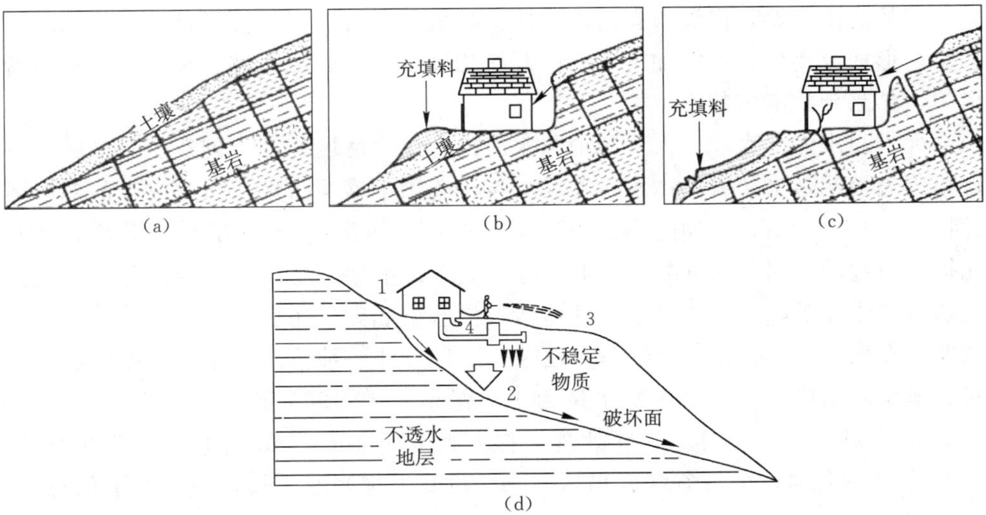

图 6.10　导致斜坡不稳定的典型活动

人类活动产生的斜坡体运动主要体现在以下几个方面。

(1) 公路建设。兴建公路是最常见的直接导致滑坡的原因。不少滑坡都是因为山腰被截断、进行不可行的山坡稳定设计而引起的（图 6.11）。在这种情况下，水流动态发生变化，物质的抗剪力减弱，因此人为的开挖就成了主要的诱发物质运动的因素。这种现象在我国西部多雨地区经常发生。另外，由于道路兴建时削坡的财力问题，常常不能保证足够缓的坡度以增强坡体稳定性。

图 6.11　公路建设引起的山坡滑动

图 6.12　重庆武隆滑坡远景

(2) 山腰开发。在山腰建筑无疑是一个冒险，尤其当设计不合理、选点不合理的时候。一个典型的例子就是房屋开发引起的大型滑坡（王建锋等，2002）。2001 年 5 月 1 日发生在重庆武隆县城江北西段的滑坡，致使一幢建筑面积为 $4061m^2$ 的 9 层楼房被滑坡体摧毁掩埋，造成 79 人死亡、7 人受伤（图 6.12）滑坡体垂直高度 46.8m，前缘宽 55.2m，后沿宽 25～30m，滑坡体约 1.6 万 m^3。总体上判断：①从规模上看，该滑坡为工程岩体失稳滑塌，不能简化为“山体滑坡”；②从过程上看，滑坡前兆（特别是数 10min 前的前兆）明显，首先是下部发生滑动，并摧毁 9 层楼房下部数层，随后楼房垮塌下坠，同时，边坡上部岩体失稳崩塌，超覆在建筑物之上，发生了建筑物整体被掩埋，导致 79 人遇难的悲剧；③从成因上看，滑坡所在地段岩体为砂岩与泥岩互层，被平行和垂直边坡的多组节理切割，形成分离体，同时加上长期的开挖切脚，形成高陡边坡，却未采取科学合理的防护措施，结果导致滑坡的产生。

(3) 大坝与水库。大坝、人工湖泊与水库的建设为滑坡的产生创造了另外一种环境条件，即给邻近地区带来了人为的水位变动。位于美国华盛顿州哥伦比亚河上的 Grand coulee 大坝，在 1934—1952 年期间多次中断建设就是因为不下 100 次的单个滑坡造成了 2000 万美元损失引起的。当水库开始蓄水时，导致更多的滑坡产生，主要原因是水软化沉积物后造成了剪切强度下降。所幸的是，这些滑坡没有引起人员伤亡。

然而，在意大利瓦依昂（Vaiont）地区，则是另外一种情况。在瓦依昂河谷，有一座钟弧状、薄层双曲拱坝，其水库蓄水量为 1.5 亿 m^3。在 1963 年 10 月 9 日，一个体积为 2.6 亿 m^3 的灾难性的滑坡体冲入了水库，接着掀起了 100 多 m 高的巨浪并冲出了坝顶，在河谷下游 1km 处激起的波谷深度仍达 70m。尽管大坝当时无损，但河谷中仍有 2600 人丧生。调查表明，这次灾难产生的最大因素是人为影响。在 10 月之前几个月的不同时间里，人为控制地改变了库水位许多米，而这种变化则导致了库岸岩石抗剪强度的降低并引起滑坡的产生。除了人为因素外，引起该滑坡的还有地质构造因素：发育的沉积岩产状倾向河谷，岩石节理很发育，其他裂隙也大致平行于坡面，从而有利于山坡运动的产生。另外，在同年 8—9 月，一场大雨使地下水抬升，地下水体的重量增加及其对岩石不连续面的润滑作用，也引起了岩体抗剪强度的降低，从而导致山坡的破坏。

我国水库库区也经常发生滑坡灾害，如湖北黄龙滩水库在 1976—1988 年共发生滑坡 82 处，总方量达 1.88 亿 m^3 之多，造成水库严重淤积，并引起水位抬高。刘家峡水库自 1968 年蓄水后，库区不断发生滑坡、崩塌，以致在 1970—1984 年入库总方量达 1.203 亿 m^3 以上，约占水库淤积物质的 1/3。

(4) 矿山开发。矿山开采也为滑坡产生提供了直接的激发条件，比如高边坡露天开采，尾矿库坝体不稳，都能够导致灾害发生。2008 年 9 月我国山西襄汾尾矿库溃坝事故流失尾矿 26.8 万 m^3，尾矿流经的面积 $30.2hm^2$，波及下游 500m 左右的矿区办公室、集贸市场和部分民宅，死亡人数大于 200 人，是一起认为事故性的“泥石流”。

(5) 伐木。研究表明，树木能增强岩土体的抗剪强度，同时其蒸腾作用形成了岩土体内水分流失途径，有助于地质体的稳定性。砍伐木材，尤其是皆伐，能加速水土流失过程，从而产生各种类型的滑坡。

(6) 其他人为作用。其他的人为作用如河流改向引起的河岸冲蚀，也可以引起滑坡。

6.4　灾害的监测与防治

6.4.1　监测

为了掌握斜坡体表面的动态变化，需要进行位移监测。既观测平面位移量，又观测垂直方向（即高程）的位移量。观测方法很多，可根据具体情况，因地制宜地使用简易的观测方法和精密观测方法。后者通常用经纬仪测量各观测桩的平面位移，用水平仪测量其高程变化。

对滑坡、崩塌体和建筑的裂缝经常进行简易的测量，是避免人员伤亡的最有效的方法。

（1）埋桩法（埋钉法）：在裂缝两侧各订一颗钉子，通过测量两侧钉子之间的距离变化来判断变形情况。

（2）上漆法：在裂缝的两侧用油漆各画上一道标记，与埋钉法原理是相同的，通过测量两侧标记之间的距离来判断裂缝是否在扩大。

（3）贴纸法：横跨裂缝粘贴水泥砂浆片或纸片，如果纸被拉断，说明滑坡发生了明显变形，须严加防范。与上面 3 种方法相比，这种方法是定性的，但是，可以非常直接地判断滑坡的突然变化情况。

6.4.2　防治

对滑坡的防治实质上是用较少的消耗以抵消它对人类社会较大的危害，也就是说，是人们尽可能地改变地球物质的能量结构，避免、削弱或推迟滑坡运动所必需能量的积累，控制减少其能量释放所涉及的空间范围。因此，防治方法应对症下药，在评定滑坡体大小、滑坡主因、估算防护和补救措施的费用，并进行经济、方案比较后，再作出决策。在多数情况下，首先应该考虑合理避让，对某些不能避让的情况，采取可行措施来治理。防治措施可归纳为 4 字“排、拦、稳、固”。“排”即排水，“拦”是指修建挡土墙等，“稳”是指稳定斜坡，包括开挖降坡等，“固”指加固坡体，包括采用锚索、抗滑桩及一些化学加固方法等。

（1）排水法。由于水是引起滑坡的主要因素，控制和消除岩土体中水分的技术十分重要，包括地表水和地下水处理技术。

1）地表水。地表水的处理方法是阻止其进入滑坡可能地带，为此需要在顶部设置导流槽（图 6.13），改变地表水流向；同时为防止地表水入渗，应用止水材料封闭破裂处。另外，应在斜坡体前缘支墩上设置排水管，清除斜坡体内的入渗水。

2）地下水。控制地下水的方法也是尽可能地排除土体中的水分，并合理降低地下水位。有条件的情况下可以采用最有效的方法即开挖巷道和隧洞，或者在接近地表部位设置水平疏干和陶管排水，也可以打井或钻孔进行抽水或垂直疏干。有时也可在含水层安置连续虹吸系统（图 6.14），用管道和水沟将地下水引出危险地区。

（2）开挖防治法。此法用于较小的或中等规模滑动的区域，特别是适用在危险条件已经发展或滑动已经开始的时候。由于开挖存在的工程量，以及对地形的破坏，人工开挖乃是经过审慎考虑后产生的，其目的是通过改变斜坡的几何形态，从而减轻岩土体的剪切

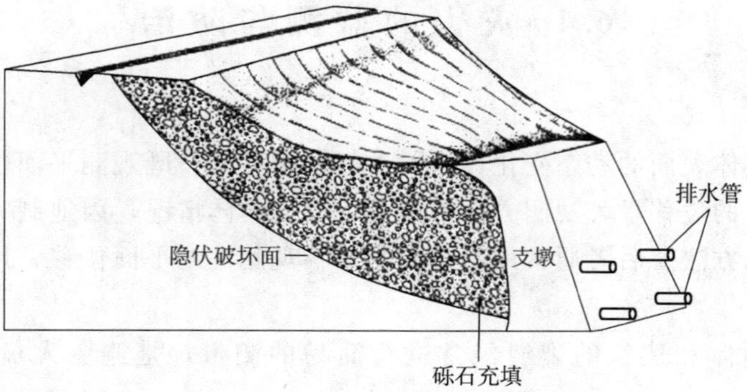

图 6.13　排水法防治滑坡

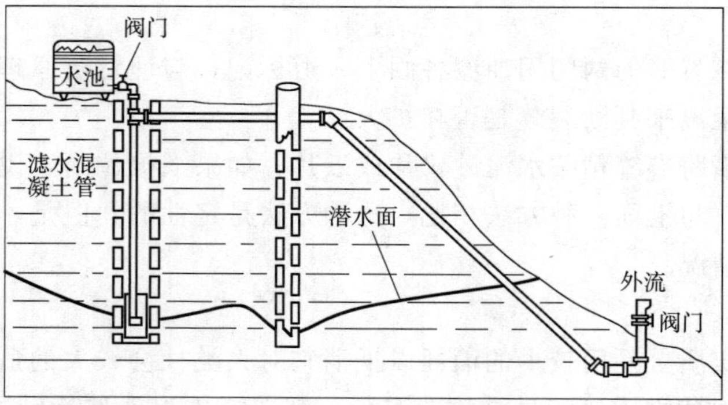

图 6.14　运用连续虹吸系统控制地下水

应力。

1）清除滑体：这种方法只能在小滑体上进行，同时也应考虑到利益-成本比率是否合理。这种方法可以保证安全。

2）斜坡顶部卸荷：此法只用于容易达到滑体顶部的地区，而且滑坡运动是由于顶部的叠加压力所致。

3）削缓坡度：不规则斜坡容易造成应力差异，并可能导致滑坡发生。此时削缓坡度有助于坡体应力平衡，有利于形成较好的排水条件和孔隙水压力平衡条件。

4）山坡阶地化：修建人为山坡阶地和梯田可以在某些情况下有效地减少滑坡危险（图 6.15），此法用于坡长或坡陡的斜坡，也适用于滑体坡脚受到侵蚀或改变的滑坡。阶地化可以阻止坡体应力积累，但是设计应有利于保养，而且要与排水措施相配套。

（3）锚固防治结构。此类结构一般安置在坡脚部位（图 6.16），以增强抗滑阻力。为了发挥更大的效益，应同其他方法相配套，特别是同排水疏干技术相配套。下面简单地介绍一下 5 种锚固结构：

1）支墩：这种结构由岩石和充填土筑成，被安置在滑体的上面或置入坡脚部分，以增加重量、提高滑坡物质抗剪强度（图 6.13）。当设计适宜时，支墩可以有效地抗拒滑坡的旋转运动，而且给予斜坡顶部物质以附加的稳定性。但是，如果设计的深度不够，或者没有配套疏干排水工程，支墩也起不到什么作用。

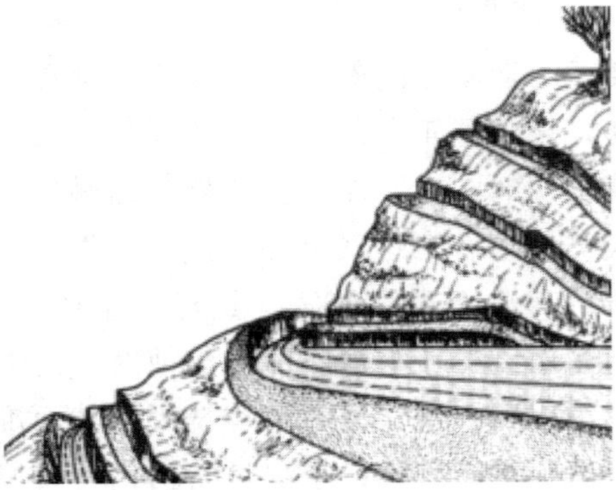

图 6.15　山坡阶地化防治滑坡

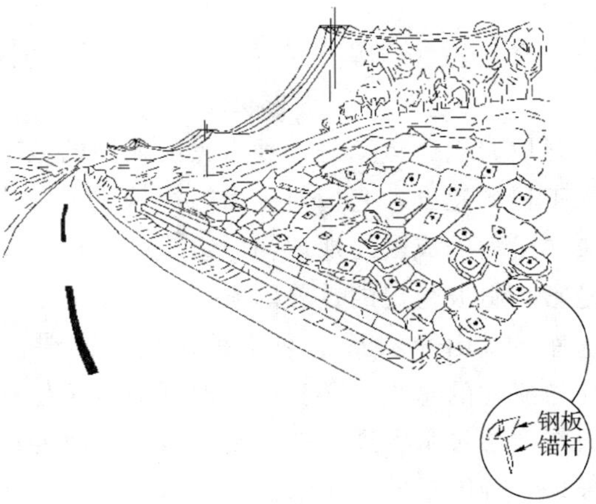

图 6.16　锚固法防治边坡滑动

2）抗剪键：在滑坡体上开凿棱柱形洞穴，填以压实的充填材料。抗剪键常被安置在靠近滑坡顶部，或安置在可以增强均一性和提高稳定性的地方。

3）挡土墙：挡土墙的目的是用于阻挡向下滑的滑坡运动，也称为挡土堤、框架、隔墙和墙。他们可以用木头、水泥、石头、石笼（铁丝钢充填石头等）、金属拱架或其他防护型式来构成。挡土墙限于小滑坡，其效益一般有限。为了加固，可以用拉杆把它们钉在邻近的稳定地带，而且其背面必须有适当的排水设施以免积水。

4）岩栓：又称石锚或地脚栓，是用金属销杆以一定的角度钻入或插入脆弱部分的岩石的方法。销杆必须是楔形的或具有帽盖，以利在岩石上销得牢固。在异常情况下，销杆长度须超过 12m。这种办法宜用于倾向下坡的不连续的节理接合的或平面层状的岩石。

5）打桩：打桩或某些类型的垂直栓塞有时也用于未固结土体的防滑，但应用不广，也不易成功。因为土石物质可以在桩与桩之间运动。另外，在打桩和安置时的震动也可能加快土体物质的运动。这种方法在许多地方不能使用。

（4）生物措施。在滑坡带植树造林，保护植被，可以起到保护坡面、固结土层、调节坡面水流、增大坡体的抗冲蚀能力等作用。它是一项既经济又有效的治本措施，具有投资少、收益快、易被群众接受等优点。

（5）其他方法。有些方法是通过改变岩土体的物理化学性能来进行加固，以增加其抗剪强度。常用的方法是灌浆，即将新的物质注入浮土层，以帮助土体的胶结、硬化和坚固，或者驱除水分。常使用的材料有硅酸盐水泥，化学制品如钠硅酸盐、石灰等，在许多国家与地区都已成功地把石灰应用于硬化黏土和排除水分。

由于滑坡是一种多发性地质灾害，其产生条件、影响因素、运动机理复杂多变，各地区治理滑坡应根据实际情况采取切实可行的办法进行综合处理。1991—2000 年开展“国际减灾 10 年活动”以来，国际上研究和防治滑坡灾害空前活跃，防治工程措施也在不断完善和发展。如地下排水工程开始大量采用平孔排水和虹吸排水，防治工程发展为大直径抗滑桩、锚索、锚索抗滑桩、微型桩群、全埋式抗滑桩等，这些治理效果好、工程费用合理的新技术得到了广泛的应用。

6.5 小　　结

斜坡岩土体运动是一种常见的典型的地球物质重力运动。随着人口的膨胀、资源开发利用工程的建设，它们对生命财产构成了巨大威胁，全球每年因此而造成的损失巨大。岩土块体运动的成因与地球物质组成、结构、构造有密切的关系，而地貌与外部的触发因素也是影响斜坡稳定的重要因素，如过多的雨水、人类的建设工程（公路、山坡开发、大坝与水库、矿山开采等）。就滑坡的概念来讲，国外对其界定内涵较宽，是对岩土体下落、滑动与流动的总称，而我国针对斜坡岩土位移分为崩塌、滑坡与泥石流。当前对于滑坡的预报与防治技术发展迅速，主要着重于改变内在制约因素、避免外在环境诱因。然而准确预报是十分困难的，防治则首先考虑合理避让，对某些不能避让的情况，防治措施可归纳为 4 字“排、拦、稳、固”。

关　键　术　语

debris avalanches
debris flow
falling
landslide
mass wasting
rotational landslide
safety factor
slip plane
subsidence
translational landslide

复　习　题

1. 什么是斜坡岩土体运动？
2. 斜坡体上物质的运动方式主要有哪些？
3. 什么是安全因子，如何定义？
4. 旋转滑坡与平面滑坡有什么区别？
5. 斜坡的角度如何影响滑坡的发生？
6. 植被对斜坡稳定性的重要性体现在哪里？
7. 为什么说时间是滑坡发生的重要因素？
8. 滑坡防治的方法主要有哪些，主要目的是什么？

思　考　题

1. 如果单位让你制订一个滑坡灾害最小化方案，你如何完成？请写出方案大纲。
2. 如果你是第一次从事滑坡灾害的调查评价，你如何着手？请写出工作步骤与内容。

可　利　用　网　站

1. 中国地质环境信息网. http://www.cigem.gov.cn/.
2. 中国地质灾害调查局. http://www.cgs.gov.cn/kpzs/kxts/.
3. 美国地质调查局滑坡专题. http://landslides.usgs.gov/.
4. “11・13”浙江丽水山体滑坡事故. http://baike.sogou.com/v106501755.htm.
5. “12・20”深圳光明长圳洪浪村山体滑坡事件. http://baike.sogou.com/v119273048.htm.

第7章　海　岸　灾　害

海岸带是陆地与海洋的接触带，是最剧烈的动力环境之一。本章主要目的是为了消除人们对海岸带形成的神秘感，了解海风、海浪和暴风雨造成的灾害，包括海洋激流、海岸侵蚀、海啸和热带气旋。

太平洋加利福尼亚海岸悬崖在1997年厄尔尼诺事件前的景观，海滩上正在实施护岸工程，堆砌的石块试图保护岸上的房屋，然而在厄尔尼诺事件后岸上大部分房屋都被毁坏（来自 Monty A. Hampton，http://pubs.usgs.gov/pp/pp1693/，2004）。

海岸带（coastal zone）是地形、气候乃至植被不断变化的动力环境之一，主要是陆地和海洋因素共同作用的结果。美丽的海岸带、带有咸味的海水以及交织在一起的海风声和波涛声常常给人以灵感与想象，同时也不断吸引着游客的光顾。然而，对于海浪是怎样形成的，以及海岸线如何变化，我们大多数人知之甚少。由于海岸带居住人口众多，海岸灾害的影响是巨大的。这样的灾害主要有海岸侵蚀、海啸和热带风暴（飓风）。

7.1　海　岸　作　用

7.1.1　波浪

海面上的波浪（wave）是由海洋风暴形成的，有时绵延海岸带几千千米，传播并消耗它们的能量。海风在海水表面吹过，会产生摩擦力。由于海风的运动速度比海水快，海风能够将能量传播给海水，形成波浪，而海浪会进一步将能量向海岸线传递。波浪形成的规模取决于以下3个方面：①风的速度，风速越大，波浪越大；②风的历时，风暴历时越长，传递给海水的能量越多，产生的波浪越大；③风在海面迂回的距离越长，形成的波浪越大。

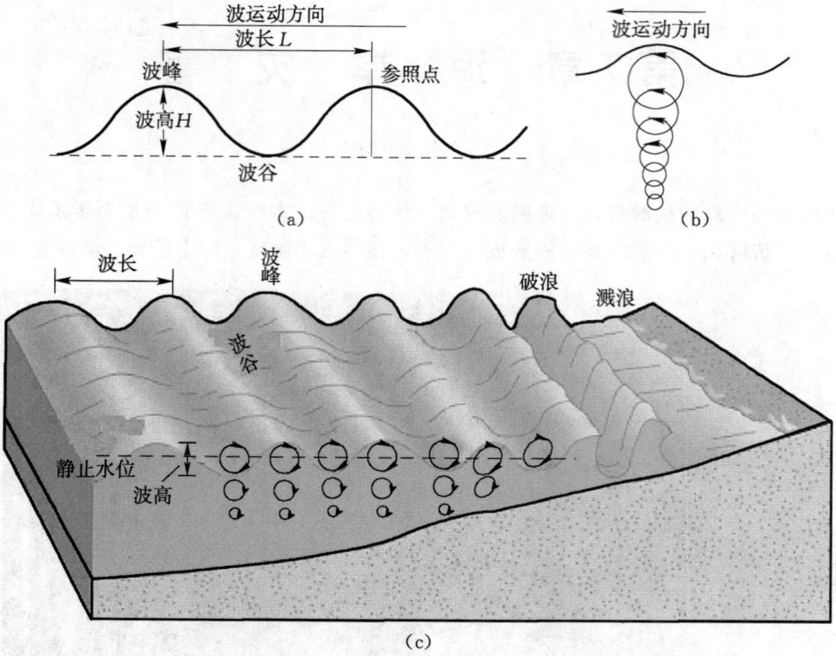

图 7.1　波浪的形状与运动

在暴风区域内，海浪的规模和形状差异很大。但是，当它们离开暴风中心后，它们会形成相似的波浪群。由深海区向海岸，波浪传播的基本形状如图 7.1（a）所示。波高（wave height）和波长（wave length）是波浪重要的参数，波高是波谷和波峰间高差，波长是相邻波峰间的距离。波的周期是连续波通过一个参照点的时间间隔，以秒为单位。

如果你带着一个救生工具在深海区漂浮时，波浪通过时，你可以感受到自身的运动状态以圆形轨道，向上、向下、向前和向后有规律地运动，最后返回原地；当你背上一个氧气筒潜入深海，你会发现自己仍以圆形轨道运动，但那个轨道会缩小，如图 7.1（b）所示；当你在浅水区时，在水底的运动轨迹可能成为了一个非常窄小的、可近似看作是水平的运动轨迹，剩下了向前和向后运动［图 7.1（c）］；如果你游在岸边更浅水域时，你会感到海水反复地把你推向岸边后又把你拉向海里。

在深海区，波浪形成浑圆的波峰和波谷形状，进入浅水区后，会变为陡峰和相对较平的波谷。在浅水区，波高是最引人注目的，其规模可能是深水区的两倍，并时常见到破碎的溅起的波浪。

7.1.2　海滩

海滩（beach）是由松散沙砾沿海岸线堆积形成的平缓地面。由于海滨环境的差异，组成海滩的松散物质也有不同，与物质的来源有关。

图 7.2 呈现了一个理想化的近岸环境分带及基本术语。向陆地延伸的海滩常常因为地形地貌变化而终止，比如遭遇悬崖。滩肩（berms）是海滩上靠近悬崖壁的平坦地带。波浪冲击陆地并耗尽能量后，沉积物自然堆积形成滩肩，常常成为游客享受阳光浴的地方。滩面（beach face）是滩肩以下经常受到波浪作用的海滩倾斜面。其中，常受到往返波浪

往返冲刷的暴露滩面，称为溅浪带（swash zone）。由溅浪带向外延伸，波浪湍急、相对平坦的地带，称为激浪带（也叫碎浪带，surf zone）；再向外，波浪运移速度很快、异常汹涌地地带，称为破浪带（breaker zone），该部分距离滩肩最远，是海岸环境的一部分。沿岸沙坝（longshore bar）和沿岸槽谷（longshore trough）是出现在滩面上的沙脊和砂槽。一个宽阔平缓的海滩，可能会有一系列的沿岸沙坝、沿岸槽谷。

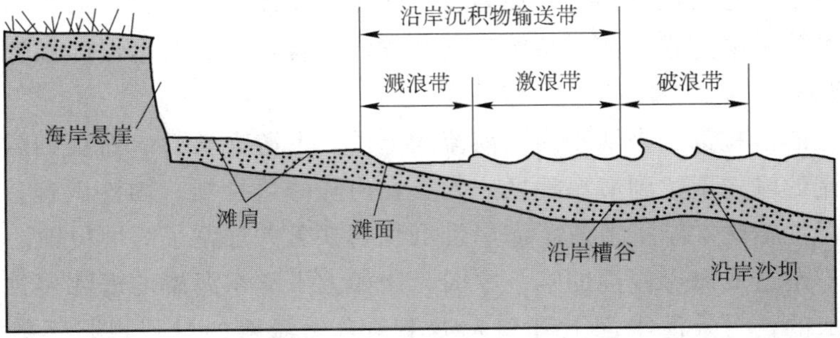

图 7.2　海滩的分带及术语

7.1.3　激流

所谓激流（rip current），是指海滩上一种特殊的、来势汹涌的、分布在相当狭窄空间里的水流，如图 7.3 所示。海滩上的游客和救生员称这种水流为回头浪。它不是潮汐，不会把游客卷到水底，但会把人拉离海岸。在美国，每年有高达 200 人因激流而死亡，20000 人获救。因此，对游泳的人来说，激流是一种骇人的海岸灾害。以年平均计，美国因激流而死亡的人数超过地震或台风，相当于洪灾的致死人数。游泳者遇到激流常常不知所措，不停挣扎，试图游回岸边，但事实表明在激流中挣扎是难以摆脱困境的，因为这种水流的速度能超过 4km/h。在这种流速冲击下，游泳者很快会感到筋疲力尽。幸运的是，激流的范围通常很窄，几米至几十公分宽，离岸几十至几百米远，激流在激浪带以外就消失了。为了能安全地逃离激流，游泳者必须首先认出这种水流，保持镇定，平行海滩方向游动直至离开这种水流，然后再游向海滩。

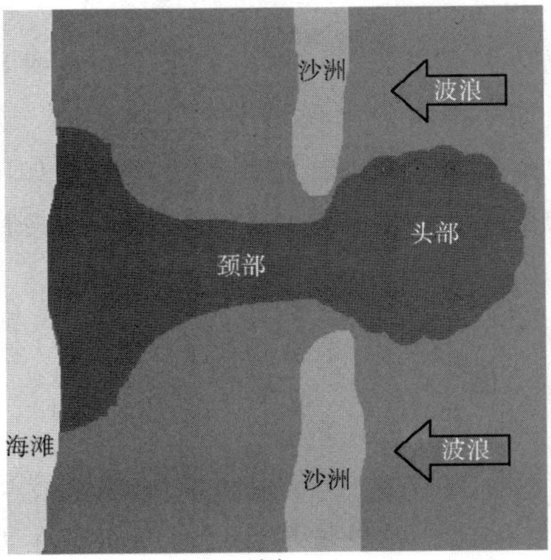

(a)

(b)

图 7.3　海岸激流示意图

7.2 海 岸 侵 蚀

海岸侵蚀（coastal erosion）是指在自然力（包括风、浪、流、潮）作用下，海水强烈冲击海岸造成海岸线后退和海滩下蚀的现象。由于海平面上升和不合理开发海岸带，海岸侵蚀越来越严重。与其他自然灾害如地震、热带风暴或洪灾相比，海岸侵蚀是一个更具有持续性的、可预测的过程。如果持续过度开发海岸带，那么海岸侵蚀必将会越演越烈。

7.2.1　侵蚀因素

许多海滩上的沙粒都是来源于内陆河流的上游，上游含长石、石英的岩石经过风化形成沙砾，在河流的输送下达到海岸地区。人类在内陆修建拦坝、固沙工程，干扰了这种由内陆向海滩的泥沙输送，结果造成了海岸带沉积物缺乏并加剧了海岸侵蚀。

内陆堤坝不是造成海岸侵蚀的唯一原因，比如太平洋东海岸的海滩侵蚀是热带气旋和强风暴作用造成的，另外海平面上升和人类干预自然海滩的过程也是不能忽视的重要因素。全球海平面以 2～3mm/a 的速度升高，但却与板块构造无关。证据表明自 1940 年起，海平面上升的速度开始加快，这种加速归因于全球气候的变暖，海平面上升是其中的一个效应。

可以说，引起海岸侵蚀的原因有两种：①由于自然原因，如河流改道或大海泥沙减少、海面上升或地面沉降、海洋动力作用增强等；②人为原因，如拦河坝的建造、滩涂围垦、大量开采海滩沙、珊瑚礁，滥伐红树林，以及不适当的海岸工程设置等，均会引起海岸侵蚀。

7.2.2　海崖侵蚀

当海岸线分布有陡峭的海崖时，可能会出现海崖侵蚀（seacliff erosion）。由于海崖不仅会受到波浪作用的影响，而且会受到土壤侵蚀作用的影响，比如陆地上的流水和海崖本身陡峭带来的崩塌和滑坡。这些过程的叠加所造成的侵蚀影响要比任何一个以上作用单独存在时的影响大得多。当人类不合理开发利用该类海崖环境时，海崖侵蚀问题变得更为复杂。

许多人类活动都会引发海崖侵蚀。例如，城市化会引起径流的增多，如果不对这种径流加以控制、收集并避开海崖，将会导致严重侵蚀；如果海崖中出现给排水管网渗流，会降低海崖自身的稳定性，增加侵蚀发生的可能性，包括崩塌；在海崖边缘附近修筑诸如围墙、楼房、游泳池和露台等建筑物可能会削弱海崖的稳固度，因为这些建筑物增加了海崖坡度上的重力，从而增多大小崩塌的发生。

7.3 热 带 气 旋

热带气旋（tropical cyclone）在太平洋沿岸等地被称为台风（typhoon），而大西洋则习惯称当地的热带气旋为飓风（hurricane）。在单个暴风雨中，热带气旋已有夺走数十万条生命的记载。1970 年 11 月，一个热带气旋袭击孟加拉国的孟加拉湾北部，引起海平面升高了 6m，由此造成的洪灾夺走了大约 30 万人的生命，造成巨大的农作物损失，沿海区域内约 65%的捕鱼设备遭到破坏；1991 年春季，另一个具破坏性的旋风袭击孟加拉国，超过 10 万人丧生，造成超过 10 亿美元财产损失；被人们认为是最致命的大西洋飓风——米奇飓风(Hurricane Mitch)，1998 年在洪都拉斯和尼加拉瓜西部造成了超过 11000 人死亡。

台风或飓风产生于热带气流紊乱带，通常进入陆地后消散。这些风暴的风速超过 119km/h，呈螺旋状围绕着一个相对宁静的中心运动（图 7.4）。据以往记录，时速达 119km/h 甚至更大的风暴经过某一地区时，其直径约为 160km，如果时速超过 50km/h，可形成的直径约 640km。

图 7.4　热带气旋的卫星影像

大多数的台风或飓风在北纬 8°至南纬 15°之间形成，这些地区的海水温度较高。平均每年大约会形成 5 个飓风，伴随着雷电交加的暴风雨，时常袭击大西洋和海湾沿岸。

随着该类灾害资料的不断积累，更精确地预测飓风着陆的时间和地点是有可能的，这点对于减少人身伤亡和避免不必要的财产损失是非常重要的。

7.4　海岸灾害和工程建筑物

海岸环境上的工程建筑物包括海堤、丁坝、防波堤和防浪堤，它们主要是用于改善航道或阻碍侵蚀的发展。然而，由于它们可以干扰到海滩泥沙的沿岸搬运，这些建筑物在自身附近也会造成沉积和侵蚀问题。

7.4.1　海堤

海堤（seawall）是一种与海岸带平行的建筑物，目的是有效地防止海岸侵蚀后退。它的材料可能是大块坚硬岩石、木块或其他材料。建在海崖底部的海堤可能不是特别的有效，因为大量海崖侵蚀来自于海崖自身流失作用，如崩塌与滑坡。

一直有人反对修筑海堤，因为海堤是直立结构的工程，在与波浪碰撞后可以使得波浪回弹，这些作用会加大海滩侵蚀作用。一些地质学者认为，修筑海堤引发的问题多于它能解决的问题，应该较少地利用海堤。因此也需要谨慎地、因地制宜地设计，避免海堤的修筑引发环境和美学上的退化。

7.4.2　丁坝

丁坝（groins）通常是一种与海岸线垂直相交的线型实体结构工程，其修筑目的是为了拦截沿岸搬运的泥沙，形成一个不规则的较为宽广的海滩，保护海岸线免遭侵蚀。然而，丁坝的存在也带来一个常见的问题：其上游淤积，下游则受到侵蚀（图 7.5）。一个丁坝或丁坝群可以在规划区域内营造一个更宽阔、更有保护力的海滩，但同时也可能在相邻的下游海岸带上形成一定区域的侵蚀。这个过程与河流大坝现象是一样的，上游沉积导致了水沙平衡系统的破坏，下游的侵蚀实际上是水沙新平衡形成的动力。因此，通过人工填沙措施把每个丁坝补满后，或许能减少侵蚀作用。人们把这一过程看作海滩喂养（beach nourishment），它要求从海洋或其他地方提取泥沙，然后把沙铺置在海滩上。当海滩被喂养后，丁坝将会从天然的沿岸搬运系统中拦截较少的沙量，丁坝下游的侵蚀作用就会减少。尽管有了海滩喂养措施和其他预防措施，但是丁坝仍可能会引起一些意料不到的侵蚀。因此，需要仔细地评估过后才可以利用丁坝。

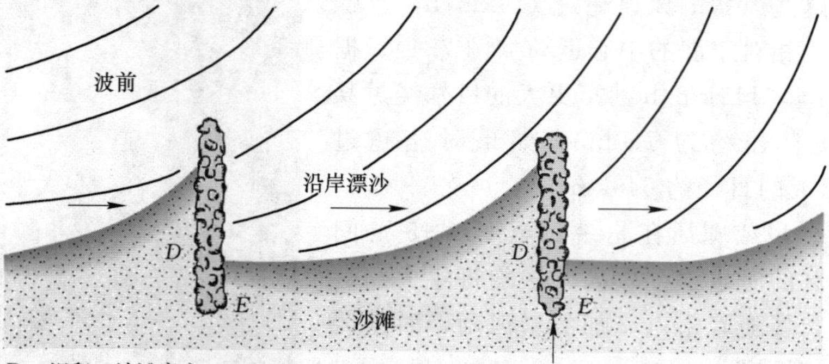

图 7.5　丁坝对沿岸漂沙的影响

7.4.3　防波堤和防浪堤

防波堤（breakwaters）是用来保护海岸线免受波浪侵蚀的海防工程。它可防止波浪侵袭，为船只停泊提供一个港湾，设计时可以利用海滩环境，也可以单独存在［图 7.6（a）、

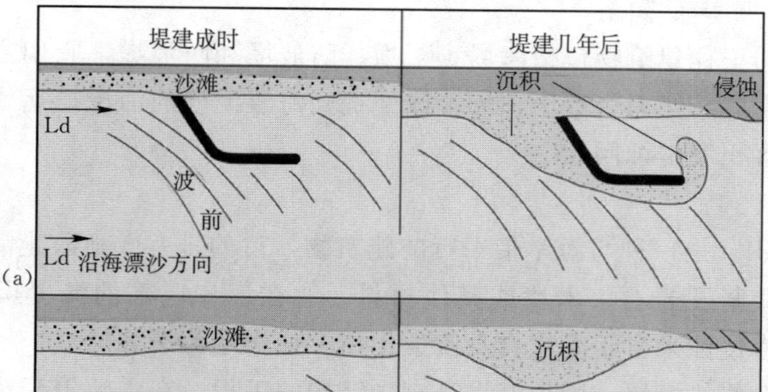

图 7.6　海岸防波堤的常见设置

(b)]。然而，不管是哪一种情况，防波堤会堵塞海滩泥沙的天然沿岸搬运系统，导致海岸的形状发生局部的改变。例如，形成新的海滩和新的侵蚀区域。除此之外，还有可能填满或堵塞港湾的入口，形成沙嘴或栅栏的沉积物；在下游引发严重的侵蚀问题。因此，时常需要通过疏浚确保港湾的开放和泥沙的清淤。

防波堤通常成对地被修筑在河口、泻湖或海湾的入口处［图7.6（c）］。设计它们是用于稳固河道，防止或减少河道中的沉积泥沙，保护河道免遭大波浪侵袭。但是，防波堤一般都会堵塞沿岸泥沙流，导致防波堤上游开阔而下游被侵蚀。防波堤拦截的泥沙最终可能会填满河道，使河道的作用失效，而下游岸的侵蚀也破坏海岸的发展。

由于修筑防波堤会干扰到海岸泥沙的沿岸搬运，因此这类结构工程必须得到谨慎地规划，而且必须配套一些能消除或减少不利影响的防护措施，比如疏浚、泥沙人工通道、海滩喂养、海堤、石堆（巨岩），或它们的组合设施。

7.5 海岸灾害的防御

7.5.1 热带气旋

针对热带气旋（飓风）做出的调整，要么什么都不做默默地承担损失，要么采取某种行动来减少潜在损失。例如，在飓风多发区，房屋可建成让风暴潮在房屋下方通过的结构类型；社区可以尝试一些措施来减少潜在损失，如加强周围环境的防护结构和土地稳定性以及适应更好的土地利用分区环境、撤离程序、预警措施等。表7.1列出了飓风前、飓风期间和飓风后应该怎样做的一些常识。

表7.1 飓风发生前、发生过程及发生后的保护常识

阶段	保护常识
飓风发生前	·最重要的事情可能是计划一条撤离路线：包括安全撤离的信息，附近庇护所的地址，向内陆方向的安全通道； ·准备一个应急救助包，包括有备用电池的手电筒，便携式电池装置的收音机，急救箱，应急食品和应急水，开罐器，必备药品，现金和银行卡，替换衣服和坚固的鞋； ·为您的宠物安排好，宠物可能不允许逗留在安全庇护所； ·有一份关于飓风过后的计划，确保家庭成员懂得关闭煤气，电闸和水闸的操作； ·教育小孩何时、如何寻求警察和消防部门的紧急援助，选择可以收听紧急消息的广播电台； ·用永久的百叶窗保护您家的窗户或者使用胶合板合适地卡住每个窗口，重要的是在风暴来临前确保窗口已被保护好； ·购买自然灾害保险，如飓风引发的洪水保险； ·制订家庭应急通信方案。在灾难期间，家庭成员可能会被分开，您的计划中必须包括家庭成员如何团聚在一起； ·找一个外地亲友作为您的家庭联系人。飓风过后，长途电话往往比当地电话更容易接通。确保您的家庭成员都知道那个家庭联系人的名字、地址和电话号码； ·一般在飓风袭击陆地之前，人们能在远海天边发现它。当24～36h内出现飓风条件并形成威胁的话，才会发出飓风通知。发出飓风警告后，在24h内预测飓风情况

续表

阶段	保护常识
飓风观察期间	·收听您的电视或电台有关飓风进度报告； ·检查紧急救援物资； ·确保车上有足够的汽油； ·把室外的物品带入室内，例如草坪上家具，玩具和园林工具。不能带入室内的物品应该绑好； ·确保您的房子和其他建筑物已关闭，窗口已封好； ·移除外来天线或卫星电视接收器； ·由于在飓风期间可能会停电，所以把您家的冰箱和冰柜开到最冷的可能位置处，并只在绝对必要的时候再打开； ·在清洁的浴缸、饮用水瓶和炊具里存放饮用水； ·再次检查您的家庭撤离计划； ·如果您拥有一条船只，确保它已安全或已移到指定的安全地点
飓风警告期间	·不断地听取电视或电台的官方指示； ·如果您住在移动屋里，检查你已绑好房子后马上撤离； ·把装有您家中的贵重物品和私人文件放在家中水位最高的地方； ·不要使用电梯； ·待在室内，并远离窗户、天窗和玻璃门； ·确保有手电筒和备用电池在手。避免使用诸如蜡烛或煤油灯等明火； ·如果断电了，关闭主要的用电设备，以减少电力恢复时的动力高峰； ·如果官方表示必须撤离，尽快离开，避开淹没道路和冲毁的桥梁，确保您的家里已安全拔出主要的电力设备电源和关闭水阀； ·让暴风区以外的家庭联系人知道你要去哪里。如果时间允许的话，搬移家具，以保护它免受洪灾（如果可能的话，将其移动到一个更高的楼层），背上预装的紧急供应设备和暖和的防护衣，包括睡袋和毛毯。最后，锁好家门，并撤离
飓风过后	·继续收听当地电台和电视以此来获取信息； ·帮助受伤或被困者。不要移动严重受伤的人，除非他们的生命危在旦夕，呼救； ·在官方通知目前已安全，民众可以回家后，你再这样做； ·当你回家时，注意摇摇欲坠的电力线的情况，并小心谨慎地踏进屋里。要小心蛇、昆虫或其他有可能被洪水推到更高楼层的动物。打开窗户和门，通风您的房子。检查冰箱里可能坏掉的食物。最后，出于索赔保险的目的，把房子外和房子内受损的情形拍下来

7.5.2　海岸侵蚀

针对海岸侵蚀，人们通常做出的调整可分为以下 3 类：

（1）类似于天然过程的海滩喂养工程——“软工程”。

（2）通过类似丁坝和海堤的工程结构进行海岸线加固工程——“硬工程”。

（3）改变土地利用方式，如不在危险区修建房屋或迁移受威胁的建筑物。

在海岸侵蚀管理中，首要的工作是估计侵蚀率大小，这需要对历史海岸线变化或海洋环境的统计分析，例如影响海岸侵蚀的波浪、风以及泥沙供给的海洋环境；然后，提出一些关于海岸侵蚀管理程序存在问题及改进建议。其中，一个问题就是从海岸线到允许发展区域之间的预留距离。美国的一些地区根据预测侵蚀率来确定这个距离。事实上，这个距离在海岸灾害管理中是一个安全距离，是将灾害损失降低到最小的一个土地利用策略。

关于针对海岸侵蚀需要做出的调整，目前也存在两种趋向的选择：一种选择是加强海岸的抵御能力，通常采用修建海堤那样的结构工程来试图控制海岸侵蚀，这也是一种传统方法；另一种选择是提倡采用灵活多变的环境规划和海岸区域土地开发利用方式，学会与海岸侵蚀问题共同生活。沿海地区的发展必须符合公众的最大利益，而非为了从海滨开发中获利的少数人。换言之，海滩应属于全体公众享用的地方，不仅仅属于那些有幸购买海滨物业的少数人群。比如美国夏威夷州坚持所有的海滩是公共财产，当地物业拥有者不得拒绝别人进出。

海岸带的开发是有争议的，但目前有5项原则已在北美国家得到认同：

(1) 海岸侵蚀是一个自然现象，是由于波浪的作用而导致的滨海物质的迁移。在这样地区，最好的土地利用方式应该能适应于将来的变化，比如开发一些娱乐项目，包括游泳和钓鱼等休闲活动。

(2) 海岸环境是动态的，一些岸线工程能够带来次生变化，而多数是一些负面的效应。一些工程构筑物如海堤、拦砂屏障，会影响海岸带泥沙的搬运，形成沉积与侵蚀。

(3) 通过结构工程稳固海岸带，保护了少数人的财产却花费了大量的公共资产。进一步说，这样的工程保护的是已开发的财富，而不是海岸带本身。一直有争议的是，投入大量的公共财产来保护少数人的利益是不明智的，不符合公众利益。

(4) 设计用于保护海滩的构筑物最终可能毁坏海滩。构筑物的存在，经常改变海岸环境，把海滩变成不像海滩的样子。例如，修筑大型海堤会导致造成波浪的迂回与涡流，最终清除海滩。

(5) 海岸线构筑物一旦建成，会产生一种难于或不可能逆转的局势。也就是说，在海岸带发展中，人们会不断地投入资金来新建、重建或维修工程构筑物，最终投入的累计费用可能比需要保护的财产多得多。基于这样的和其他一些考虑，美国一些州近年来强行限制海岸线海防工程的投入。随着海平面的持续上升，海岸侵蚀也变得越来越普遍，一些非工程性项目建设已经引起关注，这不仅因为财政上的约束，而且也认识到了，我们需要为后代保留更天然的海岸带。

7.6 小　结

海岸环境是地球上最为剧烈的水动力场之一。海洋风暴引起的波浪沿海岸线传递并扩散能量，并随着海岸线外形的差异，产生不同程度的海岸侵蚀。在波浪的作用下，由河流搬运下来的沙砾在海岸带沉积，常形成最为普遍的海滩。当然，海滩也能够通过海岸带自身的岩石（如页岩、火山岩）风化与波浪侵蚀形成。海滩上的沙砾在波浪作用下产生侧向的岸线漂沙（岸线输沙）。

与其他自然灾害相比，比如洪水、地震和热带气旋（飓风），海岸侵蚀引起的财产损失相对较少。但是，在一些地区比如美国海岸线，海岸侵蚀带来的财产损失是严重的，其原因与河流大坝的建设、剧烈的风暴和全球海平面上升有关。

人类在海岸带建成的海防工程，如海堤、拦砂屏障等在财产保护方面起到了一定作用，但在许多地区也引起了巨大侵蚀。工程上游产生沉积，下游产生侵蚀，是工程建设存在的普遍问题，沙滩喂养在修复与拓宽沙滩方面有一定功效，但它的长期效应还是不清楚的。

热带气旋是海岸带最为严重的灾害，也称为飓风，可带来强风暴雨，或引起河流洪水。每年世界上都会因此损失巨大的生命财产。海岸侵蚀是一个自然现象，是否作为一个灾害也与个人的判断有关。在过去，发达国家通常通过建设海防工程来防治海岸侵蚀，然而高昂的费用支出使得人们开始反省，有无必要花大的代价去保护相对小的财产，并影响公共利益。根据海岸侵蚀率确定的预留距离既是海岸带土地利用管理的重要衡量指标，也是保障财产安全、确定与海岸线之间距离的重要依据。

关 键 术 语

beach nourishment　　breaker zone　　breakwater
coastal erosion　　hurricane　　rip current
seawall　　surf zone　　tropical cyclone

复 习 题

1. 海滩的基本要素有哪些?
2. 阐述滨海泥沙运移的过程。
3. 什么是激流，其危害如何?
4. 阐述海岸侵蚀的主要过程。
5. 人类活动如何影响海岸侵蚀?

可 利 用 网 站

1. 中国天气. http://www. weather. com. cn/climate/.
2. 中国海洋与气候变化信息网. http://www. cocc. net. cn/.
3. 国家海洋预报中心. http://www. nmefc. gov. cn/index. aspx.
4. USGS Coastal and Marine Geology Program (CMGP). http://marine. usgs. gov/.

第3篇 资源与环境

随着全球人口的快速增长，人类对一些生活和生产依赖的资源需求量也越来越巨大，比如水资源、矿物资源、能源和土地资源。然而，随着人口数量的不断增多，资源开发利用规模的扩大，也带来了相应的环境问题，影响着地球系统的承载能力，影响着人类与自然的平衡关系。本篇内容包括第 8～10 章，主要讨论自然资源开发利用及其环境问题。其中，第 8 章阐述水文与人类的水利用，讨论水资源利用过程中产生的环境问题；第 9 章介绍土地利用方式与改变带来的环境问题；第 10 章介绍矿产资源类型与开发方式，阐述矿产开发利用过程中产生的环境问题。

第8章 水资源与环境

水是我们需求的最基本的资源，充足、安全、可持续的水供给是人类最重要的环境目标。在这一章，我们将了解水资源与环境话题，包括：①水资源分布，水供给、水利用和水管理概念；②地表水和地下水及其相互关系；③水资源开发利用可能引起的环境问题，如水资源枯竭、水质恶化、地面形变、海水入侵等。

在非洲坦桑尼亚的一些地区，人们常常从干涸的河床挖洞取水，而这样的水源经常是被污染的（来自 Bob Metcalf）。

地球上的水文循环（hydrologic cycle），也称水循环（water cycle），意指地球上的水从一个储存空间转移到另一个储存空间，比如从河流到海洋，从湖泊到大气层等。最简单的水循环模式，可以描述为水从海洋蒸发到大气层，然后降水落到海洋，形成地表或地下径流，再通过蒸发回到大气层。水循环包括了蒸发（蒸腾）、降水、迁移、径流等主要过程，可以用数字来量化这些过程（图 8.1）。它表明，从海洋经大气层进入陆地的年均水量，与从陆地通过河流和地下水流进入海洋的水量是平衡的；同样，在蒸发与降水之间，也存在总量上的平衡关系。不同的是，从陆地进入海洋的水，会携带大量的泥沙颗粒和一些化合物。在这些化合物中，不乏人类活动产生的物质，比如农业、工业和城市化产生的有机废物和营养物。

地球上水的存在形式包括液态、固态和气态，因此水也是一种多形态的资源。在不同空间，水的滞留时间不同，可以从几天到几千年，甚至更长。地球上 99%的水是人类不能利用或不适合人类利用的，不仅因为水的盐度限制，而且还因为水存在的形式和空间限制。因此可以说，地球上所有的人都依赖于不到 1%的可利用水。

水是现代文明中的基本组成部分。随着社会人口的急剧膨胀以及社会经济的快速发展，人类对水资源的需求量越来越大，由此引发的资源供需矛盾也越来越突出。然而，水的问题还远不只是存在的供需矛盾，水资源开发利用过程还常常导致区域性水资源枯竭、海水入侵、地面变形、水质恶化等环境地质问题；人类构筑水坝、建筑异地调水工程也会引起上下游或周围水陆生态环境的改变。

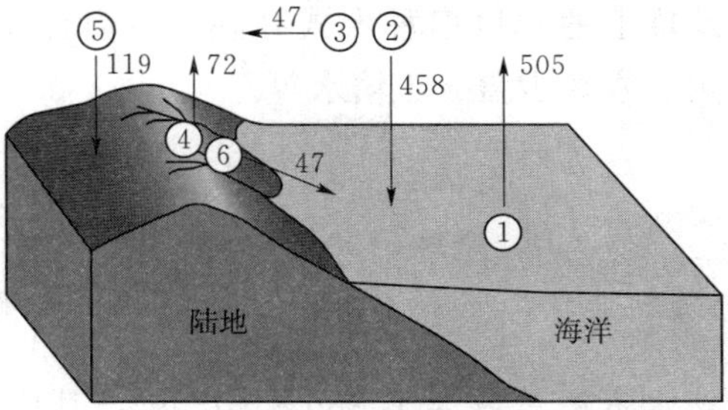

图 8.1　全球水运移数量平衡图（Gleick，1993）

图中箭头表示水分运移的方向，数字表示水分数量（$\times 10^3 km^3$）①—从海洋到大气；②—从大气到海洋；③—从海洋上空到陆地上空；④—从陆地到大气；⑤—从大气到陆地；⑥—从陆地到海洋

8.1　水资源状况

8.1.1　水资源概念

水是人类生存和人类文明的命脉。人类生活及社会生产活动从来就离不开水，但是人们并没有较早地认识到水是一种资源。

地球上的水是在一定条件下循环再生的，过去人们普遍以为水是“取之不尽、用之不竭”的。然而，随着社会的发展，人类社会对水的需求量越来越大，加上环境污染、生态平衡破坏，人们开始感到可用水的匮乏；另一方面，人们在长期的社会实践中逐渐认识到地球上水所特有的循环再生、运动变化规律，并认识到水是有限的。随后，人们才逐渐把水量、水质、水平衡等问题同人类的生息与发展联系在一起，并开始将水当作资源看待。

什么是水资源（water resources）？其提法大致有以下 3 种：

（1）广义的提法，包括地球上的一切水体及水的其他存在形式，如海洋、河川、地下水、土壤水、冰川、大气水等。

（2）狭义的提法，指陆地上可以逐年得到恢复、更新的淡水。

（3）工程上的提法，指上述可以恢复、更新的淡水中，在一定的技术经济条件下可以为人们利用的那一部分水。

以上各种提法是人们从不同角度对水资源含义的理解。通常，涉及给水排水工程及节水问题的水资源含义，接近于上述第三种提法。

对于一定面积的流域，其水资源总量是指当地降水形成的地表和地下产水量，即地表产流量与降水入渗补给地下水量之和。通常，采用下式计算水资源分区的水资源总量：

$$W = R_s + P_r = R + P_r - R_g$$

式中：W 为水资源总量；R_s 为地表产流量（不包括河川基流）；P_r 为降水入渗补给量（山丘区用地下水排泄总量代替）；R 为河川径流量；R_g 为河川基流量（平原区只计降水入渗补给量形成的河道排泄量）。

8.1.2　全球水资源状况

地球的表面积约 5.1 亿 km^2，被水覆盖的面积约为 3.6 亿 km^2，占地球表面积的

71%。地球上的水以多种形式存在，有海洋水、地下水、湖泊水、河水、沼泽水、大气水、冰川、永久雪盖、土壤水等。

- 全球(100%)
  - 海洋(94%)
  - 陆地(6%)
    - 深层高矿化度水(4%)
    - 淡水(2%)
      - 冰川(1.7%)
      - 其余(0.3%)

全球水资源总量为 $1.386\times10^{18}\,m^3$，其中海洋水、咸水、湖水与深层高矿化度水约占 98%，淡水仅占 2%。由于绝大部分的淡水以冰川的形态存在，可供人类利用的淡水又不到其总量的 1%，有人比喻说，在地球这个大水缸里可以供人类利用的水只有一汤匙。

通过全球水文循环，每年在全球陆地上形成的可更新淡水量通常以河川年径流量为代表，为 $4.7\times10^{13}\,m^3/a$。由于全球各大洲自然条件不同，降水和径流量差异较大（表 8.1）。

表 8.1　　世界各大洲年降水及年径流分布

大洲	陆地面积/($\times10^4km^2$)	年降水		年径流		径流系数
		mm	$\times10^{12}m^3$	mm	$\times10^{12}m^3$	
亚洲	4347.5	741	32.2	332	14.41	0.45
非洲	3012.0	740	22.3	151	4.57	0.25
北美洲	2420.0	756	18.3	339	8.20	0.45
南美洲	1780.0	1596	28.4	661	11.76	0.41
南极洲	1398.0	165	2.31	165	2.31	1.00
欧洲	1010.0	790	8.29	306	3.21	0.39
澳大利亚	761.5	456	3.47	39	0.30	0.09
大洋洲其他国家	133.5	2704	3.61	1566	2.09	0.58
全球陆地	14902.5	798	118.88	314	46.85	0.39

8.1.3　我国水资源状况

我国水资源总量不少，河川年径流量为 $2.7\times10^{12}\sim2.8\times10^{12}\,m^3$，低于加拿大、巴西、印尼、苏联和美国，处于世界第六位，但人均占有水量仅 $2180m^3/a$，仅列世界第 110 位，为世界人均占有水量的 1/4。由于我国可利用水资源量占天然水资源量的比重小，水污染普遍较严重，水的浪费现象也十分严重，导致了我国可利用水资源日益短缺，已被联合国列为 13 个水资源贫乏的国家之一。

根据我国各地水资源总量及人均占有量的排序，我国 31 个省、自治区和直辖市中有一半以上人均占有水量低于全国平均量。国际上认为水资源紧张限度为：人均年水资源量低于 $1000m^3$。目前我国辽宁、山西、江苏、河南、山东、河北、北京、上海、宁夏、天津等省（直辖市）都已达到了此限值，这些地区地处沿海或中原，大部分分属辽河、海滦河、黄河流域，人口众多，社会经济发达，城市化程度高，在土地、矿产等天然资源及社会经济基础等方面都具有进一步发展的巨大潜力，而水资源短缺却成为这些地区可持续发展的制约因素。

造成以上部分省市水资源严重紧缺的局面与我国水资源时空分布不均匀有密切的关系。

一方面，水资源的地区分布极不均衡。如以年降水深 400mm 划界，全国约有 45%的国土处在年降水深少于 400mm 的干旱少水地区，如内蒙古、甘肃、宁夏、新疆西北部等地；根据水资源、人口、耕地的地区分布及河流的径流分布，水资源在地区分布上是极不均匀的，与人口、耕地的分布也不相适应。

根据《中国水利百科全书》（2004 年版），南方地区包括长江流域、华南诸河、东南诸河和西南地区，土地面积占全国面积 36.4%，人口占全国总人口 54.6%，耕地面积占 39.7%，水资源量占全国的 81%；而北方地区包括东北诸河、海滦河流域、淮河和山东半岛、黄河流域，面积占全国面积 28.2%，人口占全国总人口 43.4%，耕地面积占 54.9%，而水资源量仅占全国的 14.4%，见表 8.2。如果以人均水资源量计，南方四区为 3300m^3，北方四区为 740m^3，南方是北方的 4.5 倍；以单位耕地水资源量计，南方四区是北方四区的 7.8 倍。

另一方面，水资源的时间分布极不均衡。在我国东北、华北、西北与西南地区，降水量一般均集中在 6—9 月，占常年降水量的 70%～80%；而 12 月至次年 2 月降水极少，气候干燥，常形成严重干旱季节。

表 8.2　　我国水资源、耕地、人口的分区统计

分区名称			土地面积	水资源总量	人口	耕地	人均水资源量/(m^3/人)	单位耕地水资源量/(m^3/hm^2)
			占全国/%					
内流区域（含额尔齐斯河）			35.4	4.6	2.1	5.4	4830	18300
外流区域	北方	东北诸河	13.1	6.9	9.3	19.7	1640	7460
		海滦河流域	3.3	1.5	9.9	9.1	340	3540
		淮河和山东半岛	3.5	3.4	15.7	13.4	480	5480
		黄河流域	8.3	2.6	8.4	12.7	700	4480
		北方四区	28.2	14.4	43.3	54.9	740	5640
	南方	长江流域	18.9	34.2	33.2	25.5	2290	28770
		华南诸河	6.1	16.8	12.8	8.4	2920	42820
		东南诸河	2.5	9.2	7.1	3.0	2880	67340
		西南诸河	8.9	20.8	1.5	2.8	30890	160000
		南方四区	36.4	81.0	54.6	39.7	3300	43860
	外流河八区		64.6	95.4	97.9	94.6	2170	21670
全国			100	100	100	100	2180	21480

注　根据《中国水利百科全书》（2004 年版），人口采用 1999 年统计数，耕地面积采用国家土地管理局 1996 年调查数。

8.2 地表水与地下水

8.2.1 地表水

8.2.1.1 地表径流

地表径流（runoff）是水文循环的重要组成部分，是地表水沿地球表面坡地、河流等水体迁移的过程，对地表物质的侵蚀与迁移具有重要的影响。影响地表径流的因素同样能够影响地球物质的侵蚀、迁移与沉积，这些因素包括地表水体积、水深和流速。水流速度越大，能够搬运的颗粒体积也越大，从推移质到悬移质到溶解质都可以随水流迁移。

根据地面上水流的汇集特点，可以划分流域（drainage basin/watershed），它是指水流向某个河流汇集的地域范围。相邻流域之间的界限称为分水岭（drainage divide）。流域有大有小，较大流域可以分为若干个小流域，因为较大河流通常都有若干条支流，每条支流与相邻支流之间都有分水岭。比如，中国七大流域中最大的长江流域，总流域面积180万km^2，是世界第三大流域，横跨中国东部、中部和西部3大经济区，共计19个省（自治区、直辖市），占中国国土面积的18.8%。长江流域内有大小不同的无数条支流，1万km^2以上的支流就有49条，如汉江、嘉陵江、岷江、雅砻江、湘江、乌江、赣江等，这些支流都可以划分出更小的流域。

8.2.1.2 影响径流的因素

地表径流和产沙的变化受流域内地质、地形、气候、植被以及土地利用影响很大，在不同时间具有不同的特征。比如，在洪水期的地表水径流就明显区别于枯水季节的相应特征。

（1）地质因素。影响地表水径流和产沙特征的主要地质因素包括岩石和土壤类型、矿物、风化程度以及岩石和土壤结构。渗透性能差的黏土土层和裂隙不发育的出露岩石，径流主要以地表径流为主，并汇集成许多河流。相反，对于渗透性能好的沙质土和裂隙发育的出露岩石，降水形成的径流会部分转化为地下径流，形成的溪流密度就较小。

（2）地形因素。人们常用地势（relief）来描述地形起伏的高低与险峻的态势，是最高点和最低点标高差。相对于邻近河流，地势陡峻的地形坡度大，河流的河床坡度大，相应的水流流速也大，并影响着降水径流的地表与地下分配。地势陡峻，降水渗透能力低，地表径流占很大比例。

（3）气候因素。影响径流和沉积物搬迁的气候因素包括降水强度、历时及其季节性变化。一般的，径流量大、产沙量大的径流与不常见的高强度降水有关，在陡峭、不稳的地形条件下，岩石和土壤很容易遭受剧烈的侵蚀。

（4）植被因素。植被能够影响径流与产沙量的变化，主要有以下体现：植被可以通过拦截和蒸腾来减少地表径流；由于气候变化、森林火灾或土地利用减少，植被覆盖率降低，会增加地表径流和产沙量；滨岸植被通过根茎的固土作用能够抵御河堤侵蚀；在森林地带堆积的枯枝落叶能显著防御溪流的形成与作用。

(5) 土地利用因素。该类影响主要体现在农业开发和城市化扩张方面。农业开发能够增加地表径流和土壤的侵蚀；而城市化带来的地面硬化会降低表层的渗透性并增强地面径流。

8.2.2 地下水

地下水（groundwater）的补给来源主要是大气降水，并通过入渗进入地下土层和岩层形成的。在地下空间，地下水形成途径可以分为两个带：渗流带（vadose zone）和饱和带（zone of saturation）。渗流带是指地下水位（water table）以上的空间部分，又称非饱和带（unsaturated zone），其中的水流称非饱和流（unsaturated flow）；饱和带是地下水位以下的空间部分，饱和带的地下水称饱和流（saturated flow）。这两个分带可以随着地下水位的上下波动而变动。大气降水转变成地下水，或者地表污染物质进入饱和带，都需要经过渗流带。因此，渗流带在某些时候具有预警作用。

水从地表渗透进入地下水赋存空间，可能受到下面因素的影响：

(1) 地形坡度：坡度陡的地形，形成的地表径流多，相应渗透到地下的水量就少。

(2) 土壤与岩石类型：空隙体积大的土壤或岩石有利于水的入渗，比如砂性土壤和裂隙发育的岩石。

(3) 降水量和降水强度：低强度的降水、融雪有利于入渗，而高强度的降水则利于地面径流不利于入渗。

(4) 植被：树叶和枝干可以拦截降水，被拦截的雨水缓缓落地可以增加入渗。

(5) 土地利用：城市硬化路面和建筑物顶面会减少入渗，农业用地增加地面径流和土壤侵蚀会减少入渗，森林砍伐减少植被覆盖率、增加土壤侵蚀和地面径流从而也减少入渗。

8.2.2.1 含水层

通俗地讲，含有并能提供可利用水量的地下水储存空间，称为含水层（aquifer）。在含水层内存在不同类型的地球物质，包括透水性强的砂砾、裂隙发育岩石，而一些渗透性能差的黏土或页岩类物质则能够阻止地下水的运动，常起到隔水的作用。

含水层可以分为非承压含水层（unconfined aquifer）和承压含水层（confined aquifer）。前者在我国常被叫做“潜水”，含水层顶面不承压，或者说地下水面是一个自由水面。当含水层顶面是承压层，则成为承压含水层，如图 8.2 所示。在一个地区，两种含水层可以同时存在。对于承压含水层，当承压水面高于地面高程时，可以形成自流条件。在这些地带打井，能够形成自流井（artesian well）。另外，除了承压和非承压含水层外，还有一种含水层被称为局部含水层（perched aquifer），我国也称之为“上层滞水”，是指在区域性水位以上的局部饱和带，常常与不透水的透镜体岩层联系在一起，这种含水层通常也是不承压的。

水进入含水层的过程被称为地下水补给（groundwater recharge）。地下水补给有自然与人为之分，自然补给最常见的形式是大气降水补给，而人为导致的补给包括农业灌溉水的入渗、渠道入渗，以及人工回灌。相反，水从含水层排出的过程被称为地下水排泄（groundwater discharge）。自然排泄的形式常见的是泉（spring），地下水通过泉而出露地

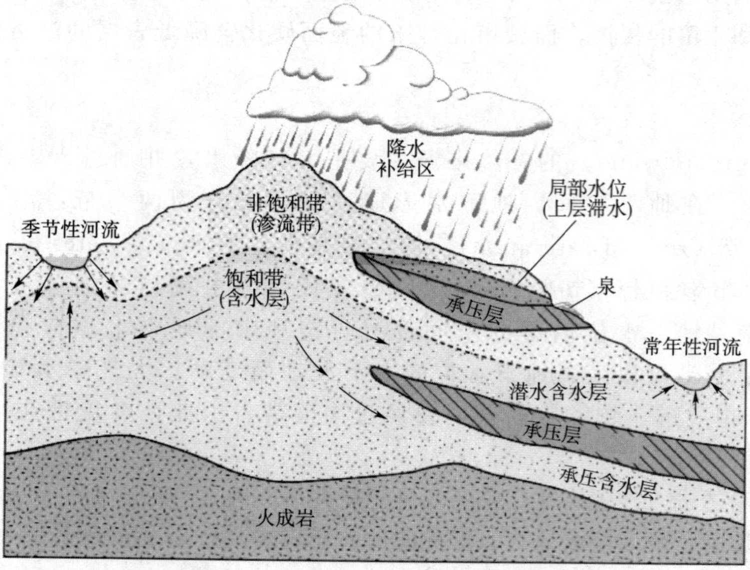

图 8.2　含水层与常年性河流和季节性河流的关系

表，常出现在河流或溪流的源头；人为排泄的形式主要是通过钻井和民井来提取地下水。

当通过井来提取地下水时，能够形成地下水面的降落漏斗（cone of depression）。降落漏斗可以改变地下水流向，尤其是大规模的降落漏斗能够改变区域性的地下水流向，并导致地下水位的区域性下降。其结果可以导致浅层抽水井失去作用，必须开挖更深的钻井才能抽出地下水。

8.2.2.2　地下水运动

地下水运动速率和方向通常取决于地下水位的水力坡度（hydraulic gradient）和含水层物质的类型。对于非承压含水层来说，地下水位的水力坡度可以用地下水位的坡度来表示，而含水层物质的类型主要体现在它的渗透能力即渗透系数参数上。该参数在国外也称为水力传导系数（hydraulic conductivity），是指单位时间内单位体积的地下水通过垂直于水流方向的单位过水断面的能力，用 $m^3/d/m^2$ 即 m/d 表示，与含水层物质之间的空隙体积和连通性有关。

在水文地质学上，单位体积的沉积物或岩石中有效空隙体积所占的百分比，称为孔隙度（porosity）。在不同的含水层物质中，该值可以从 1%变化到 50%不等，表 8.3 列出了几种不同物质的孔隙度和渗透系数。需要注意的是，某些孔隙度很大的物质，比如黏土，其渗透系数却很小，这是因为它们的空隙很小，能够吸水并阻止水的运动；而孔隙度较大的砂砾物质也因为空隙大连通性强而具有大的渗透系数。这也是为什么砂砾能够形成含水层而黏土形成弱透水层（aquitard）的原因。

地下水在砂砾含水层中运动速度快，在弱透水层中运动收到阻滞，运动速度很慢。著名的达西定律（darcy's law）表明，地下水运动速度等于水力坡度和渗透系数的乘积。这一定律在地下水动力学中定量地描述了地下水运动特点。

表 8.3 几种地球物质的孔隙度和渗透系数

分类	地球物质	孔隙度/%	渗透系数/(m/d)
沉积物	黏土	50	0.041
	砂	35	32.8
	砾石	25	205.0
	砂砾	20	82.0
岩石	砂岩	15	28.7
	致密石灰岩或页岩	5	0.041
	花岗岩	1	0.0041

8.2.2.3 地下水供给

在很多国家和地区，地下水是人类主要的饮用水水源。因此，保护地下水资源是一个备受关注的环境问题。地下水的供给通常是通过泉水、民井和钻孔来完成的，然而不少地区地下水开采量严重超过了含水层的天然补给量。在这些情况下，地下水正在被当作一种不可更新的“矿产”资源看待。在我国，地下水超采（groundwater overdraft）是一个普遍而严重的问题。

8.2.3 地表水和地下水关系

地下水和地表水的关系非常密切，以至于常常被认为是一种资源的两个方面。比如，湖泊中的地表水渗透进入地下含水层，地下水补给河流成为地表水，地下水最终向海洋排泄成为地表水。几乎所有的天然地表水体包括河流、湖泊、湿地，以及人工建成的水库都存在渗漏问题，提取地表水会引起地下水资源减少；相反，抽取地下水也会减少河流流量、降低湖泊水位，使得湿地干涸。因此，在地下水管理问题上，需要将地表水和地下水联系起来认识。

图 8.2 表明了地表水和地下水的几种关系。这里，需要介绍两种河流类型：①常年性河流，国外也称之为流出型河流（effluent stream），指河流常年有水流，在枯水季节地下水向河床渗漏，维持河床水流；②季节性河流，国外对应称之为流入型河流（influent stream），河床通常高于地下水位。对于季节性河流，河水向下渗透通过渗流带进入饱和带，地下水位可以形成一个隆起的水面。

从环境保护角度，季节性河流可能带来地下水的污染。当河流被污染后，地表水渗入饱和带会导致地下水污染，尤其在枯水季节这样的现象更为普遍。

在可溶岩地区，地表水和地下水的关系更为明显，比如岩溶地区。由于岩溶地貌发育的独特性，裂隙、溶隙、尤其溶洞、落水洞、天窗、岩溶泉的发育，使得地表水和地下水常常相互转化，导致岩溶区地下水环境十分脆弱。比如：溶洞被利用为污废水的排放点，由于溶洞底部通常与地下水相连，排放的污废水直接进入地下水饱和带；地下洞穴的发育是地面塌陷的基础，进一步形成房屋、公路和其他设施损坏的诱发因素；在岩溶地区，地下水的开采又常常引起岩溶泉的干涸，进而引起岩溶泉环境生态的退化，导致生物多样性退化。

8.3　水利用与水管理

8.3.1　水利用

谈到水利用（water use），必须区分河道外水利用和河道内水利用。河道外利用（off-stream use）是指将水抽离水源到陆地上的利用，包括灌溉、火力发电及其他工业、生活公共用水。河道外利用包括了消耗性利用（consumptive use），即河道外用水后不能立即返回到河流或地下水中的水，如蒸发、参与作物生长、转化为产品、被动物与人体吸收的水。对于河道内利用（instream use），是指不离开水源水体的用水，包括通航、水力发电、鱼类及野生生物生境和娱乐用水，这部分用水没有消耗。

河道内用水常常引起一些争论，因为每种用途要求不同的条件。比如，鱼类和野生生物要求水位有季节性波动，要求流量能够满足生物栖息、繁衍的要求。然而，这些水位与流量的要求与水力发电要求不一致，后者为实现发电目标则需要每天都有大流量。类似地，通航、娱乐用水与生境用水、水力发电用水之间都可能存在一些不匹配的要求（图 8.3）。

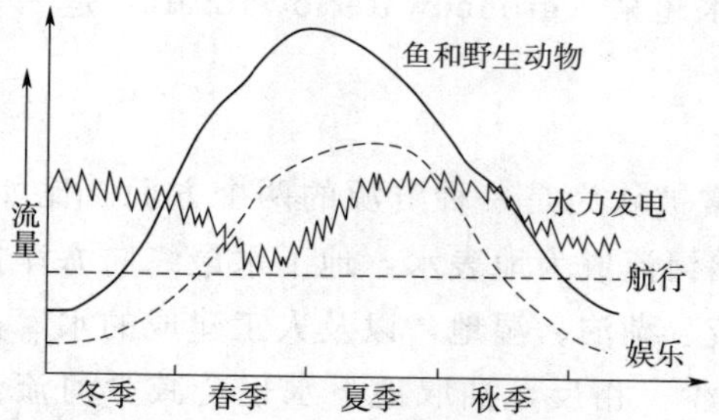

图 8.3　河道内冲突性水用途

8.3.1.1　水的输送

在现代社会里，由于水资源分配的时空不均，由于不同地区社会经济发展引起的水需求程度差异，经常需求从降水丰富的地区，通过水利工程调水，来解决一些地区的高需求。在美国加利福尼亚州，大约 2/3 的水集中在旧金山（San Franciso）北部，资源富余，然而几乎 2/3 的水利用分布在该城市的南部，水资源匮乏。近年来，该州政府建设了引水工程，将大量的水从州北部引到州南部。水的分流给生态系统带来了影响，尤其对加州北部河流的鱼类生境造成了不良影响。

8.3.1.2　水利用分布

从全球水利用的平均分布看，大约有 70％的取水量（water withdrawal）用在农业上，而工业占 20％，城市与农村生活用水占 10％。分析美国 1950—2000 年每天取水量情况，可以看出（图 8.4）：

（1）地表水取水量远远超过地下水取水量。

（2）1980 年之前取水量持续增加，之后出现了下降并维持水平。在统计年间，1950 年美国人口 15100 万，发展到 2000 年有 29000 万人，人口在持续增加。由此表明，后 20 年期间水管理（water management）和水保持（water conservation）水平呈现良好态势。

（3）在水用途上，灌溉用水和热电工业用水是主要用水。

（4）包括城市和农村的公共用水在增加，这可能与人口增加有关。

(5) 1980年后农业用水量平缓或有下降，表明水保持水平有良好发展。

(6) 热电工业的水利用在1960—1980年期间增长很快，之后得到了控制，表明用水效率有了提高。

(7) 1980年后，工业用水水平大幅提高，不仅因为新技术对水要求量减少，而且也与用水效率、循环用水水平提高有关。

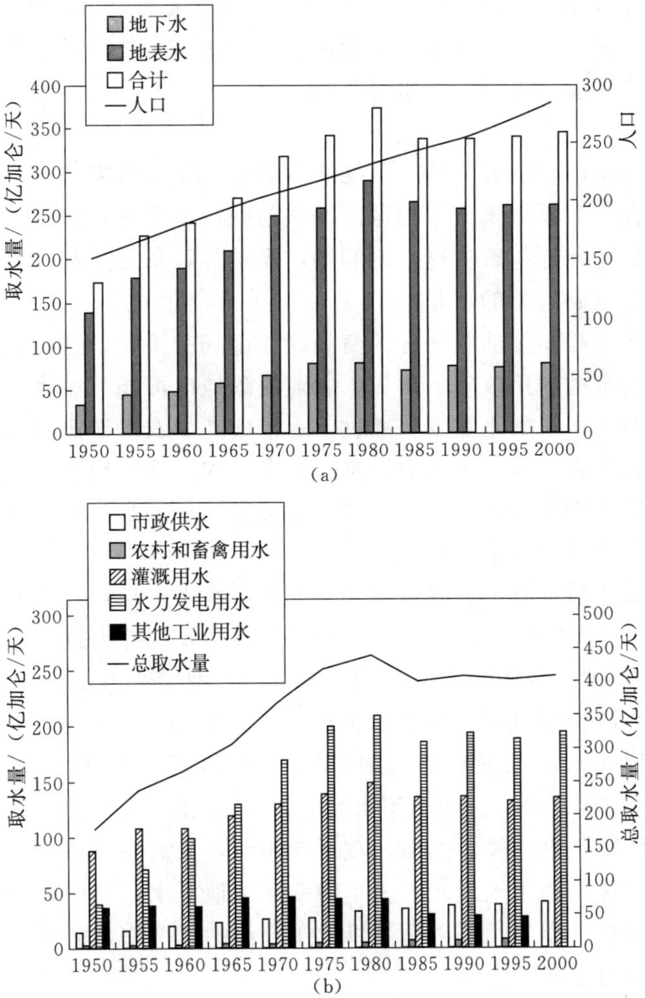

图8.4 美国水利用分布图（Hutson et al.，2004）

在水利用方面，公众节水意识正在逐渐提高，污水处理后的回用技术不断发展，这些趋势将能够有效地减少淡水资源的利用，提高水资源利用效率。

8.3.1.3 水保持

水保持（water conservation）是指提高水利用效率以减少取水量和消耗水量的行为。如何才能提高水利用效率、降低取水量和消耗性水量呢？由于灌溉是最大的消耗性水利用方式，改进农业灌溉技术将可能减少20%～50%的取水量。落后的技术会浪费大量的水资源，而现实也表明先进的灌溉技术将能够大量节约用水，比如灌溉渠的三面光和覆盖能够有效降低渠道水的渗透和蒸发；计算机监测渠道放水和灌溉制度；综合利用地表水和地下水；夜间灌溉减少水蒸发；微灌和滴灌技术应用；等等。

尽管城市和农村家庭用水只占总取水量的10%，但这样的用水需求是集中性的，可以反映出当地水利用紧张的问题。通过更有效的家庭用水方式、增强家庭节水意识也能够在低成本条件下节约用水。

改进冷却塔冷却技术，可以减少25%～30%的热电工业用水；更新工业设备、增加污水处理率、增加循环用水可以减少制造工业用水。随着科学技术的不断创新和发展，水保持领域的技术发展将有望显著减少取水量。

8.3.2　水管理

水管理（water management）是一个复杂的话题，随着水需求的不断增加，也将变得越来越困难。尽管在许多干旱半干旱地区水的供给问题很严峻，但在湿润多雨地区不少大的城市一样存在类似的问题。解决这样的问题，需要寻找备用资源、更好地保护与管理现有的可用资源，包括控制人口的增长。

不少城市已经将水当作像油气一样的商品，在市场上买卖，这样会出现水价与水配置的动态变化，会提高水的利用效率。比如，农业灌溉地区可能与城市合作，将部分用水供应给城市，以满足城市增长的水需求。通过节水措施减少农田灌溉的水损失，这种水资源的重新配置不会给农作物生长带来负面影响。如今，农业地区缺乏资金开展节水措施，而缺水的城市则可以资助农村节水工程的建设。很明显，将来水将变得越来越贵，如果水价合适，就可能会出现这样的用水策略。

水管理的一个重要目标就是需要认识到水太多与水太少是自然现象，但是可以被规划的，可以在可利用范围内进行水配置（water allocation）或平衡水需求。Luna Leopold（1915—2006）是美国河流与水资源学科的领袖人物。他在考虑地质、地貌和气候，还包括传统经济、社会和政治等因素基础上，提出了“水管理”（water management）这样一个新的理念，强调地表水和地下水都受制于自然因素，但是可以被调节的。在丰水年份（wet year），地表水是丰富的，浅层地下水也会得到补偿。这时候人们的注意力更多地集中在应对洪水上，而不是水短缺。然而，在干旱年份，又需要对策来克服水缺乏问题。从管理策略上讲，应该优先利用地表水，适当限制利用地下水，以保障地下水在枯水年份发挥更重要的作用；在枯水年份，可以适当以大于补给的速率来超采地下水，这超采的部分有望在丰水年份得到自然或人工补偿。

水越来越影响或制约一个地区或国家的发展。当前，一个新的概念使我们能够从全球尺度来看待水资源，那就是“虚拟水（virtual water）”，是指生产某个产品（比如汽车或一个面包）必要的水量。之所以称为“虚拟”，是因为这些水分似乎是看不见的。

由于商品的流动性，虚拟水概念认为，一个地区的人可以通过进口产品来影响另一地区的水资源。比如，美国和巴西利用大量水资源生产粮食产品出口到其他国家，而这样的用水过程也给当地水供给和水环境带来了压力。对于地方性或全球性水资源规划，虚拟水的概念是有意义的。一个受水资源困扰的干旱国家或地区，从其他水资源丰富的国家或地区进口粮食，将更有利于利用当地水资源来发展其他水用途。

8.4　水资源开发利用的环境问题

8.4.1　水利工程的影响

虽然建坝可以追溯到几千年以前，但事实证明，到 20 世纪，大坝的数量、类型和规模才开始激增。1950 年世界上高 15m 以上的大坝仅 5000 处，而 2002 年已达 49700 处，85%的大型坝是最近 35 年间兴建的。根据中国大坝委员会秘书处的统计（贾金生等，2006），2005 年年底，世界上已建 15m 以上的大坝有 50000 多座，其中中国有 22000 多座，占 44%；其次为美国，有 6510 座，占 13%。

世界的水需求量从 20 世纪中期开始到目前为止已增长了 3 倍。为适应水需求量的迅速增长，不得不大规模建设堤坝，改变河流通道。现在建造的大坝有多种用途，包括供水、灌溉、发电、防洪和疗养娱乐等。在很多情况下，大坝的多种用途普遍为人们所公认，能够产生多种效益。遗憾的是，有些用途相互制约，之间存在矛盾。例如，水库的高水位，对干旱期灌溉是一种合适的储水方法；然而，对于防洪水库水位应尽可能低些，以便调节洪水保障人们的生命和财产安全。

从另一个角度看，水利工程所产生的各种影响也是很显著的。确切地说，是以某些自然、社会环境和土地资源等为代价的。一些不恰当的水利工程，更是对区域的水沙平衡有巨大的影响。

水库大坝坝址是水利水电工程的枢纽，大坝建成后水库蓄水，库区的地质环境将发生明显的变化，主要表现在以下几方面。

8.4.1.1　水库及上游淤积

对水利工程来说，流域管理中受到广泛关注的是水库淤积问题，也是在开发水资源、水能资源过程中的全球性工程问题。世界上任何一条河流都夹带泥沙，河流含沙率最高的是我国的黄河，含沙率为 2.20%，最低的是非洲第二长河——扎伊尔河（又称刚果河），含沙率为 0.0034%。

水库淤积会引起库区及其周围环境发生变化，并使水库使用寿命缩短，这是大坝对环境的第一个影响。例如，我国黄河三门峡水库集水面积 688421km^2，设计库容 96.4 亿 m^3，在 1960—1978 年内，水库总淤积量 37.6 亿 m^3，占总库容的 39%。这样的事例在国外也很多，如哥伦比亚的安契卡亚大坝，于 1955 年建成，但 21 个月以后约 25%的库容充填了沉积物，7 年后水库失去了蓄水的能力，使得原本规划利用水能而耗资几百万美元建设的电站只能靠河水来发电了。

水库淤积不仅缩短水库的使用寿命，而且会给上下游防洪、灌溉、航运、排涝治碱、工程安全和生态平衡带来影响。水库的建设极大地改变了原河流水动力条件和河流地质作用，使其侵蚀、搬运和沉积作用发生很大的改变。水库淤积不仅对上游和库区产生极大影响，而且由于清水下泄，下游水流冲刷作用增强，向下侵蚀显著，河道下切，河流变直，可导致部分河段岸坡不稳，出现裂缝、坍塌、滑坡，甚至出现负比降等不良现象。

8.4.1.2　库岸失稳

由于水库蓄水或其他人为因素导致库岸滑坡、崩塌、塌岸等现象，使库岸失稳。

意大利瓦依昂水库滑坡，是一个惨痛的例证（钟立勋，1994）。该水库坝高262m，为当时世界上最高的双曲拱坝。水库蓄水后（1963年10月9日），该左侧坝肩山体突然以高达25～30m/s的速度沿层面下滑，约2.7亿m^3岩土冲入库内，激起的涌浪高出坝顶100余m，库水奔腾而下，摧毁了下游3km处的一个村庄，造成近3000人丧生，使整个水库也变成“石库”。1961年3月6日我国湖南柘溪水库塘岩光滑坡也造成巨大损失，水库蓄水仅18天，由砂岩夹板岩组成的岩体，突然间165万m^3的岩体下滑形成高达21m的涌浪，造成人员重大伤亡（金德镰，王耕夫，1986）。

8.4.1.3　水库浸没

水库蓄水后水位抬高，引起水库周围地下水水位雍高。当库岸低平，地面高程与水库正常高水位相差不大时，地下水位可能接近甚至高出地面，产生种种不良后果，这种作用称为水库浸没，如图8.5所示。

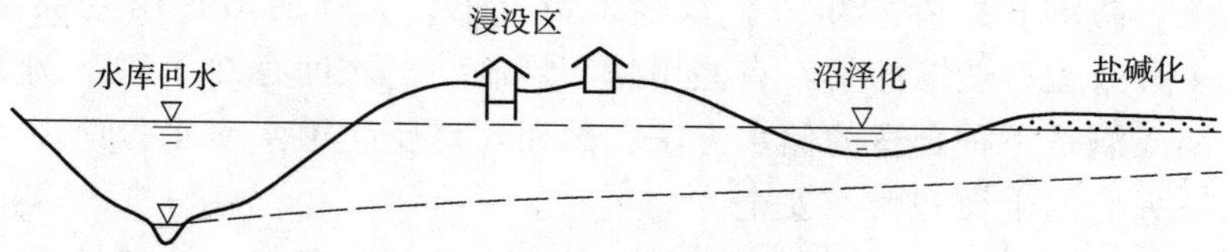

图8.5　水库回水及浸没示意图

水库浸没主要发生在水库的周边和下游地区，对库周的工农业生产和居民生活危害很大，能够使农田沼泽化和盐渍化，使建筑物的地基强度降低甚至破坏，还能造成附近矿坑渗水，使采矿条件恶化。

8.4.1.4　水库诱发地震

水库蓄水可以诱发地震，通常最大震级不超过6.5级，震源深度多在3～5km，强度不大，烈度偏高。然而，水库诱发地震所引起的灾害有时是很严重的。比如，印度珂依纳水库地震使该城市大部分砖石结构建筑倒塌，死亡177人，伤2300余人，不得不放空水库进行加固处理。1962年3月，我国广东河源市新丰江水库有过一次由于水库蓄水诱发的“大地震”：震中在大坝下游约1000m，震源距离地下5000m，强度为6.1级。地震造成房屋倒塌数千间，死伤数人，水库边坡发生地裂、崩塌和滑坡，在大坝右侧坝肩108m高程处产生82m长裂缝，后来加固处理的花费巨大（龚鸿庆，1982）。

8.4.1.5　水库对下游的影响

有些河流的泥沙中挟带肥料和营养物较多，建坝后泥沙被截留库中，当上游大量取水引起水库下泄水量减少时，下游将发生许多新问题。典型的例子，如埃及的尼罗河每年挟带1亿多t泥沙，淤积于下游两岸，当阿斯旺高坝建成后，泥沙被截留库中，排入地中海的水量又大量减少。其结果不但致使下游农田逐渐失去肥源，流入地中海的鱼类饲料被隔断，而且地中海海岸的冲刷得不到泥沙淤积的补偿，原有的自然平衡状态受到破坏，以至于海岸线迅速后退，海岸村庄被淹。

8.4.1.6　水库对水质的影响

从地球化学和生物地球化学的观点，水库蓄水对原来的水生系统会产生显著的改变。上游冲刷下来的泥沙淤积后会增加库区水体氮磷含量，容易诱发水库富营养化，使水体中细菌和水藻大量繁殖，使水中氧的含量降低，对库区水质产生影响。

另外，水库上游的工矿企业或土壤本底中会含有有毒物质，由于“三废”的排入或暴雨的侵蚀作用，致使含有大量有毒物质的水和泥沙流入库内，使水库水质和底质受到显著影响。

8.4.1.7 大坝事故

在筑坝期间或建成之后，若大坝的安全没有保证，就可能出现大坝倒塌的事件。大坝选址，就像大坝的结构和所用的材料同样重要。

美国加利福尼亚州的旧金山大坝由自学成才的工程师威廉·墨尔霍兰德牵头负责开始修建，大坝于1926年竣工，并于1928年首次投入使用。因为没有在建坝前进行地质调查，该坝基的2/3坐落在云母片岩上，1/3坐落在含石膏细脉的砾岩上，干燥时岩石很坚硬，而遇水后变软。大坝首次灌满水后，就出现裂缝。5天后即1928年3月13日凌晨，60m高的大坝坍塌溃堤，4000多万m^3的大水涌进峡谷和下游流域，造成了生命财产的重大损失，大约有500多人丧生。这是美国20世纪最大的水利工程事故。大坝给下游带来财富的论点，给人们造成一种安全的假象，因此，人们在冲积平原上建房，并开荒种地。然而，当上游建坝数量增多、再考虑到可能发生的事故时，大坝下游可能面临更多的威胁。

8.4.1.8 对区域水平衡的扰动

20世纪50年代后期，由于急切希望改善农业生产面貌，我国华北平原除修建了地表引水工程外，还修建了不少拦蓄降水的“平原水库”，有人甚至提出了实现华北平原河网化的口号，以期“水不出田”，保证旱季灌溉用水。但这样做的结果是干扰和破坏了正常的水量平衡。由于排水途径不畅，又恰逢丰水年，使地下水位急剧上升，土壤次生盐渍化普遍存在，反而使农业生产受到了损失。随后取消了“平原水库”，并停止了全部引水工程，地下水位便逐步下降，土壤次生盐渍化也基本消除。

8.4.1.9 其他方面的影响

建坝会导致许多其他环境和社会问题。比如，坝区的移民和水量蒸发问题。埃及建阿斯旺大坝时，移民10万人；干旱地区由于蒸发而损失大量的水，美国西南部的纳赛尔水库，蒸发掉的水量约150亿m^3，大约相当于水库水位下降3m的水量。另一方面，人工湖的重要影响还在于附近地区形成的小气候，这对当地的居民生活和农作物生长是有益的。

8.4.2 水资源枯竭

8.4.2.1 过量引用地表水导致河湖干涸

在世界上，由于无计划、无限度地使用水资源，已使许多河流断流并消失，许多湖泊的面积也日益缩小以至消没。这种情况对水生生态系统的破坏性影响是不言而喻的。最典型的例子是位于中亚哈萨克斯坦与乌兹别克斯坦交界处的咸海（Aral Sea），20世纪90年代它曾是世界第四大湖。1960年之前，每年都有约550亿m^3水流入咸海，然而从1981年到1990年间，由于过量引用河水种植棉花，每年注入咸海的水量降到70亿m^3，这导致湖面已缩小了一半，容积缩小了3/4，24种鱼类中有20种已消失，到2014年咸海已经消失。图8.6是美国国家航空航天局（National Aeronautics and Space Administration，NASA）发布的1989年和2008年咸海水域范围的卫星照片。

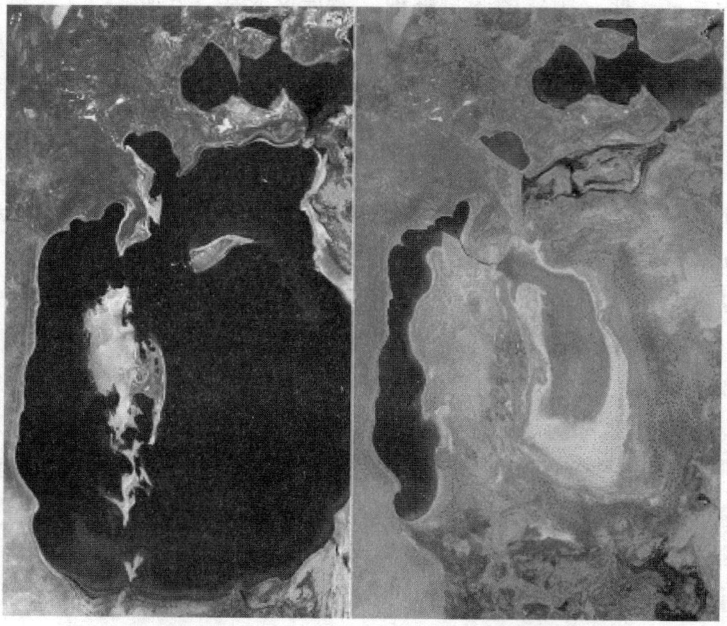

图 8.6　咸海 1989 年和 2008 年水域面积对比图

中华人民共和国成立 60 多年来，在开发和利用水资源方面保证了工农业生产的发展，但在这方面也存在着一些严重的问题。尤其是华北、西北等半干旱与干旱地区，过量引用地表水已导致河、湖干枯。以黄河为例，20 世纪 50 年代黄河沿岸引黄灌溉的面积只有 80 万 hm^2，1997 年已达到 730 万 hm^2，各地用水量成倍增长。2000 年黄河沿岸各省（自治区）向黄河水利委员会提出的年需水量为 747 亿 m^3，经压缩后仍然达到 600 亿 m^3，而黄河多年平均来水量却只有 580 亿 m^3，其中可供利用的水量仅为 370 亿 m^3。由于缺水，黄河沿岸城乡人民生活用水多次发生危机。另一方面，很多地区的节水意识又极其淡薄，在枯水年农业灌溉仍然大引大灌，浪费严重。1972—1999 年的 28 年内，黄河下游利津站有 22 年断流，平均每 5 年就有 4 年出现断流，每年断流达 45 天之多。特别是 1997 年，利津站从 2 月 7 日起开始断流，全年断流 13 次，226 天，河口有 295 天无水入海，创下了断流时间最早、断流河段最长、断流频次和天数最多的历史记录。黄河断流致使三角洲湿地面积急剧萎缩，地下水含盐量提高，生态环境恶化。

8.4.2.2　过量汲取地下水引起区域性水位下降

我国地下水资源的分布特征，具有明显的时空分布的不均匀性。在我国已有供水系统的城市中，地下水已成为城市主要的供水水源，这在北方城市中尤为突出。

在任何地区，地下水在未经大量开发之前，其收支基本上处于天然的动平衡状态，但在开采之后，地下水的动态平衡又要受人为的开采状态所支配。如果开采地下水总量不大于开采区补给总量（天然补给量及开采补充量），它的动水位只是在某个深度之内变动，这是属于均衡开采的地下水位下降。相反，总开采量大于总补给量，再加上开采的持久性，势必会造成疏干开采的区域性水位下降，这种过程就是地下水超采，如图 8.7 所示。开采地下水会引起地下水位下降，形成漏斗状凹面，人们称之为地下水降落漏斗。

根据我国国土资源部“1996—2000年全国主要城市和地区地下水水情状况”，黄淮海地区由于地下水开采量不断增加及降水量的减小，地下水水位在区域上呈不断下降趋势，地下水降落漏斗面积及漏斗中心水位埋深在不断增大。河北省地下水降落漏斗与河南省豫北地区及山东省黄河以西地区的地下水降落漏斗已连成一片，其中包括北京和天津两个直辖市，漏斗总面积超过4万km^2。比如：在东北，以辽宁省最为突出，沈阳目前每天约超采20万～28万m^3，已形成面积约300km^2、深25～37m的多中心降落漏斗，市区含水层储量由1962年的11.5亿m^3，减少到3.82亿m^3。

在华北，北京、天津等27座以地下水为主要供水源的城市，地下水的开采已严重过量。目前，整个华北平原水资源的开发利用已高达83.5%，而河北平原的巨大漏斗已经与北京、天津的降水漏斗连为一体，成为一个23000km^2的超级大漏斗，目前地下水水位年均下降速率达1～3m。

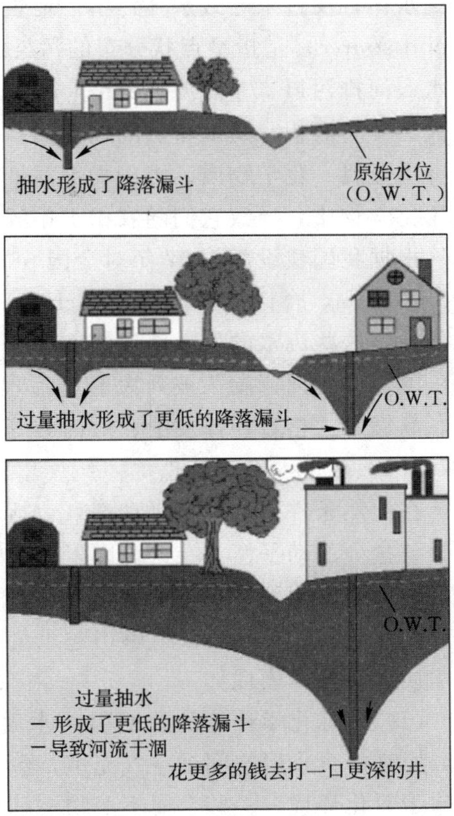

图8.7 过量汲取地下水导致水位区域下降

在长江下游苏锡常地区，就有开采地下水的深井2800余眼，从苏锡常到上海、嘉兴，形成了8000km^2的地下水漏斗，地下水位年下降速率1～3m，部分地区大于3m，由此引发的地下水水质恶化正在威胁江南未来的水源地。

区域性水位下降直接的影响表现为由于水位下降深度超过井泵的设计开采深度而造成吊泵或枯井，原来的抽水设备抽不上水，潜水泵不得不被深井泵更换等水资源枯竭的现象（表8.4）。

表8.4 我国部分城市历史上深水井报废或吊泵的情况（周学志，1994）

城市	上海	北京	唐山	沈阳	哈尔滨	南昌	沧州	天津	石家庄	海口
报废井数/口	1100	200	20	56	100	200	36	169	39	80
调查年份	1956	1972	1985	1962	1986	1983	1980	1987	1982	1986

8.4.3 水质恶化

水质恶化（water quality deterioration）是水体在自然因素或人为因素影响下，导致水质量不断下降的现象。由于各种原因，经过利用的水常常被污染，如生活污水、生产废水等。如果在未经处理或处理不合格时排放会引起地表水体或地下水污染；而由于环境地质条件的改变引起水文地球化学条件的改变，进一步导致水体污染的情况也是很普遍的。

8.4.3.1 地表水水质恶化

水资源经过利用后，不同程度地混入了有毒有害的物质，形成污、废水。污染水被排放到水体，反过来导致水体污染。地表水污染分为点源污染和非点源（面源）污染。点源（point source）是指呈点状分布的污染源，通常不连续且范围狭窄，例如工业或城镇污水、废水入河排污口。非点源（non-point source）与点源相对，呈面状，看不见排放口，具有较大的分布面积，是散布、间歇性的。比如，常见的城市非点源包括街道空地的径流，常含有重金属、化学物质、沉积物等污染物；在广大农村地区，不合理地使用化肥、农药等农用化学物质，导致它们随农田水排放或随水土流失而对地表水造成日趋严重的影响。

根据我国建设部1997年对全国668个城市的工业废水与生活污水统计，总排污量为416亿m^3/a，合计化学耗氧量（chemical oxygen demand，COD）1757万m^3/a，而乐观地估计，这些废水的处理率仅为23.6%。“九五”期间，淮河、海河、辽河以及太湖、巢湖、滇池“三河三湖”被列为重点治理对象。从全国范围来看，水体主要污染指标是氨氮、高锰酸盐指数和挥发酚、石油类等。

8.4.3.2 地下水水质恶化

在天然条件下，地下水动态（包括水位、水量、水质及水温）处于动平衡状态，比如水分与盐分的动平衡。在人为因素的支配下，不仅水量平衡会被打破，水盐平衡也会被打破，前者表现为地下水位的变化，后者表现为水质的变化。在很多地下水开发利用地区，区域性地下水位下降不仅能够引起水量平衡的破坏，也是水盐平衡破坏的主要因素。地下水水质恶化具体表现如下。

（1）地球化学环境的改变引起水质恶化。由于强烈开采地下水使地下水位大幅度降低，原来的含水层空间被空气充填，包气带厚度加大。其结果使得原来的还原缺氧环境被趋向于氧化环境，一些金属不溶物被氧化成游离的金属离子，淋渗到开采层中。比如原含水介质中含有黄铁矿，因为地下水位下降而暴露在气相中，容易被氧化，导致三价铁、硫酸盐含量增大。当水位上升或在雨水淋滤下，地下水中铁、硫酸盐浓度提高，矿化度提高。

（2）沿海地区海水入侵引起水质恶化。在近海地区大量开采地下水，使得陆域地下水位低于海平面，从而导致海水向内陆含水层侧渗的现象，通常称之为海水入侵（saltwater intrusion）。这种现象可导致地下水水质变咸，盐度提高，在国内外都有实例。

近年来，我国沿海地区的主要城市和农业发达地区都发生了海水入侵。问题比较严重的地区主要有辽宁的大连市、河北的秦皇岛市、山东的潍坊—龙口—青岛市、福建的厦门市以及广西的北海等。

2007年，我国国家海洋局启动了海水入侵、盐渍化监测工作，结果显示，辽东湾和莱州湾滨海地区海水入侵面积大，南方滨海地区海水入侵面积小。影响海水入侵的因素除有水文地质条件和地形地貌条件外，气候条件和人类活动是产生海水入侵的重要因素。北方干旱少雨、水资源不足，过量开采地下水，是引起海水入侵的主要原因。

比如，辽东湾北部及两侧的滨海地区，海水入侵的面积已超过4000km^2，其中严重入侵区的面积为1500km^2。辽东湾东、西两侧滨海地区，由于人为过量开采地下水，破坏了咸淡水的平衡界面，加剧了海水入侵。尤其是营口、锦州和兴城现代渔业园区海水入侵现象最为严重，分布特点是由海岸向陆地呈带状分布（王传珺等，2014）。

又如，山东省莱州湾地区是经济发达的沿海开放地区，其海水入侵具有动态变化大、潜在危害大、难以治理等特点。多年来，莱州湾东、南沿岸的海水入侵灾害一直在发展。1989 年海水入侵面积达 627.3km^2，1995 年达 762.5km^2，地下水漏斗负值区超过 2000km^2（庄振业等，1999）。

（3）含水层连通导致水质恶化。在内陆地区开采深部地下水时，由于区域性水位降低，上部高矿化度水通过弱透水层越流及隔水层尖灭处的绕流补给，使开采层地下水水质恶化。

强烈开采地下水不仅导致资源量的枯竭，而且会伴生水质恶化。目前城市开采一般都是深层开采，一旦污染了深层水源，其治理、修复是非常困难的。

（4）地表化学物质侵入导致地下水污染。由于地表污水排放、固体废弃物淋滤、农田过量施肥、地下储藏罐泄漏导致地下水遭受无机、有机化学物质的污染问题已越来越突出。如重金属、硝酸盐、石油烃等污染事件在全球普遍存在，尤其是发展中国家，严重影响到人类饮用水源的质量。近年来，欧美等国家在该领域的发展很快，在有机类污染含水层修复方面已经形成产业化。

8.4.4　地面变形

8.4.4.1　地面沉降

地面沉降（land subsidence）又称为地面下沉或地陷，它是在人类工程经济活动影响下，由于地下松散地层固结压缩，导致地面标高降低的一种地表下降。抽汲地下水是引起地面沉降的主要因素，另外采掘固体矿产、开采石油与天然气等人类工程经济活动也能够导致地面沉降。

近半个世纪以来，世界上许多国家的工业城市发生了地面沉降现象，特别是沿海工业城市的地面沉降最为严重。如墨西哥首都墨西哥城，由于长期过量的开采地下水（日平均开采量 81 万 m^3），使地下水位下降到－30m 以下，造成地面沉降严重，年沉降率约几十厘米，至中国 1950 年该城已下沉 6m 之多。近几十年来日本东京下沉了 4m，大阪下沉了 3m。在中国台湾某地面沉降地区路面填高后，老房子有半层楼在地面下，新楼则特别加高以留出下陷空间（图 8.8）。

图 8.8　中国台湾某地面下陷地区新老房子的差异

目前我国已有几十座城市受到地面沉降的威胁，比较严重的城市北方有天津、沧州、西安、太原；南方有上海、阜阳以及苏锡常（苏州、无锡、常州）地区，其中上海和天津的沉降超过 2m，太原和西安也超过 1m。根据殷跃平（2005）的报道，20 世纪 90 年代初，上海、天津、北京、江苏、浙江、河北等 16 省（自治区、直辖市）地面沉降面积合计约为 48700km^2，到 2003 年已累计达到 93855km^2，形成了长江三角洲、华北平原及汾渭断陷盆地等地面沉降灾害严重区。90 年代末，苏锡常、杭嘉湖及上海市累积沉降超过 200mm 的面积近 10000km^2，为总面积的 1/3，并在区域上有连成一片的趋势。以上海市中心、苏锡常、嘉兴为代表的沉降中心区的最大累积沉降量分别达 2.63m、2.80m、0.82m。地面沉降主要是由于超量集中开采地下水，造成地下水水位的大幅度下降，含水介质压密所致。

地面沉降可在相当大的范围内使地面高程累积损失，可使水准测量高程基准网失效。其直接威胁体现在方方面面，例如建筑物下沉开裂破坏、地下管网断裂、在沿海地区加大海水入侵及内涝积水、使河道淤积、降低河流的泄洪与抗洪能力、桥基下沉失稳、桥梁净空减小、降低通航能力、影响交通运输等等，对人民生命财产造成严重威胁，在土地资源可持续利用等方面，都有相当不利的影响。

过量地抽汲地下水是导致地面沉降的主要原因，这种事实已被国内外学者所公认。因此，减轻地面沉降灾害的措施中最主要的是人为控制地下水的开采量。比如，上海市从 50 年代每天开采 30 余万 m^3，减少到 80 年代每天开采 4 万 m^3，使地下水位得到回升，地面沉降量由每年 22mm 减少到 5mm，地面沉降基本上得到控制。

8.4.4.2 地面塌陷

地面塌陷（land collapse）通常是指岩溶发育地区在人为活动或天然因素作用下，特别是在水动力条件改变引起的环境效应作用下，上覆土层或隐伏岩层顶板失去平衡发生的下沉或突然坍塌现象（图 8.9）。

图 8.9 由于抽水引起的地面塌陷

地面塌陷主要发生在岩溶水分布地区，根据形成塌陷的主要原因分为自然塌陷和人为塌陷两大类。前者是地表岩、土体由于自然因素作用，如地震、降雨、自重等，向下陷落而成；后者是由于人为作用导致的地面塌落，特别是城市地下水集中开采局部地段较为多见。

地面塌陷的分类很多，目前认为比较合理的是陈国亮（1994）提出的三级分类方案，具体见表 8.5。

表 8.5 岩溶地面塌陷的分类

Ⅰ级（按成因）	Ⅱ级（按诱发因素）	Ⅲ级（按塌坑数量）
自然塌陷	地震、地表（地下）水位上升	大量 $n\geqslant 1000$ 中量 $100\leqslant n<1000$ 少量 $10\leqslant n<100$ 个别 $1\leqslant n<10$
自然-人为塌陷	降雨入渗、地表水入渗、灌溉水入渗	
人为塌陷	排水塌陷、抽水塌陷、渗水塌陷、蓄水塌陷、振动塌陷、荷载塌陷	

在 20 世纪 80—90 年代，地面塌陷问题在我国分布较广，较为严重的城市有：辽宁的大连，河北的秦皇岛、唐山，山东的济南、泰安、淄博、枣庄，湖北的武汉、黄石、咸宁，湖南的怀化、娄底、黔城、湘潭、郴州，江西的九江、宜春、上高，云南的昆明，贵州的贵阳、水城、安顺、遵义、六盘水、清镇，广西的桂林、柳州、玉林，广东的广州、

肇庆等数十个城市。其中破坏强烈、影响较大的有：大连、秦皇岛、泰安、武汉、桂林、水城、昆明等。受岩溶水分布的控制，南方的发生率高于北方。

地面塌陷带来了财产的损失、地形地貌和生态环境的影响，能够使大量的建筑物变形、倒塌、道路坍陷、土地毁坏、水井干枯或报废、风景点破坏等，给工农业生产和人民生活造成了很大损失。

8.4.4.3 地面裂缝

地裂缝（surface crack）是地表岩、土体在自然或人为因素作用下，产生开裂，并在地面形成一定长度和宽度的裂缝的一种地质现象。当这种现象发生在有人类活动的地区时，便可成为一种地质灾害。

地裂缝的形成原因复杂多样。地壳活动、水的作用和部分人类活动是导致地面开裂的主要原因，而过量开采地下水则能够诱发和加剧地面裂缝。

西安是我国地裂缝灾害最典型、最严重的城市，截至2011年年底，在西安地区经勘察确定的地裂缝带有14条（李勇，2014）。地裂缝的总体走向为NEE，彼此以0.6～1.5km的间距近似平行的展布。地质调查认为其成因与地壳活动加剧和过量开采地下水有关。西安市的地裂缝最早发现于1959年，1976年以后，发育规模和活动强度急剧增大。1977年以后开展了多年的调查研究，查明地裂缝是基底断裂活动在地表的反映。近年来，过量开采地下水，造成地面沉降，大大加剧和激发了地裂缝的活动。到1989年，西安城、郊区主要地裂缝有10条，最长10km，合计长40km，地面裂缝发生区面积150km^2，每条裂缝影响带宽度3～8m，最大10～30m。

西安市地裂缝活动给人民生活和生产建设造成了极大危害，主要体现在：房屋（含民房、楼房、车间、校舍、仓库等）损坏或毁坏；主道路、地下管道、深水井、礼堂、蓄水池、游泳池、停车场等公共设施遭受破坏；村寨、工厂、学校不同程度受损。自1990年8月起，西安市引入黑河水作为城市供水水源后，部分地段承压水开采量减少，该地段内地裂缝活动有所减弱。

8.5 小　　结

水是人类生存和人类文明的命脉。随着社会人口的急剧膨胀以及社会经济的快速发展，人类对水资源的需求量越来越大，由此引发的社会矛盾、资源供需矛盾、开发与环境矛盾也越来越突出。

我国水资源总量处于世界第6位，但人均占有水量仅列世界第110位，为世界人均占有水量的1/4，是13个水资源贫乏的国家之一。由于水资源分布时空的不均匀，我国31个省、自治区和直辖市中有一半以上人均占有水量低于全国平均量。这些地区地处沿海或中原，大部分分属辽河、海滦河、黄河流域，人口众多，社会经济发达，城市化程度高，在土地、矿产等天然资源及社会经济基础等方面都具有进一步发展的巨大潜力，而水资源短缺却成为可持续发展的制约因素。另一方面，当前我国水资源开发利用中却存在农业用水浪费惊人、工业用水重复率低等不容乐观的供求问题。

水资源开发利用尚不止于供需问题，在水资源开发利用过程中，还常常出现区域性水资源枯竭、海水入侵、地面变形、水质恶化等环境地质问题；人类构筑水坝、建筑异地调水工程也将引起上下游或周围水陆生态环境的改变。

在世界上，由于无计划、无限度地使用水资源，已使许多河流断流甚至消失，许多湖泊的面积也日益缩小乃至消亡。这种现象带来了更多的荒漠化、植被枯萎、水生生物难于生息、水资源缺乏以及水体咸化等问题。过量汲取地下水，引起持久性区域水位下降，不仅导致供水工程的报废，而且供需矛盾加剧，水资源枯竭成为遏制地区社会经济发展的瓶颈。

过多污秽和有害的物质流入水体，超出自然生态系统本身的环境容量时，就会形成地表水污染。一般来源于工业与城镇的点源污染相对容易管理与治理，而面源污染尤其是农业污染则更为复杂且难于防治。区域性地下水水位下降，同时会打破水盐平衡，如沿海海水入侵将导致地下水质恶化。

过量开采地下水，会导致地下松散层地面沉降、岩溶地区地面塌陷、诱发地面裂缝等灾害，并引起其他一系列次生危害，如建筑物开裂、地下管网损坏、河道淤积、泄洪能力降低、抗洪费用提高、地表水倒灌等问题，减少地下水开采量是控制这些灾害的有效措施。

水库大坝是典型的水利水电工程，能够发挥拦洪、灌溉、航运以及发电、旅游效益，在国家经济建设中发挥了巨大作用。然而，库区淤积、库岸失稳、库区渗漏、水库浸没、诱发地震、大坝事故、水质恶化等环境地质问题却也时常出现。

关 键 术 语

consumptive use	cone of depression	aquifer
Darcy's law	groundwater recharge	instream use
subsidence	non-point source	offstream use
point source	saltwater intrusion	water conservation
water cycle	watershed	water table
water management		

复 习 题

1. 我国水资源与国外相比，在数量、分布、开发利用等方面存在哪些差异？
2. 水需求包括哪些类型？
3. 水资源开发利用过程中存在哪些环境问题？
4. 过量开采地下水会造成哪些危害？
5. 水利工程存在哪些利与弊？

思 考 题

结合你的家乡阐述水资源的紧张程度，对于如何缓解供需矛盾，你有什么样的解决策略？

可 利 用 网 站

1. 中国南水北调. http://www.nsbd.gov.cn/.
2. 水资源频道. http://www.eedu.org.cn/water/.

3. 水政水资源网. http://www. szszyw. com/web/.
4. 美国水资源. http://www. usgs. gov/water/.
5. 水资源. https://en. wikipedia. org/wiki/Water_resources.
6. 全球水分布. http://water. usgs. gov/edu/earthwherewater. html.
7. 地下水环境网. http://www. dixiashui. cn/index. html.
8. 中国水资源状况公报. http://www. mwr. gov. cn/zwzc/hygb/szygb/qgszygb/.

第9章 土壤与环境

土壤是陆地环境的重要组分部分，是人类生存发展和环境友好的物质基础。本章的学习内容主要有：①土壤的概念及其形成和发育；②土壤肥力及其与土壤水分的作用；③土壤的分类，尤其是它的工程性质；④土地利用与土壤的关系；⑤土壤污染及沙漠化。

农民在春耕农田，准备播种，开始他们年复一年的农业活动。

土壤是我们周围环境的重要部分，陆地环境的各个方面都与土壤有着不同程度的联系。比如，我们利用土壤种植农作物来供应粮食，管理部门根据土壤性质规划土地是作为农业用地还是作为建筑用地，等等。如果缺乏土壤，农作物生长、植被生长将面临极其严重的根基问题，直接威胁到粮食安全和生态安全。另一方面，由于人类活动的影响，土壤越来越多地丧失其应有的资源作用，比如遭受污染，或被不合理征用。所以，土壤作为资源并加以保护是一个重要的议题。

9.1 概 述

土壤学家认为土壤（soil）是能够维持植物生长的容易流失的岩石风化产物，而工程上则认为土壤是地面以下所有的松散沉积物。

土壤最大的作用是用来耕种农作物以养活不断增长的社会人口，保障粮食需求安全。然而，土壤最大的问题也在于怎样才能维持并增长土壤的肥力，并最大限度地减少土壤侵蚀？在我们身边，土壤侵蚀极其普遍，而且侵蚀速率远远大于成土速率，土壤资源正在减少与退化。土壤侵蚀不仅引起土壤的流失，还会引起河流、湖泊水质下降和淤塞。

土壤性质，尤其是对土地利用有约束的性质，在一些环境工作中显得越来越重要。在土地利用规划（land use planning）中，评价某种特殊用途的土地性质非常重要，比如城市用地、农业用地，以及林业用地。

9.1.1　土壤剖面

地球上大部分面积被土壤覆盖，另外 10%为冰川，15%为沙漠，7%为山地。在亚热带和热带环境中，表土厚度常不足 1m，但下面土层及风化层厚度有时可大于 100m。

具有开发前景的土壤则有一系列明显的成层性，这种平行于地表的层状体系叫土壤剖面（soil profile），如图 9.1 所示。通常，发育成熟的土壤可分为如下 4 层：

O 层：主要由有机物质组成，包括分解的和正在分解的树叶、树枝等；该层的颜色呈深褐色或黑色。

A 层：该层由矿物质和有机质组成，颜色经常呈浅黑色到棕色，为淋溶层（leaching horizon）；在水分或其他液体的渗透作用下，该层的一些物质被溶解、淋滤或流失，进入下伏层位，比如黏土、钙、镁、铁等物质。

B 层：淀积层（accumulation horizon），通常沉积上覆层位淋滤下来的黏粒、铁、钙、镁等，形成富含黏粒、铁氧化物、硅土、碳酸盐。

C 层：由一部分母岩风化物组成，也可能含有河流冲积成因的砾石等。该层的下伏层位是未风化的母岩。

要了解土壤的形态特征及物理化学性质，一定要观察是否有 *O*、*A*、*B*、*C* 等层次，且要特别注意其母岩为何种岩石。

图 9.1　土壤剖面示意图

9.1.2　土壤性质

（1）土壤颜色。当我们观察土壤时，首先看到的是它的颜色，或者是剖面的颜色分层。由于富含有机质，*O* 层和 *A* 层总是呈现黑色。*B* 层颜色变化大，从棕黄色到棕红色到红褐色都有变化，这与黏土矿物和铁氧化物含量有关。

土壤颜色或许是土壤通透性好坏的一个指标，通透性好的土壤含氧量高，常具有氧化条件，比如含铁高的土壤呈现红色；对于通透性差的土壤，湿度大，多呈黄色，且多与环境问题联系在一起。比如，这种土壤的稳定性较差。

（2）土壤质地。土壤质地（soil texture）是土壤物理性质之一，指土壤中不同直径的矿物颗粒的组合状况。土壤质地与土壤通气、保肥、保水状况及耕作的难易有密切关系，是土壤利用、管理和改良措施的重要依据。土壤质地的划分取决于其中砂粒、粉砂和黏粒占有的比例。按照分级，黏粒直径<0.004mm，粉砂直径为 0.004～0.063mm，砂粒的直径为 0.063～2.0mm，而大于 2.0mm 的称为砾石、卵石和漂石等。根据这些组成的比例可以给土壤质地命名。比如，某土壤样品中，砂粒比例 43%，粉粒比例 37%，黏粒比例 20%，通过作图在图上汇聚一个点，该点落在壤土范围，即表明该样品为壤土（loam，图 9.2），是一种黏粒、粉粒、砂粒含量适中的土壤。土壤质地的命名有砂土、砂壤土、轻壤

土、中壤土、重壤土、黏土等。

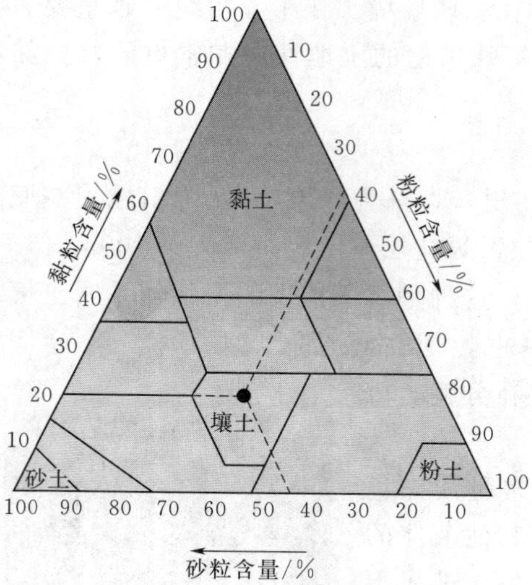

图 9.2 土壤质地的区划与命名图示

土壤质地可以在实验室通过筛分测量颗粒体积和比例来鉴定，也可以在野外用经验鉴定。比如砂粒有砂感，咬在牙齿间有响声，粉砂类似于面粉，而黏粒有黏性；当潮湿的手与土壤颗粒接触时，有脏感，当手干燥后，黏粒不会容易去除，但粉砂和砂粒则不然。

(3) 构造。土壤颗粒常常黏结在一起，形成形状不同的几种类型，包括粒状、块状、柱状和扁状聚合体（表 9.1）。在不同的土层中，聚合体的形成也常有差别。比如，粒状聚合体更多地出现于 *A* 层，而块状和柱状的聚合体常出现在 *B* 层。在评价土壤剖面形成年代时，土壤构造的鉴别具有重要作用。一般地，在剖面形成过程中，构造会趋于复杂，可以由粒状向块状和柱状过渡。

表 9.1　　土壤颗粒的聚合类型

聚合体类型		大小范围/mm	通常出现的层位	备注
粒状	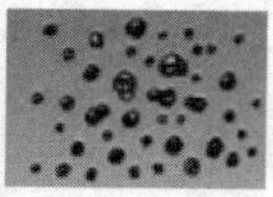	1～10	*A*	也可出现在 *B* 和 *C* 层
块状	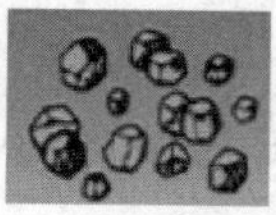	5～50	*B*	
柱状		10～100	*B*	
扁平状		1～10	*A*	出现在颜色较浅的淋溶层

9.1.3 土壤肥力

土壤肥力（soil fertility）是指土壤向植物提供合适营养物比如氮、磷、钾等元素的能力。洪水沉积和冰川沉积的土壤富含营养物和有机质，具有天然的肥力。然而，在淋滤能力强的土壤层，以及有机质贫瘠的松散沉积物层，营养物含量和肥力通常较低。

土壤是一个复杂的生态系统，一个立方的土壤体内可包括上百万的生物体，包括啮齿动物、昆虫、蚯蚓、藻类、真菌和细菌，它们在土壤的聚合和通透性方面起到了重要作用，有助于营养物释放和转化到植物需求的形态。

然而，土壤也会因为被侵蚀或被淋滤、流失营养物而丧失肥力。一些自然作用如洪水可以提供营养物，但农药的施用又会改变或毁坏土壤生物，从而又改变土壤的质地。

9.1.4 土壤水分

当你面对一块土壤时，可以发现土壤具有固体矿物和有机物质外，还会发现它们之间有不少的空隙。当出现降水时，土壤通常会接受降水的入渗，导致土壤不同程度地储蓄一些水分。当土壤空隙充满水分时，可称为饱和土壤，否则可称为不饱和土壤。在湿地，土壤可常年处于饱和状态，而在干旱地带，土壤又常常是不饱和的。土壤水分含量没有固定的比例。

土壤中水分含量和水分迁移是非常重要的研究课题，它们都与水污染有关。比如，地表燃油储藏罐的泄漏、小区化粪池的泄漏、污水管网的泄漏以及垃圾填埋场渗滤液等，污染物都是在水的运动中迁移的。

9.1.5 土壤分类

从环境地质学视域，我们不仅关心土壤本身的作用，还要关心人类对土壤的利用。土壤学家根据土壤的性质对土壤进行了详细分类，工程学家根据土壤的组成和含水性以及工程性质对土壤做了分类，两者有明显的差别。因此，环境地质学工作者需要分别熟悉这样的分类。

（1）土壤分类系统：土壤学家建立的综合性土壤分类系统强调了土壤剖面的物理和化学性质，它根据土壤的形态、营养状态、有机物组成、颜色以及气候因素（降水量和温度等）分类。比如，美国将土壤分成新成土、变性土、始成土、干旱土、软土、火山灰土、灰土、淋溶土、老成土、氧化土、有机土等11大类，然后再细分，共6个分级。我国1988年全国第二次土壤普查汇总成果中，确定了11个土纲、27个亚纲、60个土类、233个亚类的分类系统。土壤分类系统的主要用途是农业和相关的土地利用，因此土壤学家和第四纪地质学家认为这样的分类是很必要的。然而，由于分类太复杂、缺乏足够的工程信息，在以场地工程评价为目的工作中该分类的适用性不强。

（2）土壤的工程分类：所有自然土壤都是由粗细不一的粗砂质、细砂质和有机质物质组成，工程实践中对土壤的分类相对土壤学家的分类更为简单而直观，通常按照土壤颗粒大小和有机质含量来分类。比如美国将土壤分为3类：粗粒土（coarse-grained soil）、细粒土（fine-grained soil）和有机质土（organic soil）。对于有机质土，很容易根据其颜色（黑色、灰黑色）或发出的气味来鉴别。

9.1.6 土壤的工程性质

在地下环境，地下水位将土壤层分为包气带（也即渗流带）和饱和带，水位以下孔隙被水充填为饱和带，水位以上的则为包气带（图9.3）。在包气带中，土壤呈不饱和状态，固体、水和气体（如空气）组成了三相体系，其三相的比例和结构变化会明显影响土壤的利用。很大程度上，固体物质的类型、颗粒的体积和含水量是影响土壤工程性质的主要因素。这些工程性质包括：强度，灵敏度，压缩性，可侵蚀性，渗透性，收缩-膨胀性能等。

（1）土壤强度。土壤强度（soil strength）是指土壤抵抗变形的能力，这是没有办法去概括或给出建议值的量。由于土壤通常是混合物，在组成上具有地带性和成层性，具有不同的物理和化学性质，因此运用数值平均的方法可能会误导判断。

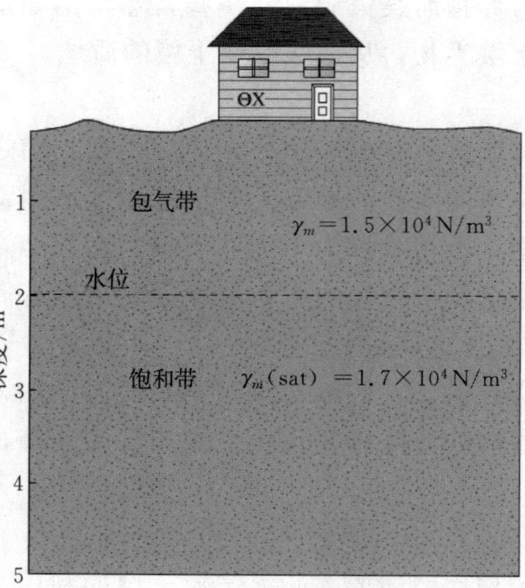

图 9.3　不饱和土壤和饱和土壤

对于某种类型的土壤，其强度是内聚力和摩擦力的函数。内聚力（cohesion）是细粒土在静电作用下相互黏结的能力量化指标，是判别细粒土强度的重要因素。在含水量大的粗粒土中，颗粒之间会存在水膜（图 9.4），其表面张力会引起颗粒之间的内聚力，这也是微湿砂土在干燥后内聚力消失的原因。比如一些沙滩雕塑，随着水分消失，雕塑上的砂粒慢慢会剥落。除了内聚力，摩擦力（frictional force）也是土壤强度的重要部分。总摩擦力是土壤密度、颗粒体积和形状以及上覆物质重量的函数，在粗砂和砾石中这是一个非常重要的指标。由于摩擦力的作用，当你走在沙滩上，你不会下沉得很深。

由于大部分土壤是细粒土和粗粒土的混合物，因此土壤的强度取决于颗粒的内聚力和摩擦力。尽管不容易概括土壤的强度，但是可以比较的。比如，富含黏土矿物和有机质的土壤，其强度通常比粗粒土强度低。

植被在维持和增强土壤强度方面具有重要的作用，它的根能够提供巨大的连接力来固结土壤（图 9.5）。

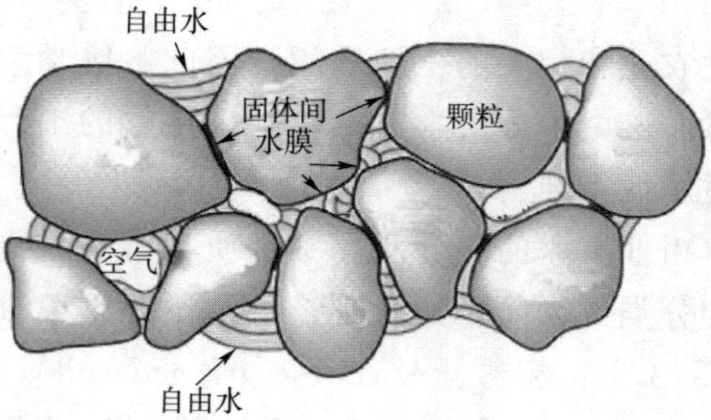

图 9.4　粗颗粒土中的水膜

图 9.5　植物根系对土壤的固结

(2) 土壤灵敏度。土壤灵敏度（soil sensitivity）是一种衡量土壤受到扰动后（比如挖掘和震动）土壤强度变化的指标。粗粒土黏土含量少，灵敏度差。随着细粒物质含量增加，土壤的灵敏度也逐渐增加。某些黏土受到扰动后，它们的强度会减少 75%甚至更多。

(3) 土壤压缩性。土壤压缩性（soil compressibility）是有关土壤固结或体积压缩能力的衡量指标，与土壤弹性有关，直接影响到土壤结构的重构，比如意大利比萨斜塔以及我国苏州虎丘的倾斜都与土体的压缩性有关（图 9.6）。土壤结构的过度变化可引起地基基础和墙体开裂。相对于细粒土，粗粒土可压缩性较低，比如粗砂、砾石和卵石。

(4) 土壤可侵蚀性。土壤可侵蚀性（soil erodibility）是指土壤物质被风和水带走的容易程度。大于 20%黏土的黏性土壤、混凝土固结的土壤以及富含粗砾的土壤，都不容易被水和风携带，因此具有低的可侵蚀性。

土壤侵蚀速率（soil erosion rate）是一个衡量土壤侵蚀的指标，指单位时间内单位面积上流失的土壤体积或质量。土壤工程性质、利用方式、地形和气候不同，土壤的侵蚀速率也是不同的。

测量土壤侵蚀速率的方法有几种。第一种方法是直接测量法，即在某一个坡面上连续监测至少几年的土壤流失量，来估算更大范围的土壤侵蚀速率，但由于测量坡面的代表性问题，这种方法不常用；第二种方法是通过测量水库蓄水库容的减少，来反映水库泥沙淤积量，从而估测水库流域土壤侵蚀速率；第三种方法是运用数学方程来预测，主要考虑的因素包括降雨量、径流量、坡面的体积和形状、土壤覆盖层因子和侵蚀控制系数等。

图 9.6　意大利比萨斜塔的倾斜

(5) 渗透性。土壤的渗透性（permeability）通常用渗透系数（或称水力传导系数，hydraulic conductivity，K）来表示，描述水穿过介质的能力，与速度的量纲相同。饱和的洁净的粗粒土具有较高的渗透系数（2～50cm/h），然而当细粒土充填于粗粒土中时，渗透系数会下降；对饱和的黏土，渗透系数很低（<0.025cm/h）。在细粒土、未饱和的土壤中，渗透性会变得复杂，因为存在毛细管作用，水会被颗粒紧紧吸着。在环境问题中，渗透系数是一个非常重要的土壤参数，关系到土壤排水、污染物的迁移、农业用地的可能性、废物处置以及一些岩土建筑的问题。

(6) 收缩-膨胀性。土壤收缩-膨胀性（soil shrink-swell）是指土壤得到或失去水分引起土壤体积增大或减少的现象。该类土壤也叫膨胀土（expansive soil），通常在吸收大量水分后膨胀，在水分消失后收缩产生裂缝。膨胀土中常见蒙脱石，这是一种黏土矿物，当充分吸水后其体积可以膨胀到原来的 15 倍。所幸的是，大多数土壤中蒙脱石的含量是有限的，体积膨胀比例通常不会超过 20%～50%。但是，当土壤体积膨胀超过 3%时就被认为有灾害的可能。

膨胀土导致建筑物毁坏的原因归结于土壤中含水量的变化，而影响含水量的因素包括气候、植被、地貌、排水和建筑物设施。在一些干湿季节变化的膨胀土分布地区，建筑物在设计上通常有膨胀土胀缩防治措施。植被能够引起土壤含水量的变化，特别是大型树木在干旱季节抽吸土壤水分更为突出，容易引起土壤干裂，因此在膨胀土地区，建筑物附近不适宜种植大型树木（图 9.7）。地形和排水设施也是评价膨胀土的重要因素，一些不利的地形和排水条件能在建筑物周围形成池塘，从而增加土壤的膨胀。对于这样的情形，可以通过改善排水条件来避免灾害的发生。

在土地利用中，规划者如果了解土壤的一些基本属性，对如何利用地质条件避免土壤膨胀灾害是十分有利的。由于黏性土壤具有低强度、高灵敏度、高压缩性、低渗透性以及不同程度的胀缩性，一些大型建筑、对地基变形有严格要求的建筑以及需要良好排水条件的建筑，应尽量避开其分布地带。否则，必须认真对待，在规划、设计和建设过程考虑特殊的建设材料和建设技术，以及较高的建设成本和未来的维护成本。

图 9.7 膨胀土的性质与危害

9.2 土壤利用与环境

人类活动对土壤的影响主要体现在方式、数量、径流强度、侵蚀和沉积等方面，而最重要的影响是改变自然土壤的功能属性，即不同的土地用途。

美国东部皮特蒙特高原（Piedmont）的泥沙监测数据表明，从1800年到2000年，沉积物产生量最为显著的是在1960年城市化开始阶段，如图9.8所示。数据表明土地利用方式的变化对一个流域及其产沙量的影响具有戏剧性。河流和天然的森林覆盖区通常被认为没有明显的侵蚀和沉积，水沙平衡相对稳定，然而当森林覆盖区被改造为农业用地，径

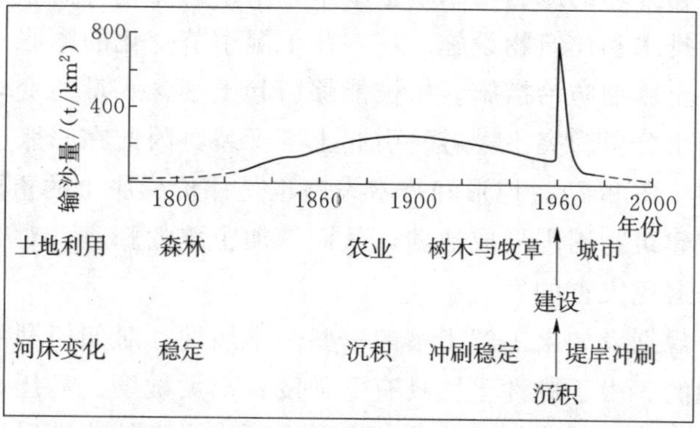

图 9.8 城市化前后泥沙产生量的变化

流和侵蚀则会增强。这样，河流会变得浑浊，其输送泥沙的能力会下降，从而导致沉积量增加，进一步可能导致洪水洪量增加，洪水频率增大。

9.2.1 森林用地

当土壤被森林覆盖后，降雨会因为森林的拦截而降低了对地面的冲击，从而减少土壤的流失；另一方面，森林地面的落叶层会增加地下径流量，减少地表径流量，也会有一部分降雨会因为蒸腾而回归大气圈。一旦森林被砍伐后，不仅降雨拦截和蒸腾减少了，而且地下入渗也减少，地表径流会增加。由于拦截的减少和地面径流的增加，更多的土壤会因为受到冲击而松动流失，河床会发生沉积。随着树木根系的腐烂，土体强度也会降低，可能会发生坡地失稳事件。图9.9显示了森林被砍伐后土壤侵蚀的增强作用。

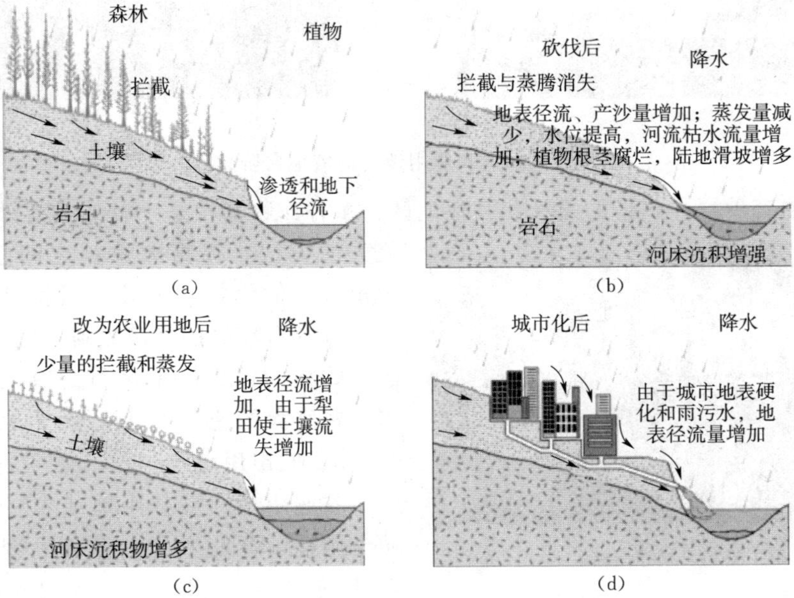

图9.9 森林被砍伐后土壤流失作用的增强

9.2.2 农业用地

在过去的半个多世纪，世界上大约10%的最肥沃的农业用地由于土壤侵蚀和过度耕作而毁坏。由于人口数量的增加，粮食供给安全成为增加农业用地的主要原因，原有的森林用地被改造成为农业用地。

森林用地改变为农业用地后，对降水的拦截和蒸腾明显减少，地表径流增加，加上耕作犁田因素，土壤流失量也会增加。但是，相对于森林砍伐后不种植的情形，农业用地对土壤保持更有利。

传统农业的直线式犁田和排水是不利于土壤保持的，一旦农作物被收割，土壤暴露后，风和水都可以带走土壤。虽然土壤是不断形成的，但其形成速率很慢，几十年才达到1mm厚。因此，控制土壤侵蚀速率并使之低于土壤形成速率是土壤保持的关键。保持土壤的几种实践经验如下：

(1) 等高式犁田：这是利用自然地形的一种常用的耕作方式，犁田方向通常与坡地倾斜方向垂直，而不是顺着坡地倾斜方向，这样可有效地减少由于径流导致的侵蚀。

（2）无犁田种植：这是一种没有犁田的耕作农业，大大地减少了土壤侵蚀。这种方式需要综合考虑种植与收割、除草和除虫方法。

（3）坡地台阶化：通过把坡地改造成平坦的台地，可以有效控制土壤侵蚀。运用一些石块或其他材料来形成围墙，稳定坡地，已经成为农业上广泛使用的防治土壤流失的耕作方法（图9.10）。

(a) (b)

图9.10 农业用地中的坡地台阶化

（4）作物套种：在热带的雨林和其他地区，多种作物套种是一种非常有效地防止土壤流失的方法，在高大植被之间整理出空地，种植上其他作物，过段时间就可以覆盖土壤了，且具有较好的经济效益（图9.11）。这样的方式在人口少的地区行之有效，但在人口多、密度大的地区难以持续。

图9.11 作物套种

9.2.3 城市用地

农业用地、森林用地或农村用地改造成城市用地，会发生一些显著的变化，过程中会伴随着产沙量的巨大增加和径流的增强（图9.12）。相应地，河流同时存在侵蚀和沉积两种作用，河床会变宽和变浅，随着径流的增强洪水灾害也会增多。在建筑物建成地区，地面通常被建筑物、道路和公园占用，混凝土硬化程度高，土壤流失大大减少。在这样的条件下，径流增加的河流会进一步侵蚀河床，使河床变深；但是，大面积土地不透水、暴雨时径流增加、下水道不畅，洪水的风险又会增加。

(a) (b)

图9.12 城市用地土壤侵蚀的变化

城市化直接影响土壤的途径包括：

(1) 一旦灵敏度高的土壤被扰动，强度会变低，即使是较轻的扰动，也容易导致其流失。

(2) 建筑用地常常需要从外地运来一些材料作为填土，比如其他地方的建筑垃圾或废弃土壤，从而导致土壤性质的差异。

(3) 排水可以导致土壤失水，从而改变土壤性质。

(4) 城市土壤容易受到化学物质的污染，在一些化学危险品工厂附近尤其严重。

9.2.4　土壤污染

一些化学物质包括有机化合物（如碳氢化合物、农药）和重金属（如硒、镉、镍、铅）对人体和其他生物体是有毒害的，当这些物质侵入到土壤中时，会导致土壤污染。污染物侵入土壤的途径很多，包括固体废弃物和化学危险品的不合理处置、农业施肥与除虫、污水排放与浇灌、有毒物质泄漏、有毒有机体的掩埋等。而土壤污染物影响生态系统和人体的途径，则包括水源、农作物和空气。

土壤污染能引起很大程度的社会反响，一是土壤利用功能因为遭受污染而终止，二是发现一直利用的土壤具有较长的污染历史。尤其后者，生态系统和人体健康是在不知不觉中受到了难以康复的侵害。由于废弃物的处置或者化学物质的随意倾倒，以及地下储藏罐泄漏，土壤遭受污染十分普遍。然而，土壤的修复是极其困难的，成本昂贵，周期长。常用的修复方法有挖掘后异位焚烧和生物修复（bioremediation），后者是一种利用自然界微生物降解作用或增强微生物修复作用去除污染物的方法（图9.13）。比如，对生物可降解的某些石油类或溶剂类化学物质，通过生物修复可以转化为无害的二氧化碳和水。对于土壤修复，通常倡导原位修复，不鼓励挖掘大量土壤进行异位修复。

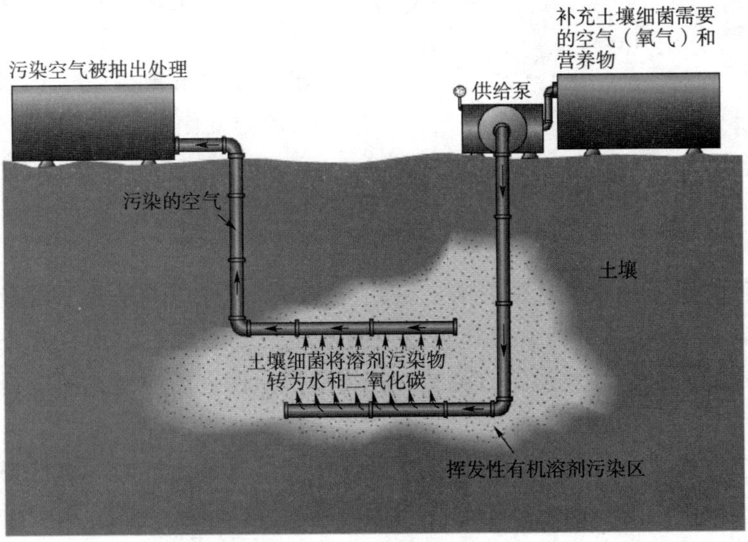

图9.13　土壤污染的生物修复技术

9.2.5　沙漠化

“沙漠化（desertification）”这一术语，最早被用来描述位于阿尔及利亚和突尼斯的撒哈拉大沙漠（sahara desert）的演变，其形成原因包括过度放牧、森林砍伐、严重的土壤侵蚀、灌溉农田的排水不畅以及过度消耗水资源等。

在环境问题频现的近 20 年来，“沙漠化”一词常常与干旱缺水一起被提及。比如在印度和非洲干旱缺水地区，提到人民的贫苦、饥饿和疾病，会与沙漠化联系一起。在高密度人口地区，不断向外围扩张，会导致过度放牧和外围植被被大量砍伐，从而出现人为诱发沙漠的现象。

全球沙漠化灾害主要分布在地球上的干旱地区，包括我国的西北部。我们可能会联想到某些环境问题是与沙漠化效应相关的，尤其是干旱。事实上，沙漠化过程不是一个连续和连片推进的过程，更类似于“拼凑、拼接”的过程，这与当地的水文、地质、土壤和土地利用方式有关。

沙漠化的主要症状包括：地下水位下降；浅层水土盐渍化；地表水分布面积包括河流、池塘和湖泊面积减少；土壤侵蚀速率明显加大；本土植被被破坏。经历沙漠化过程的地区，或多或少出现上述一些症状，可能是小面积的，也可能是大面积的。而且，这些症状之间也是相互关联的，比如：浅层土壤的盐渍化，可能会导致地表植被不能生长，进一步加速土壤的侵蚀，如图 9.14 所示。

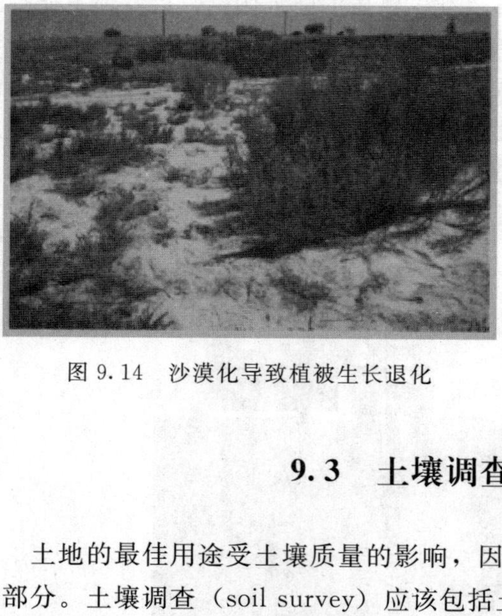

图 9.14　沙漠化导致植被生长退化

沙漠化的防治有以下措施：

（1）保护或改良高质量的土地，没有必要把大量的时间和资金花在贫瘠的土地上。

（2）通过简单而有效的措施避免过度放牧。

（3）发展农业种植技术，保护土壤资源。

（4）通过科学技术提高农作物产量，避免贫瘠土地被过度耕作。

（5）通过植被恢复、固沙固土等措施，促进土地修复作用。

9.3　土壤调查和土地利用规划

土地的最佳用途受土壤质量的影响，因此土壤的调查也应该是几乎所有工程项目的重要部分。土壤调查（soil survey）应该包括土壤描述、土壤水平和垂直分布的图件，以及土壤粒级、含水量、胀缩性和强度的测试，其目的是为探查场地潜在问题提供施工前的必要信息。

详细的土壤图件对土地利用规划很有帮助，比如可根据土壤的约束性将土地利用类型划分为：住宅用地、工业用地、污水处理系统用地、道路用地、娱乐用地、农业用地和森林用地。相关的土地信息包括坡度、含水量、可渗透性、岩石埋藏深度、可侵蚀性、胀缩性、承重强度和崩坍可能性。

对于某个特定的地区，土地利用的限制性可以根据详细的土壤调查图和相应的土壤类型描述来确定。

9.4 小结

工程上认为土壤是一些不需要爆破就可以搬迁的松散的地球固体物质，然而对于土壤学家来讲，土壤是那些有利于植物根系生长的地球固体物质。在环境地质学领域，对土壤及其性质有一个基本了解是非常必要的，比如土地利用规划、废物处置、自然灾害洪水、滑坡和地震的评价等。

岩石与水文循环的相互作用营造了土壤，在开放系统中土壤的形成会受到气候、地貌、母岩、时间和有机体作用的影响。通常，成土过程会形成明显的土壤水平分层，尤为重要的是发生在不同层位的淋滤、氧化和积淀作用。土壤的3个重要性质是颜色、结构（颗粒大小）和构造（颗粒的凝结）。

土壤是一个复杂的生态系统，其中许多的生物体能够把土壤营养物转化为植物可以利用的形式。土壤肥力就是一个衡量土壤向植物体提供营养物能力的指标。

土壤是一个多相组成的体系，包括矿物和有机质组成的固相、主要由空气组成的气相和以水为主的液相。水可以在土壤空隙中发生垂向和侧向的流动，形成非饱和到饱和的不同含水状态。土壤含水量以及水在空隙中运动的研究是环境地质学中非常重要的研究题材。

土壤具有几种分类，但却没有一种综合土壤学和工程学认识的分类方法，因此环境地质学工作者必须认识到土壤学与工程学上的分类差异。在许多环境问题中，土壤的工程性质认识是十分必要的，这些性质包括可塑性、强度、灵敏度、压缩性、可侵蚀性、渗透性、坍塌性以及胀缩性等。其中胀缩性是尤其重要的性质，在膨胀土分布地区，它常常引起一些环境灾害。

土壤侵蚀速率可以通过直接测量坡地上土壤流失量、水库沉积物积累量和公式计算的方法获得。其中，通用的土壤流失方程（universal soil loss equation）使用广泛，即通过影响土壤侵蚀的要素来预测土壤的原位流失量，这些要素也是土壤流失最小化管理的重要内容。自然产生和人为产生的沉积物，可能是最大的污染物来源。它们降低水体质量，堵塞河流、湖泊、水库和港口。在有效的土壤保持措施下，沉积物污染可以得到明显控制。

土地利用和地表水的开发会影响地表径流、土壤侵蚀和沉积物污染的类型、数量和强度。城市化常常引起土壤的流失、土壤性质的改变，建设过程中加速土壤侵蚀，导致土壤污染。当一些危险化学物质被有意或无意地添加到土壤后，会造成土壤污染，从而限制了土地利用，并构成危害生命的风险。运用一些创新技术可以修复某些性质的土壤污染，比如生物修复技术。如今沙漠化也是一个重要的话题，是土地从可生产状态转化为类似于沙漠的一个过程。这个过程也常常与干旱、饥饿和疾病联系在一起，其主要成因是过度放牧、森林的砍伐、严重的土壤侵蚀以及农田排水不畅和水资源的过度利用等。

在土地利用规划中，对土壤开展详细调查是十分重要的，包括一些图件和描述。利用调查的成果，可以对土地利用方式进行限制性分类，为土地利用规划提供信息。

关键术语

desertification　expansive soil　soil fertility
soil profile　soil strength　soil survey

复习题

1. 土壤剖面通常有哪些分类？
2. 农药的施用对土壤质地的影响主要体现在哪里？
3. 城市化对土壤有什么影响？
4. 土壤的性质有哪些？
5. 土壤调查应包括哪些内容？
6. 土地利用类型可分为哪些？

思考题

1. 为什么说土壤侵蚀会影响社会经济与环境的可持续发展？
2. 土地利用类型的变化可能会产生怎样的环境变化？比如将农业用地变为城市用地。

可利用网站

1. 土地资源，资源概况，国土资源部. http://www.mlr.gov.cn/zygk/#.
2. 第二次全国土地调查主要数据成果，国土资源部. http://www.mlr.gov.cn/tdzt/tdgl/decdc/.
3. 2014年全国土壤污染状况调查公报. http://www.zhb.gov.cn/gkml/hbb/qt/201404/t20140417_270670.htm.

第10章　矿产资源与环境

矿产资源是人类生活和生产中必要的物质基础，与社会文明有着密切的联系。本章将首先介绍当今社会利用的矿产资源类型以及开采方式；然后阐述人类开发利用矿产资源对自然环境的影响，出现的一系列环境问题，包括矿山“三废”排放对环境的污染、地面塌陷、水均衡系统破坏和坡地失稳等。

这是目前世界上第二大的人工露天钻石矿，位于俄罗斯 Mirny，由于产生强大的倒灌气流以至于附近没有飞行动物。该矿始于1957年，在2011年关闭，平均每年产出1000万克拉钻石。然而场地条件恶劣，冬天温度极低，从洞底到地面，卡车要行驶2h（Alrosa Mining Company，2004）。

矿产资源（mineral resource）可以被广义地定义为由地质成矿作用形成的单质或化合物或它们的组合，可以被开采并具有利用价值的，呈固态、液态或气态赋存于地壳内的自然资源。从矿床资源学来讲，更强调技术上可行、经济上有利用价值的自然资源，人们习惯上称之为矿产。

矿产与它们的衍生产品渗入到人类文明的各个方面——习俗、商业、福利和生活质量。在现代社会，矿产及其衍生品也随处可见，不仅能够反映一个家庭的富有程度，而且已成为一个国家或地区财富与权利的象征，是现代社会经济、政治与文化的支柱。尽管商业行为乃至战争可赢得和失去拥有矿产的权利，然而不可否认的是，矿产资源是不可更新资源（non-renewable resources），随着不断的开发利用，资源的储藏量与可开采量日渐减少，人类面对矿产资源的可利用形势也越来越严峻。

矿产在人类社会经济发展中具有极其重要的作用，然而在开发利用矿产资源的过程中，又常常引发一些环境地质问题，如地形地貌的改变，水均衡变化，地震，废气、废水和废渣（简称“三废”）的产生与污染，水土流失等，给人类社会发展形成了负面影响。

10.1 矿产资源分类

按照矿产的可利用成分及其用途，可将之分为金属、非金属、能源和水气资源4类（表10.1）。下面着重对前三类进行简要介绍，因为水气类主要是地下水，在前面有所介绍。

表10.1　矿产资源的分类

矿产类别		说明
金属类	黑色金属类	能提炼铁、锰、镍、钒、钴、钼、钨等钢铁工业所需原料的矿产资源
	有色金属类	能提炼铜、铅、锌、铝、锡、铋、镁、钛等金属的矿产资源
	贵金属类	能提取金、银、铂等贵重金属的矿产资源
	稀有金属类	能提取锂、铍、铌、钽、锑、汞、稀土元素等元素的矿产资源
非金属类		富含硫、磷、碘、硼等元素，以及重晶石、石棉、萤石、石墨、金刚石、石膏、滑石、膨润土、高岭土、珍珠岩、硅灰石、蛭石、海泡石等矿产资源
能源类		包括煤、石油、天然气、泥炭、油页岩、地热、核能等
水气类		指地下水、矿泉水、二氧化碳、硫化氢、氦气、氡气等6种

10.1.1 金属类

人们常常用“矿石（ore）”一词来描述那些包括有用金属且具有经济开发价值的岩石，通过挖掘、炼制提取出金属。自然环境中，这些金属类矿产（metallic mineral）的形成与富集具有多样性和复杂性，与板块构造、生物地球化学循环和水循环等因素影响下的岩石循环有很密切的关系。按照金属类矿产的形成过程，具有火成、变质、沉积等成因。

（1）火成作用（igneous processes）。世界上大多数金属矿床是在岩浆岩形成过程中富集产生的，比如铜矿、镍矿和金矿等。在岩浆成因的矿床中，热液沉积（hydrothermal deposit）也许是最为常见的成因类型。火山岩浆上升时，压力温度下降，挥发组分强烈析出，通过分馏形成火山热液，也可以与地下水形成混合热液。由于热液的温度很高，富有不同化学成分，以及流动性等，热液可以沿构造带上升，或充填于裂隙带中，形成热液沉积矿脉（图10.1）。这类火山热液矿床主要出现于陆相火山活动地带。岩浆矿床类型主要有金刚石矿床、铂族元素矿床、铬铁矿矿床、钒钛磁铁矿床（如我国的四川攀枝花铁矿）和铜镍硫化物矿床（如我国甘肃的金川矿）。

（2）变质作用（metamorphic processes）。高温岩浆与周围岩石接触，常常导致围岩在高温与高压作用发生物理与化学上的变化，即变质作用（图10.1）。变质作用影响范围可以从几米到几百米，有时能出现几千平方千米的区域性变质作用。在这样的接触变质

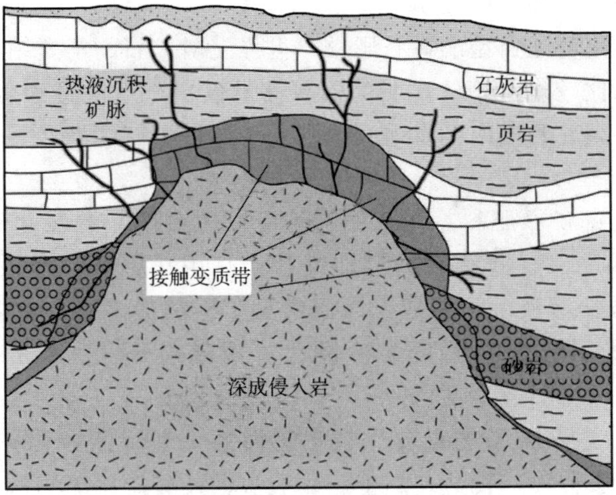

图 10.1　热液沉积和接触变质矿带剖面示意图

中，不仅能够产生金属类矿床，而且能产生非金属矿床，比如石棉和化石矿床。

变质矿床多产于年代古老的变质岩区，具有矿种多、矿床规模大等特点，经济价值巨大。世界上铁矿储量的 2/3 以上来自变质铁矿。金、铜、铅、锌、磷、锰、菱铁矿等也占有较大比重，如中国辽宁大石桥菱镁矿矿床、山西垣曲铜矿峪铜矿、山东莱西市南墅石墨矿等。

(3) 沉积作用 (sedimentary processes)。地表和近地表条件同样可产生很多重要的金属矿床，这里包括在低温和常压或近于常压条件下生成的次生矿物，也包括火成岩和变质岩的风化产物在水环境中富集成矿。沉积作用形成的矿体多呈层状，层位稳定，矿层与周围沉积岩层产状一致。在沉积成因的金属矿产中，铁、铝、锰矿较为常见，属于化学沉积矿床，成矿物质在流水等介质中被搬运到盆地中，在化学作用和生物作用下沉积形成矿床，如我国湖南湘潭锰矿、广西铝土矿等。

10.1.2　非金属类

非金属矿产 (nonmetallic mineral) 的形成，与变质作用、沉积作用具有非常密切的关系，尤其在沉积作用中，可形成河流机械搬运成因的矿砂、封闭盆地蒸发沉积成因的盐类矿产以及生物沉积成因的煤、石油和油页岩等资源。非金属类矿产资源中，主要有两类用途的矿产：一类被称为“工业矿物”，它们有一些共同点，就是可以整体利用，不需进一步加工就可用；另外一类被当作建筑材料使用，如水泥、熟石膏等。

我国的非金属材料在节能、电子工程、环境保护、密封、耐火保温、生物工程及填料、涂料方面，得到了快速发展。从低廉的矿物原料，开发附加值高的深加工非金属矿物材料以及高精尖技术功能材料，将是未来我国非金属矿物工业的主要发展方向。

10.1.2.1　*工业矿物*

(1) 矿石肥料。矿石肥料已成为土壤增肥和喷施农田的最主要物质。由于能增肥，被施加于土壤中最多的元素为钙、氮、磷、钾和硫。除氮以外，其他元素都是用人工方法从矿石中提炼出来的。

钙大多是从灰岩中提出，它是最丰富和最便宜的添加剂；氮是从大气中提出的，也有从非海相蒸发沉积硝酸盐物质中提出。

磷矿石（磷灰石）就是典型的矿石肥料，世界上磷矿石的消费结构中约80%左右用于农业。我国磷矿资源比较丰富，已探明的资源储量仅次于摩洛哥和美国，居世界第3位。云南、贵州、四川、湖北和湖南5省是我国主要磷矿资源储藏地区，储量占全国总储量的70%以上。

钾盐矿也是常见的矿石肥料，用于制造钾肥。主要产品有氯化钾和硫酸钾，是农业不可缺少的三大肥料之一。世界上95%的钾盐产品用作肥料，5%用于工业。它是一种蒸发沉积矿物，由含盐溶液沉积而成，因而常见于干涸盐湖中，比如我国柴达木盐湖中产有钾盐。目前，我国已查明的可溶性钾盐资源储量不大，尚难满足农业对钾肥的需求。

(2) 化学矿石 。这些矿石的重要性在于它们的化学特征和无机性能的应用。但是，它们的用途广泛而难于分类，食盐、黏土、硼酸盐、碳酸盐、硫酸盐、氟化物等都是重要的物质。

(3) 其他矿物。社会上对其他的一些矿物也有多种需求，特别是一些坚硬矿物常被用做磨料，水晶、石榴石、刚玉、金刚石等常用作切割材料，精美而稀少的矿物常常被用作珠宝和装饰品。

10.1.2.2 建筑材料

建筑材料可以分成两大类：简单加工的建筑石料；通过添加、煅烧、高压铸造成新的材料。

(1) 建筑石料。原料分类中的建筑石料是由一些具备无须化学加工而直接用于建筑工业和结构工艺中的石块组，有规格石料和碎石之分。前者是按照建筑需要将基岩分割成一定形状和体积的石块；后者由基岩碾压成的碎块和砂、砾石等未固结沉积物组成，用于道路铺设和其他建筑填料。各种类型的岩石都可用于建筑，但是由于其运输费用很高，一般仅在当地开采。

(2) 加工的矿石产品。建筑业上普遍使用的、由矿物组成的5种加工产品，即水泥、熟石膏、黏土、玻璃和石棉，都是与其他配料混合制成的建筑材料。另外，不少矿物产品也越来越多地应用于颜料制造、纸张制造、水体净化、糖品提炼等。

10.1.3 能源类

煤、石油、核能、天然气、地热是人类生活和经济建设的5大能源，其中煤、石油、天然气又占有十分重要的地位，在人们的日常生活中离不开它们，是典型的化石燃料(fossil fuel)，是由生物遗体在地下高压作用下经过长期埋藏而形成的可燃物质。

10.1.3.1 煤

煤主要由碳、氢、氧、氮、硫和磷等元素组成，而碳、氢、氧3个元素总和约占有机质的95%以上，是非常重要的能源，也是冶金、化学工业的重要原料。有褐煤、烟煤、无烟煤、半无烟煤这几种分类。

(1) 煤的形成。在地表常温、常压下，堆积在停滞水体中的植物遗体经泥炭化作用或腐泥化作用，转变成泥炭或腐泥。泥炭或腐泥被埋藏后，由于盆地基底下降至地下深部，经成岩作用而转变成褐煤；当温度和压力逐渐增高，再经变质作用转变成烟煤至无烟煤

(图 10.2)。其中，泥炭化作用（peatification）是指高等植物遗体在沼泽中堆积、经生物化学变化转变成泥炭的过程。腐泥化作用（putrefaction）是指低等生物遗体在沼泽中经生物化学变化转变成腐泥的过程。腐泥是一种富含水和沥青质的淤泥状物质。然而，煤的形成一般需要几千万到几亿年的漫长时间。

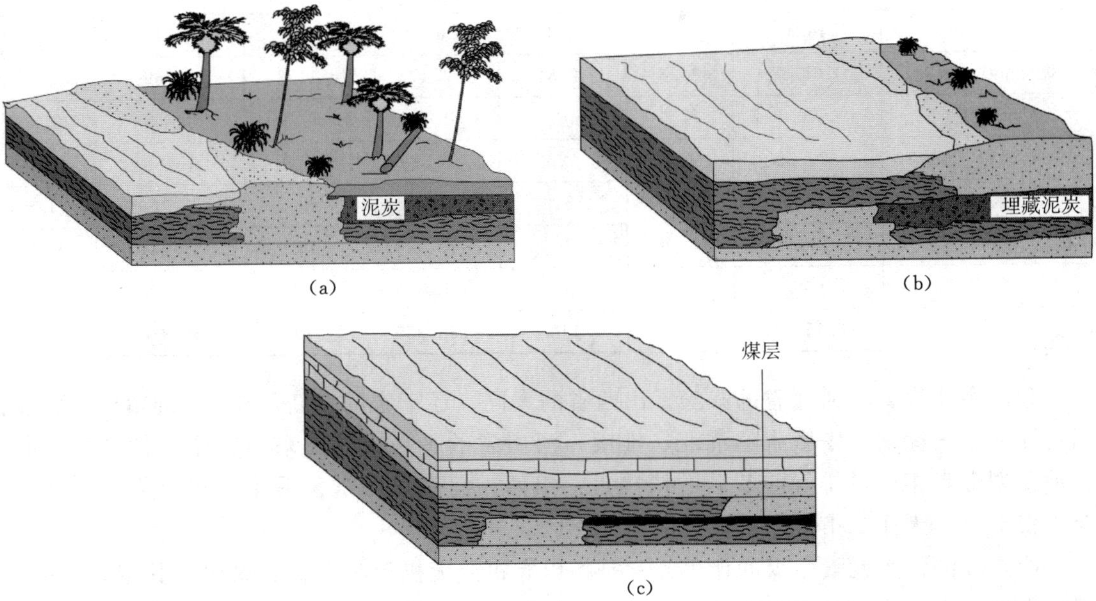

图 10.2　煤的形成过程示意图

(a) 泥炭沼泽地形成；(b) 海平面上升掩埋沼泽地；(c) 泥炭层受压成煤

(2) 煤的用途。煤主要用于燃烧、炼焦、气化、低温干馏、加氢液化等。首先，任何煤都可作为工业和民用燃料；其次，通过置于干馏炉中隔绝空气加热的炼焦过程，可形成焦炉煤气、煤焦油和焦炭；通过气化可转变成煤气；通过低温干馏可制取高级液体燃料；通过加氢液化，加工可得汽油、柴油等液体燃料。

当前，综合、合理、有效开发利用煤炭资源，并着重把煤炭转变为洁净燃料，是人们努力的方向。

(3) 煤的主要产地。各大陆、大洋岛屿都有煤分布，但在全球的分布很不均衡，各个国家煤的储量也很不相同。美国、俄罗斯、中国、德国是煤炭储量丰富的国家，也是世界上主要产煤国，其中中国是世界上煤产量最高的国家。根据英国石油公司（简称 BP 公司）2015 年提出的《世界能源统计报告》，2014 年世界各地区煤炭探明储量以欧洲和欧亚大陆为最多，占世界总探明储量的 34.8%，其次为亚太地区 32.3%；国家中美国占 26.6%，俄罗斯占 17.6%，中国占 12.8%。在生产数量上，亚太地区占全世界生产总量的 69.2%，其次为北美地区占 14.0%；国家中中国生产量最多，占世界总生产量的 46.9%，美国占 12.9%。消费量与生产量基本一致，亚太地区占世界消费量 71.5%，其中中国站世界消费量的 50.6%。2014 年世界各地区煤炭探明储量、生产和消费情况见表 10.2（钱伯章等，2015）。

表 10.2　　2014年世界各地区煤炭探明储量、生产和消费情况

地区/国家	探明储量		储采比	生产		消费	
	$\times10^8$吨油当量	占比/%		$\times10^8$吨油当量	占比/%	$\times10^8$吨油当量	占比/%
北美地区	2450.88	27.5	248	5.514	14	4.889	12.6
美国	2372.95	26.6	262	5.078	12.9	4.534	11.7
中南美洲	146.41	1.6	142	0.85	1.6	0.316	0.8
欧洲和欧亚大陆	3105.38	34.8	268	4.416	11.2	4.765	12.3
俄罗斯	1570.1	17.6	441	1.709	4.3	0.852	2.2
非洲和中东	329.36	3.7	122	1.529	3.9	1.083	2.8
亚太地区	2883.28	32.3	51	27.225	69.2	27.766	71.5
中国	1145	12.8	30	18.446	46.9	19.624	9.3
印度	606	6.8	94	2.435	6.2	3.6020	9.3
总计	8915.31	100	110	39.335	100	38.818	100

我国主要煤城有河北省的开滦，山西省的大同，辽宁省的阜新，黑龙江省的鸡西、鹤岗，江苏省的徐州，安徽省的淮北、淮南，河南省的平顶山，山东的兖州。若按省、市、自治区划分，年产量排行前5名的依次是：山西、河南、山东、黑龙江和内蒙古。目前，全国仅上海、天津二市及西藏自治区为无煤区。

(4) 煤的伴生元素。煤的伴生元素是指以有机或无机形态富集于煤层及其围岩中的元素。有些元素在煤中富集程度很高，可以形成工业性矿床，如富锗煤、富铀煤、富钒煤等，其价值远高于煤本身，锗、镓、铀、钒等都是有益的伴生元素。相对地，也存在有害伴生元素，主要有硫 、磷、氟、氯、砷、铍、铅、硼、镉、汞、硒、铬等。

硫是煤燃烧过程中常产生的有害成分，是造成城镇环境污染的主要污染物来源。其他有害元素在煤中含量一般不高，但危害极大，如砷是一种有毒元素。当然，对有害元素如果收集、处理得当也可变成对人有用的财富。

另外，成煤过程中的一种伴生气体，也称“瓦斯”，是煤矿井下以甲烷（CH_4）为主的有害气体的总称。瓦斯的危害主要是令人窒息，甲烷等气体聚集到一定浓度，可引起爆炸。

10.1.3.2 *石油*

石油又称原油（crude oil），是从地下深处开采的棕黑色可燃黏稠液体，是各种烷烃、环烷烃、芳香烃的混合物。它是古代海洋或湖泊中的生物经过漫长的演化形成的混合物，与煤一样属于化石燃料。石油主要被用来生成燃油和汽油，是目前世界上最重要的一次性能源之一。石油也是许多化学工业产品如溶剂、化肥、杀虫剂和塑料等的原料。

(1) 石油的形成。大多数地质学家认为石油像煤和天然气一样，是古代有机物通过漫长的压缩和加热后逐渐形成的。经过漫长的地质年代，这些有机物与沉积物在地下的高温和高压下逐渐转化，形成蜡状的油页岩（oil shale），并转化成液态和气态的碳氢化合物。温度太低石油无法形成，温度太高则会形成天然气。然而形成油田还需要3个条件：丰富的生油岩、渗透通道和一个可以聚集石油的岩层构造。生成的石油与天然气在经过生油岩

层中的一次运移和在储集层中的二次运移，遇到地质构造等阻挡场所（在石油地质中称为“圈闭”），聚集起来，便形成油田（图 10.3）。

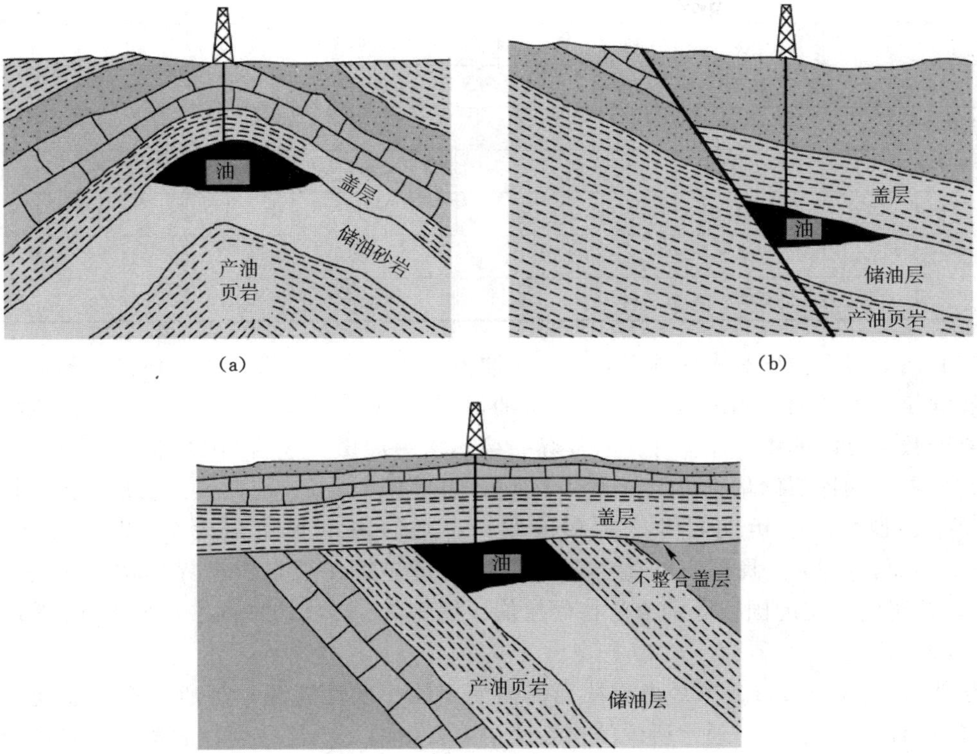

图 10.3　典型油气储藏的地质构造

(a) 背斜圈闭；(b) 断层圈闭；(c) 不整合圈闭

(2) 石油产品。石油经过加工提炼，可以得到的产品大致可分为 4 大类：

1) 石油燃料，是用量最大的油品，按其用途和使用范围包括点燃式发动机燃料（航空汽油，车用汽油等），喷气式发动机燃料（航空煤油），压燃式发动机燃料（柴油），液化石油气燃料（液态烃），锅炉燃料（炉用燃料油和船舶用燃料油）。

2) 润滑油和润滑脂，被用来减少机件之间的摩擦，保护机件以延长它们的使用寿命并节省动力，它们的数量只占全部石油产品的 5%左右，但其品种繁多。

3) 蜡、沥青和石油焦，它们是从生产燃料和润滑油时进一步加工得来的，其产量约为所加工原油的百分之几。

4) 溶剂和石油化工产品。

(3) 石油分布。原油的分布从总体上来看极端不平衡：从东西半球来看，约 3/4 的石油资源集中于东半球，西半球占 1/4；从南北半球看，石油资源主要集中于北半球。根据 BP 公司报告，2014 年全世界以探明原油储量 2398 亿 t，储采比为 52.5%。其中中东地区占世界探明储量的 47.7%，其次为中南美，占 19.4%。2014 年世界各地区原油探明储量、生产和消费情况见表 10.3（钱伯章等，2015）。

表 10.3 2014年世界各地区原油探明储量、生产和消费情况

地区/国家	探明储量		储采比	生产		消费	
	$\times 10^8$t	占比/%		$\times 10^8$t	占比/%	$\times 10^8$t	占比/%
北美	353	13.7	34	8.67	20.5	10.24	24.3
中南美	512	19.4	>100	3.91	9.3	3.27	7.8
欧洲和欧亚大陆	209	9.1	24.7	8.34	19.8	8.59	20.4
中东	1097	47.7	77.8	13.4	31.7	3.93	9.3
非洲	171	7.6	42.8	3.92	9.3	1.79	4.3
亚太地区	57	2.5	14.1	3.97	9.4	14.29	22.9
总计	2398	100.0	52.5	42.21	100.0	42.11	100.0

在我国，最大油田是大庆油田，第二大油田是胜利油田，第三大油田是辽河油田。另外，我国年产原油百万吨以上的大、中型油田还有中原、华北、河南、吉林、江汉等油田。年产数十万吨的中、小型油田有江苏、柴达木等油田。根据2014年BP公司的报告，我国在世界石油探明储量排位上位于第14位，占世界1.1%；前六位分别是委内瑞拉、沙特阿拉伯、加拿大、伊朗、伊拉克和俄罗斯，它们占世界比最大为17.5%，最小为6.1%。然而，2014年我国石油生产和消费排列世界第4位，占世界比例分别为5%和4.3%；位于前六位的国家分别为沙特阿拉伯、俄罗斯、美国、中国、加拿大和伊朗。

10.1.3.3 核能

核能（nuclear energy）是当今社会提倡使用的一次性能源，是通过重核裂变和轻核聚变释放出的巨大能量。通常所说的核裂变，主要指铀235核分裂；而核聚变是两个较轻原子核聚合成一个较重原子核同时放出巨大能量的过程，如一个氘核和一个氚核聚合成一个氦核。以相同质量的反应物的释能大小作比较，核裂变能和核聚变能分别是化学能的250万倍和1000万倍，1kg铀－235相当于2500t煤，1kg氘和氚相当于1万t煤。

核电站核电反应堆也是利用这一原理获取能量，是可以控制的。核电站只需消耗很少的核燃料，就可以产生大量的电能，每千瓦时电能的成本比火电站要低20%以上。核电站还可以大大减少燃料的运输量。例如，一座100万kW的火电站每年耗煤三四百万吨，而相同功率的核电站每年仅需铀燃料三四十吨。核电的另一个优势是干净、无污染，几乎是零排放，与火电站相比，更有利于保护环境。

世界上已探明的裂变燃料铀储量约490万t，聚变燃料氘主要来自于海水，含量丰富。国际上发达国家如英国、德国、法国和日本在20世纪50—60年代开始，就利用核电站核能，拥有巨大的消费市场。2012年我国在《“十二五”国家战略性新兴产业发展规划》中提出，到2020年，形成具有国际竞争力的百万千瓦级核电先进技术开发、设计、装备制造能力。

根据BP公司2015年报告，2014年世界核能发电量同比增长了1.8%，远高于10年来的平均水平。韩国、中国、法国和北美洲的增长足以抵消日本、比利时和英国核能发电的减少（钱伯章等，2015）。

10.1.3.4 天然气

天然气（natural gas）和石油是一对孪生兄弟，在进行石油资源的勘探和开发时，往

往会同时采到丰富的天然气。

(1) 天然气的组成。天然气是一种多组分的混合气体，主要成分是烷烃，其中甲烷占绝大多数，另有少量的乙烷、丙烷和丁烷，此外一般还含有硫化氢、二氧化碳、氮和水气，以及微量的惰性气体，如氦和氩等。在标准状况下，甲烷至丁烷以气体状态存在，戊烷以上为液体。

天然气在燃烧过程中产生的能影响人类呼吸系统健康的物质极少，产生的二氧化碳仅为煤的40%左右，产生的二氧化硫也很少。天然气燃烧后无废渣、废水产生，相较于煤炭、石油等能源，具有使用安全、热值高、洁净等优势。

表10.4　　2014年世界各地区天然气探明储量、生产和消费情况

地区/国家	探明储量		储采比	生产		消费	
	$\times10^{12}m^3$	占比/%		$\times10^8m^3$	占比/%	$\times10^8m^3$	占比/%
北美	12.1	6.5	12.8	9484	21.4	9494	28.3
中南美	7.7	4.1	43.8	1750	5.0	1701	5.0
欧洲和欧亚大陆	58.0	31	57.9	10024	28.8	10096	29.6
中东	79.8	42.7	>100	6010	17.3	4652	13.7
非洲	14.2	7.6	69.8	2026	5.8	1201	3.5
亚太地区	15.3	8.2	28.7	5312	15.3	6786	19.9
总计	187.1	100.0	54.1	34606	100.0	33930	100.0

(2) 天然气的分布。根据BP公司2015年的报告，2014年全世界已经探明的天然气储量为$187.1\times10^{12}m^3$，储采比为54.1。在全世界，储量最多的地区为中东地区，其次为欧洲和欧亚大陆，见表10.4（钱伯章等，2015）。

我国目前已经探明的沉积盆地有400多个，它们大小不同、形状各异，埋藏在地层深处。应该说，面积越大的盆地储藏的天然气资源越丰富，塔里木盆地、四川盆地、鄂尔多斯盆地、准格尔盆地都已探明含有大量的天然气资源。此外，沿我国大陆架周围还分布着一系列海上盆地，如东海、珠江口及渤海湾等，这些盆地内也含有丰富的油气资源。

10.1.3.5 地热

地热能（geothermal energy）是指储存在地球内部的可再生热能。一般集中分布在构造板块边缘一带，起源于地球的熔融岩浆和放射性物质的衰变。

(1) 分类。地热按温度可分为高温、中温和低温3类。温度大于150℃的地热以蒸汽形式存在，叫高温地热；90～150℃的地热以水和蒸汽的混合物等形式存在，叫中温地热；温度大于25℃、小于90℃的地热以温水（25～40℃）、温热水（40～60℃）、热水（60～90℃）等形式存在，叫低温地热。

高温地热一般存在于地质活动性强的全球板块的边界，即火山、地震、岩浆侵入多发地区，著名的冰岛地热田、新西兰地热田、日本地热田以及我国的西藏羊八井地热田、云南腾冲地热田、台湾大屯地热田都属于高温地热田。中低温地热田广泛分布在板块的内部，我国华北、京津地区的地热田多属于中低温地热田。

(2) 成因。一般认为，地热主要来源于地球内部放射性元素蜕变放热能，其次是地球自转产生的旋转能以及重力分异、化学反应，矿物结晶释放的热能等。在地球形成过程中，这些热能的总量超过地球散逸的热能，形成巨大的热储量，使地壳局部熔化形成岩浆作用、变质作用。

现已基本测算出，地核的温度达 6000℃，地壳底层的温度达 900～1000℃，地表常温层（距地面约 15m）以下约 15km 范围内，地温随深度增加而增高。地热平均增温率约为 3℃/100m。不同地区地热增温率有差异，接近平均增温率的称正常温区，高于平均增温率的地区称地热异常区。地热异常区是研究、开发地热资源的主要对象。地壳板块边沿，深大断裂及火山分布带等，是明显的地热异常区。

(3) 用途。对于地热能的利用，包括将低温地热能用于浴池和空间供热以及用于温室、热力泵和某些热处理过程的供热，同时还可以利用干燥的过热蒸汽和高温水进行发电，利用中等温度水通过双流体循环发电设备发电等。

中国地热资源分布较广，资源也较丰富。据预测，在距地表 2000m 范围内，约有相当于 137 亿 t 标准煤的地热资源量。若可采率为 1%，则有相当于 137 亿 t 标准煤的地热可采资源量。地热资源主要分布于构造活动带和大型沉积盆地之中，前者资源量较集中，如藏、滇、川和东南沿海以及辽东—胶东一带；后者资源分布面广，如华北盆地京津唐地区。

10.2　矿 产 资 源 开 发

矿产资源的开采方法与矿产类型有关，同时也因矿床所在地的自然条件而异。固体矿产、液体矿产和气体矿产的开采方法都存在差别。

10.2.1　固体矿产开采

固体矿产包括金属矿产、非金属矿产和煤，它们的开采通常分为地下开采和露天开采。

10.2.1.1　地下开采

地下开采（underground mining）是在地面以下用地下坑道进行矿产开采工作的总称（图 10.4），包括挖掘地下矿物后运输到地面，提供工人、设备、动力、通风设备和供水以保持开采进行等环节。一般适用于矿体埋藏较深，在经济上和技术上不适合于露天开采的矿床。

图 10.4　地下开采坑道示意图

地下开采通过矿床开拓、矿块的采准、切割和回采 4 个步骤实现：

(1) 矿床开拓。矿床开拓根据矿床的赋存条件与矿体的产状选用不同的矿床开拓方式以便于运输、行人、通风排水。

（2）采准矿块的采准工作是指按照预定的计划和图纸，掘进一系列巷道，从而为矿块的切割和回采工作创造必要的条件。

（3）切割矿块。切割工在采准工作的基础上，为回采矿石开辟自由面和落矿空间，从而为矿块回采创造必要的工作条件。

（4）回采。回采是从矿块里采出矿石的过程，是采矿的核心。回采通常包括 3 种作业：①落矿，将矿石以合适的块度从矿体上采落下来的作业；②出矿，将采下的矿石从落矿工作面运到阶段运输水平的作业；③地压管理，包括用矿柱、充填体和各种支架维护采空区。

在实施开采过程中，长壁开采法是一种适用于开采相对平缓、脉状或层状岩体矿床的一种方法，整个矿区沿着开采面移动，不支护上覆岩体，所以经常导致塌方和地面塌陷。另外，广泛应用于煤矿和盐矿的替代方法是房柱式开采方法。在矿体中以地窖方式挖取并留一些矿柱顶住上覆岩体，大量矿物被遗弃在矿洞中，发掘洞室的最终沉陷引起地表麻点状的塌陷。

10.2.1.2　露天开采

露天开采（open-pit mining）是指先将覆盖在矿体上面的土石剥离，自上而下把矿体分为若干梯段，直接在露天进行采矿的方法。适用于高储量、高纯度、上覆岩层薄的矿，是一种经济的开采方法。石灰石、大理石、花岗石的采石场就是露天开采；砾石开采也是一样。

与地下开采相比，优点是资源利用充分、回采率高、贫化率低，适于用大型机械施工，建矿快，产量大，劳动生产率高，成本低，劳动条件好，生产安全。但需要剥离表层物质，排弃大量的岩土，尤其较深的露天矿（图 10.5），往往占用较多的农田，设备购置费用较高，故初期投资较大。此外，露天开采，受气候影响较大，对设备效率及劳动生产率都有一定影响。随着开采技术的发展，适于露天采矿的范围越来越大，可用于开采低品位矿床和某些地下开采过的残矿。对平缓矿床（一般矿层倾角小于 12°）采用倒堆、横运或纵运采矿法。对于倾斜矿床采用组合台阶、横采掘带或分区分期开采的方法。

图 10.5　露天开采的矿坑示意图

就煤矿而言，我国采煤以矿井开采为主，如山西、山东、徐州及东北地区大数采用这一开采方式。75%以上的地下煤炭需要采用连续采矿机械的房柱法开采，20%左右采用长壁开采法，另外还有传统先爆破后采集的炸药法。相比，我国的露天开采占有比例较小，典型的露天煤矿有山西朔州平朔煤矿，内蒙古准格尔黑岱沟露天煤矿，内蒙古通辽市境内的霍林河露天煤矿。

10.2.2　液体矿产开采

这类矿产开采典型的是石油开采。与一般的固体矿藏相比，石油开采有 3 个显著特点：①石油在整个开采过程中不断地流动，油藏情况不断地变化，因此油气田开采的整个过程是一个不断了解、不断改进的过程；②开采者一般不与矿体直接接触，对油气藏的了解与采取的措施都要通过专门的测井来进行；③油藏的某些特点必须在生产过程中，甚至必须在井数较多后才能认识到。

在石油开采过程中，需要通过生产井、注入井和观察井对油气藏进行开采、观察和控制。石油的开采有3个互相连接的过程：①从油层中流入井底；②从井底上升到井口；③从井口流入集油站，经过分离脱水处理后，流入输油气总站，转输出矿区。

开采过程中常常需要向油气藏注入某些物质，来干扰其分布，或降低其黏度，或将石油从岩石中分离出来，注入物有高温水蒸气、氮气、二氧化碳以及某些能改善水油表面张力的水溶液。然而，尽管如此仍然有大量的石油无法开采。

10.2.3　气体矿产开采

天然气是典型的气藏资源，其开采不同于固体矿产，与石油开采也有差别。

天然气也同原油一样埋藏在地下封闭的地质构造之中，有些和原油储藏在同一层位，有些单独存在。对于和原油储藏在同一层位的天然气，会伴随原油一起开采出来。对于只有单相气存在的，开采方法既与原油的开采方法十分相似，又有其特殊的地方。

由于天然气密度小，为0.75～0.8kg/m^3，黏度小，膨胀系数大，天然气开采时一般采用自喷方式，这和自喷采油方式基本一样。然而，由于气井压力一般较高，加上天然气属于易燃易爆气体，对采气井口装置的承压能力和密封性能比对采油井口装置的要求要高得多。

10.3　矿产资源开发引起的环境问题

矿产资源的开发与利用，构成了国家与地方社会经济建设的支柱产业。然而，不合理地开发、利用，也已经对矿山及其周围环境造成了严重的污染，并诱发了多种地质灾害，破坏了生态环境，威胁到人民的生命安全，从而也制约社会、经济与环境的和谐发展。

矿业活动（mining activity）主要包括矿石采掘、选矿及冶炼3部分。其产生的生态环境问题很多，涉及大气环境、地面环境和水环境（表10.5）。

表10.5　矿业活动与主要环境问题综合表

环境要素	矿业活动对矿山环境的作用形式	产生的主要环境问题
大气环境	废气排放 粉尘排放 废渣排放	大气污染 酸雨
地面环境	地下采空 地面及边坡开挖 地下水位降低 废水排放 废渣、尾矿排放	采空区地面沉陷（塌陷） 山体开裂、崩塌、滑坡、泥石流 水土流失、土地沙化、尾矿库溃坝 岩溶塌陷、矿震 侵占土地、土壤污染
水环境	地下水位降低 废水排放 废渣、尾矿排放	水均衡遭受破坏 海水入侵 水质污染

10.3.1　矿山废气、废水与废渣

10.3.1.1　矿山废气

矿山废气（mine waste gas）包括爆破产生的炮烟和粉尘，硫化矿石氧化、自燃、水解产生的气体，以及含铀矿床放射性元素蜕变过程中转化成的有害气体等。这些气体中含有一氧化碳、氮氧化物、二氧化碳、硫化氢、氡气等，有的本身就是剧毒的，有的则与其他媒体发生作用而生成各种毒液，直接侵袭人体和其他生物内部器官，导致发生病变直至危及生命。矿山废气、粉尘排放，会引起大气污染和酸雨，其中以硫化矿床和煤矿最为严重。通常提炼硫黄需排放有害气体，包括二氧化硫、硫化氢，并产生大量废水及汞、砷、镉等有害物质；煤炭采矿行业中工业废气常见有烟尘、二氧化硫、氮氧化物和一氧化碳。

矿山废气治理（waste gas treatment）主要是针对窑炉的烟尘治理、各种生产工艺废气中物料回收和污染的处理。废气处理的原理有活性炭吸附法、催化燃烧法、催化氧化法、酸碱中和法、等离子法等多种原理。

10.3.1.2　矿山废水

矿山废水（mine waste water）主要来自矿山建设和生产过程中的矿坑排水，洗矿过程中加入有机和无机药剂而形成的尾矿水，露天矿、矿石堆、尾矿砂在雨水淋滤下溶解矿物中可溶成分形成的废水，矿区其他工业和医疗、生活废水等。其中煤矿、各种金属、非金属矿业的废水以酸性为主，并多含大量重金属及有毒、有害元素（如铜、铅、锌、砷、镉、六价铬、汞、氰化物），有机质含量高。矿山酸性废水排放（acid mine drainage）又直接或间接地污染了地表水、地下水和周围农田、土地，并进一步污染农作物和空气。

矿山废水的处理比其他工业废水的处理要复杂、困难，但处理方法上也通常包括物理处理法、化学处理法和生物处理法。为防止对环境的污染，目前主要从改革工艺、更新设备、减少废水和污染物排放；提高水的重复利用率；以废治废、将废水作为一种资源综合利用 3 个方面进行治理，发展较为迅速。然而，矿山废水的处理仍存在不少问题：①废水处理装置能力不足；②废水处理技术开发水平还不高；③节约用水和废水治理的管理制度还不够完善。

10.3.1.3　矿山废渣

矿山废渣（mine waste residue）包括矿山生产过程产生的固体残留物，如煤矸石、废石、尾矿等。随着矿产开发，矿山废渣在地面的堆存量也不断增加，不仅占用越来越多的地表面积，也带来了越来越多的安全问题。比如，尾矿库的溃坝导致周围与下游水体、土地污染，甚至下游人群的生命和财产损失。

矿山废渣的处理主要是综合利用，即废渣减量化、资源化、无害化，这是一项保护环境、保护一次性原材料、促进增产节约的有效措施。

10.3.2　岩溶塌陷及采空区塌陷

10.3.2.1　岩溶塌陷

在可溶岩地区的地下矿产开采中，由于矿坑的强疏排水及矿坑的突水、涌水等，使许多矿区产生了地面塌陷，从而造成建筑物裂缝倒塌、农田毁坏、道路中断、采矿滞产、甚至停产、矿井报废等，其经济损失和社会影响巨大。塌陷不仅出现在煤炭矿山，而且也出现在有色金属、黑色金属、化工及核工业矿山当中。

根据初步调查的资料，我国发生岩溶地面塌陷灾害的大型矿区以煤矿和金属矿山居多，煤矿如湖南恩口煤矿、斗笠山煤矿、桥头河煤矿、煤炭坝煤矿；金属矿山如湖南水口山铅锌矿，湖北铜录山铜矿、大冶叶花香铜矿、大冶大广山铁矿，江西丰域云庄煤矿、乐平花亭锰矿，广西泗顶山铅锌矿，广东的石菉铜矿、凡口铅锌矿、英德硫铁矿、黑石岗黄铁矿、阳春硫铁矿，山东莱芜铁矿业庄矿区、莱芜顾家台铁矿，安徽铜陵新桥铜矿、铜官山矿，河北唐山开滦煤矿范各庄矿等数十个矿区。其中以恩口煤矿、水口山铅锌矿、凡口铅锌矿、泗顶山铅锌矿和铜灵山铜矿的岩溶地面塌陷最为典型和强烈，从地理分布看，几乎遍布南方各省，尤以湖南、广东、湖北、广西、江西诸省（自治区）居多。

我国对岩溶塌陷的防治工作开始于20世纪60年代，目前已有一套比较完整和成熟的防治方法，具体如下：

（1）塌陷前的预防措施：合理安排矿山建设总体布局；河流改道引流，避开塌陷区；修筑防洪堤；控制地下水位下降速度和防止突然涌水，以减少塌陷的发生；建造防渗帷幕，避免或减少预测塌陷区的地下水位下降，防止产生地面塌陷；建立地面塌陷监测网。

（2）塌陷后的治理措施：回填塌洞；河流局部改道与河槽防渗；综合治理。

10.3.2.2　采空区塌陷

采空区（goaf）是由人为挖掘或者天然地质运动在地表下面产生的“空洞”。采空区的存在，不仅使得地面矿山生产面临很大的安全问题，而且会导致地面其他生产（如农田耕作）受到影响，甚至无法进行，还会导致地面建筑物严重受损。

随着矿山向深部开采，地压增大，地下采空区在强大的地压下，容易发生坍塌事故。如果存在非法乱采滥挖、无序开采的混乱现象时，地下采空区隐蔽性增强，空间分布规律性差，采空区塌陷将成为制约矿山发展的一个重要难题。

为解决上述问题，首先要明确采空区位置与规模，采用高密度电法等地球物理方法，加上数字化和可视化技术，科学探测采空区；然后对采空区实施处理，一般方法包括垮落法、充填法、支撑法、缓慢下沉法。

10.3.3　水均衡系统破坏

通常，矿山地质和水文地质条件都很复杂，采矿时对地下水必须进行疏干排水，甚至要深降强排（即地下水水位降深大，集中时间疏干），由此会诱发一系列的地质环境问题。

（1）矿井突水事故不断发生。许多矿床的围岩是含水丰富的石灰岩，在矿坑地下水被强排后，将产生巨大的水头差，导致一些构造破碎带和层位薄的地段经常发生突水事故。矿井突水在我国产煤矿区是常见的现象，且随着向深部开采，水压不断增加，突水灾害威胁日趋严重。

（2）由于疏干排水，在许多岩溶充水矿区，引起地面塌陷，不仅严重影响地面建筑、交通运输以及农田耕作与灌溉，而且使得大气降水、地表水入渗能力加强，增加了矿井突水的可能性。

（3）在沿海地区的矿区，因疏干排水导致海水入侵。随着海水入侵范围不断扩大，将会破坏当地淡水资源，影响土地利用与植物生长。

（4）由于矿山排水，附近的地表水被疏干，浅层地下水也长期得不到补充恢复。其结果容易导致附近生活、生产用水困难，生态受到影响，如影响植物生长，形成土地石化和沙化等生态环境恶化现象。

为防治矿区水均衡破坏，保护地下水资源，并消除或减轻因疏排地下水引起的地面塌陷等环境问题，一些矿山采用了防渗帷幕、防渗墙等工程，堵截外围地下水补给，取得了显著的环境效益和经济效益。如淄博黑旺铁矿采用防渗帷幕工程后，淄河水补给大部分被截住，堵水效果达 61%。

10.3.4 坡地失稳

采矿活动及堆放的废渣因受地形、气候条件及人为因素的影响，也会发生坡地失稳。

许多露天矿山在开采过程中，经常发生边坡滑塌和崩塌等灾害。如我国抚顺西露天、辽宁大孤山铁矿、湖北盐池河磷矿，都发生过较严重的滑坡和崩塌，少则几百立方米，多则几十万、几百万立方米。除造成运输和生产中断、附近建筑物遭受破坏外，也严重地影响人民群众的生命安全。

矿山排出的大量矿渣及尾矿的堆放，除了占用大量土地、严重污染水土资源及大气外，还经常发生塌方、滑坡、泥石流。尤其是一些规模小、开采无序的采矿场，在河床、公路、铁路两侧开山采矿，乱采滥挖，乱堆乱放，经常把矸石甚至矿石堆放在河床、河口、公（铁）路边等处，一遇暴雨就会造成产生滑坡、泥石流，壅塞河流湖泊，洪水排泄不畅，甚至冲毁公路铁路，使交通中断。矿山排放的废渣常堆积在山坡或沟谷内，这些松散物质在暴雨的诱发下，极易发生泥石流。如山西峨口铁矿，尾矿坝被洪水冲垮，形成和泥石流相似的灾害，使下游的繁峙、代县的 400hm^2 农田被毁；陕西金华山煤矿因地下采空，地面变形，产生崩塌性滑坡，摧毁了村庄和矿山工业广场的设施；我国最大的黄金生产地之一的河南秦岭西峪沟金矿，由于乱采滥挖，并将数万立方米的矿渣堆放在沟底，以致河道严重受阻，在 1994 年 7 月中旬，暴雨形成的泥石流沿沟下泄，使道路及生产、生活设施遭到严重破坏，并且有 51 人丧生，损失惨重。

矿山坡地失稳的预防措施主要有：合理选择剥离物的堆放地，避免“高台阶”堆置；排除地表水对剥离物堆场的不利影响；有计划地安排矿山复垦方案；对泥石流的治理，一方面应加强生物措施（如植树、种草），一方面可加强排土场和尾矿库的工程治理，采用拦挡、排导等防治措施。

10.4 小　　结

矿产资源是指岩石圈内由地质作用形成的、技术上可行、经济上有利用价值的自然资源，可分为金属、非金属、能源 3 类。大多数金属是由火山活动原生形成的，但在一定程度上金属也来源于变质作用与河流的沉积作用；非金属矿产分为非金属矿物和建筑材料，在节能、电子工程、环境保护、密封、耐火保温、生物工程及填料、涂料、建筑方面有着广泛的用途；煤、石油、天然气、核能、地热是人类生活和经济建设的五大能源，其中煤、石油、天然气又占有十分重要的地位，是典型的化石资源，由生物遗体在地底高压下经过长期埋藏而形成的可燃物质。

人类的发展离不开矿产资源，然而，矿产资源的开发又带来了许多环境问题：由于矿业活动中废气、粉尘、废渣的排放，引起大气污染、酸雨的产生；由于地下采空、地面开挖、排水疏干、废水排放、废渣与尾矿排放等，造成采空区地面沉陷、斜坡岩土位移、岩溶塌陷、土壤污染、矿震、水污染、水均衡破坏、海水入侵等环境问题。这些问题又反过来抑制了人类社会的进步。我国在矿业环境保护方面，做出了大量的工作，取得了显著成绩，积累了防治经验。而现今我国仍然存在突出的经济利益与环境保护的冲突，这是我们不能回避、亟须重视的问题。

关键术语

acid mine drainage
fossil fuel
geothermal energy
natural gas
non-renewable resources
nuclear energy
oil shale

复习题

1. 矿产资源的分类有哪些？
2. 金属类资源又有哪些分类？
3. 金属矿藏分布与板块边界有什么关系？
4. 利用化石燃料与利用核能有什么不同？
5. 矿产资源开发可引起哪些环境问题？
6. 什么是瓦斯，有什么危害？
7. 煤的燃烧与酸雨有什么样的关系？

思考题

请列举我们家庭日常生活中经常利用哪些矿产资源，你对这些资源的依赖性如何？想一想，随着人口的增长与时间的推移，将来可能会出现什么样的局面？你能做些什么呢？

可利用网站

1. 中国矿业网. http://chinamining.org.cn/.
2. 矿产资源，国土资源部. http://www.mlr.gov.cn/zygk/#.

第4篇 社会与环境

上海东方明珠和金茂大厦建筑群。

从字面上，社会的本意是指特定土地上人口的集合；在社会学中，社会是指由有一定联系、相互依存的人组成的、超乎个人的有机整体。随着城市化的进程，城市已经成为当今社会的主体，人口的集中、资源的集中需求与消耗使得城市成为环境问题的聚焦地带。

社会与环境是相互作用和相互依赖的，但社会对环境造成的影响在全球范围内都很普遍，主要体现在污废水排放、固体废弃物处置和废气排放等方面，并引起全球范围内的气候变化。为此，本部分主要介绍典型的社会环境问题以及全球气候变化。包括：水污染与处理（第 11 章）、固体废弃物管理与地质（第 12 章）、空气污染（第 13 章）、地质与健康（第 14 章）和全球气候变化（第 15 章）。

第11章 水污染与处理

人类遭受最严重的环境问题就是长期或经常缺乏安全供水，水源被污染。本章将介绍水污染的概念及主要污染物，点源污染和非点源污染的差别，水污染的修复技术、水质标准、污废水处理等内容。通过本章的学习，你能够参与讨论有关水污染与处理技术的话题，培养进一步了解该领域知识的兴趣，并提高为防治水污染而做出贡献的能力。

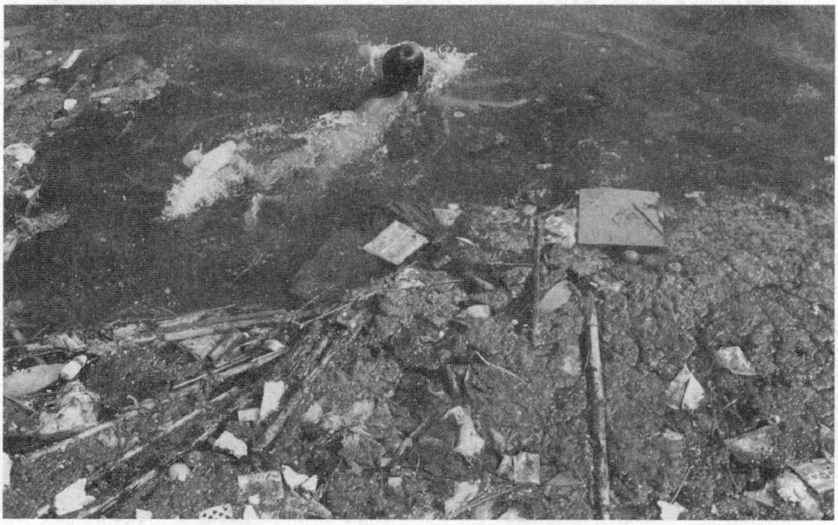

水污染带来令人厌恶的感官，影响水利用，对健康产生威胁。

11.1 引　言

水污染（water pollution）是指水质量在生物、化学或物理等指标上有所下降的现象。是否形成水污染，与水的预期用途、水质标准、公众卫生或生态影响有关。从公众卫生或生态影响角度讲，导致水污染的是任何一种过量便会对生物体有害的物质，即污染物（pollutant）。比如，重金属，某些放射性同位素，磷、氮、硫和其他有用的元素，以及某些致病细菌和病毒，都可能成为污染物。通俗地讲，提供某种污染物的源称为污染源（pollution source），以地下水污染为例，泄漏的地下储藏罐或管道、渗漏的垃圾处理场、渗漏的化粪池系统都可能构成污染源。

与水污染有关的问题是极其多变的。其中尤其重要的是污染物在水体中的滞留时间以及水体中的水量多少，因为这些因素与污染的可能性相关。例如，由于河流水体流速较快，河水在某个河段的平均滞留时间较短，除了吸附在河床沉积物上污染物外，河水中的污染物会随水流流淌。因此，河流的一次性污染事件将在较短时间内趋于消失。河流中的污染物可能会进入湖泊或者海洋，在那里的滞留时间更长而且污染物更难处理。然而，很多情况下水污染更可能是由长期将污染物直接排泄进入河流的过程造成的。与河流水体不同，地下水有从几百至几千年甚至更长的平均滞留时间（average residence time），地下水中污染物的自然移除是一个很慢的过程，而且修复起来非常困难和昂贵。

如今，世界上最严重的水污染问题是缺乏供给人群无疾病饮用水。由于饮用水卫生条件差，水传播疾病导致一年大约有200万人死亡，其中大部分是老人和孩子。在人群集聚的地方，农业、工业和市政排水释放化学污染物是一个全球逐渐显现的问题，很大程度上不少污染物对环境和人类健康的影响是未知的（schwarzenbach et al.，2006）。

11.2 主要的水体污染物

水体污染物的类型是多种多样的，是复杂的，都可能在地表水和地下水中出现。下面将着重介绍一些典型污染物，包括需氧废弃物、致病生物、营养元素、石油、危险的化学物质、重金属和放射性物质等。

11.2.1 需氧废弃物

水体中含有可以被生物利用的有机物质，比如来自于自然环境中的枯枝落叶，来自于社会环境中的农业和市政污废水。这些有机物质在被微生物分解过程中会消耗氧气。当水体中氧气含量降低到一定程度时，会导致鱼类和其他有机类生物的死亡。通常，微生物分解有机物质需要的氧量被称为生化需氧量（biochemical oxygen demand，BOD），是一个水质管理中常用的指标，表示20℃时5天内由于生化作用消耗的氧量（mg/L）。该值越大，表明水体中腐烂有机物越多。

在地表水体中，当溶解氧（dissolved oxygen，DO）含量低于5mg/L时，即表明可能出现水污染问题。假设某河流遭受一次突发性市政污水外泄污染，在河流中可形成3个河段（图11.1）：

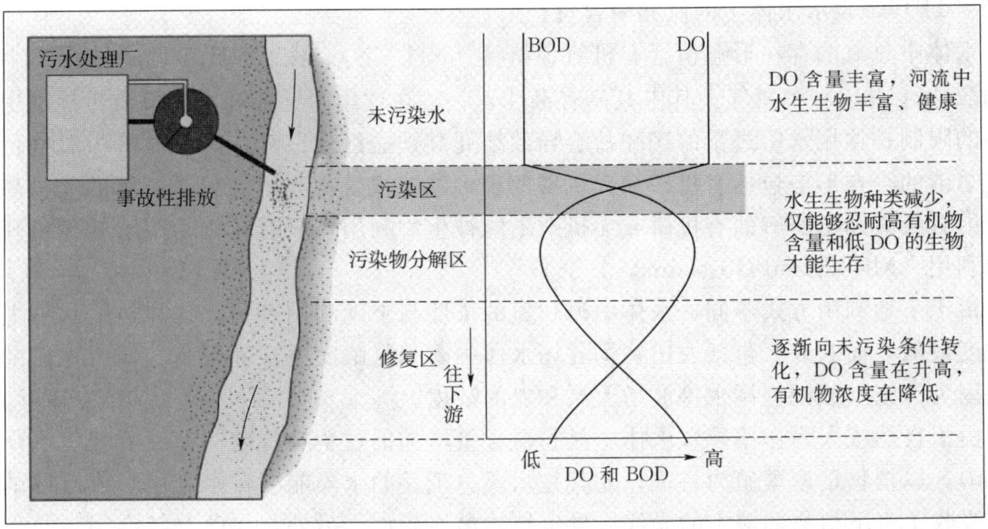

图11.1 河流一次性污染事件后溶解氧（DO）和生化需氧量（BOD）的关系

（1）污染区，水体中具有较高的BOD值和趋于降低的DO含量，也是生化作用启动区段。

（2）污染物分解区，随着上游有机物质流入，生物作用活跃，DO被消耗到很低水平。

（3）修复区，由于有机物质逐渐被生物消耗，BOD值降低，DO含量具有上升趋势。其实，这个过程也是河流本身自净能力的体现，表明河流本身具有一定的修复功能。然而，如果有机物质含量很大或者持续外泄，在生化分解区将严重缺乏DO，有机物质的分解效率会很低，迁移的距离会很远，污染的河段也会向下游延伸。这样的情况下，可能会出现更为复杂的环境问题。

11.2.2　致病微生物

致病微生物（pathogenic organisms）是重要的生物污染物，通过它们传播的人类疾病有霍乱、伤寒感染、肝炎和痢疾。由于很难监测致病微生物，通常用人体粪大肠菌群的数量作为生物污染的度量指标。在人体肠道，粪大肠杆菌是常见细菌，多数是无害的，在人的排泄物中都能发现。

然而，在粪大肠菌群中，不是所有菌种都是无害的。比如，沙门氏菌是一种导致许多人类疾病和死亡的大肠杆菌。由于这样的致病菌群很难监测，人们通常用容易监测的粪大肠菌群数量来判断水体或食品是否被人类粪便污染。如果监测的粪大肠菌群数量超过了标准，则可以推测存在致病微生物污染的可能性，有导致食物中毒和流行病的威胁可能，必须警示对人体健康具有潜在的危险性。我国现行的《地表水环境质量标准》（GB 3838—2002）就采用了粪大肠菌群指标来判别地表水的环境质量等级。

一些自然灾害常常能够加重致病生物污染，例如地震、洪水和飓风会损坏污水管道或者造成污水溢出，导致供水系统污染。

11.2.3　营养物

人类活动释放的营养物（nutrients）可以造成水污染。氮和磷是两种引起水污染的最重要的营养元素，基本上都是化肥、清洁剂和污水处理厂的产物，通常以总氮（TN）和总磷（TP）来表示水体中的氮和磷含量。

水体中总氮的存在形态包括有机氮、氨氮（NH_3-N）、铵（NH_4^+）、硝酸盐（NO_3^-）、亚硝酸盐（NO_2^-）和氮气。其中氨氮有毒性，一般在饮用水标准和水环境质量标准中都有严格的限制；饮用水中过量的硝酸盐会导致婴儿高铁血红蛋白症，降低血液中氧气传输能力。总磷的存在形态包括有机磷和无机磷两种，能够被生物利用的只是溶解的无机磷，而溶解的有机磷和不溶解的有机磷或无机磷不能被生物利用，只有转化为溶解的无机磷后才能被利用（Mitsch and Gosselink，1986）。

由于土地利用方式不同，水体中磷和氮的浓度与土地利用有关，比如林地水体氮和磷的浓度最低，而农业区包括农田和饲养场水体中磷和氮浓度通常都很高。城市地区的水体也会因为污废水或处理尾水排放增大磷和氮的浓度。

由于自然或人为作用导致水体中氮和磷含量增加的过程，称之为富营养化（eutrophication）。以植物迅速繁殖为特征，尤其是水藻。茂盛的水藻能够在水表层形成厚厚的覆盖层，吸收了水下植物的需求的光线，导致植物最终死亡。另外，水藻分解会消耗氧气，从而降低水中的含氧量，并导致鱼和其他水生动物的生存困难，甚至死亡。比如我国不少地方湖泊和水塘中出现的蓝藻。

由于富营养化作用导致水体藻类疯长，不仅让人产生厌恶，而且会因为水体死亡动植物的腐烂而产生毒素。改变这种污染境况，需要控制农业生产中化肥的施用量、提高植物吸收营养元素的效率，需要控制和减少污废水的排放，增强污废水的处理能力和水平。水体富营养化的遏制，是目前世界性难题，不仅涉及地表水的污染，而且也存在严重的地下水氮污染问题。

11.2.4 石油

石油是人类开发利用的最主要的能源之一，在人类活动中具有极其重要的作用。在石油开采、炼制、储存、运输和使用过程，常常会出现事故性的泄漏，从而污染地表和地下的水体。

石油是各种烷烃、烯烃、环烷烃和芳香烃的混合物，以 93 号汽油为例，相对含量烷烃占 37.29%，烯烃占 27.14%，环烷烃占 9.02%，苯系物占 17.3 %（章虎等，2003）。石油进入水体后，能形成漂浮于水面、几乎不溶于水的“浮油”层，通常被称为“轻质非水溶相液体”（LNAPL）。由于石油难溶于水，浮油层能阻止大气氧分进入水体，从而能导致水体缺乏，影响水体生物。石油进入水体后，一些芳香烃物质包括苯、甲苯、乙苯和二甲苯（简称 BTEX），以及多环的萘、蒽等有毒物质会导致水体丧失水功能，尤其 BTEX 在石油中组分比例大，溶解度大，毒性也大，是致癌、致畸和致突的“三致”污染物。

由于地表水和地下水的差异，地表水遭受石油污染后容易被发现，而地下水遭受污染后则不容易被发现；污染的地表水可能交替快，相对容易清除，但地下水污染后交替慢，很难修复。不幸的是，地下环境的泄漏比如地下储存罐的腐蚀性泄漏，是很难发现的，然而却是普遍的，因此对地下环境的污染危害具有隐蔽性和严重性。

车用汽油是石油主要产品，为了增加汽油的燃烧动力，甲基叔丁基醚通常是人为添加的增氧剂，简称 MTBE，这是一种易溶于水的挥发性有机化合物。美国环境保护局声明浓度为 20～40μg/L 的 MTBE 就足够造成令人讨厌的味道和气味，闻起来像松节油或新油漆，会使一些人感到恶心。不少研究也表明该物质可能是一种致癌的化学物质。在美国 1996 年“清洁空气行动”中 MTBE 逐渐被乙醇替代，到 2006 年 MTBE 在美国几乎逐步被淘汰。取代 MTBE 作为“增氧剂”的乙醇，在一些国家也作为生物燃料组分被添加，统称为生物燃料（biofuel），比如巴西、美国、澳大利亚和中国。中国目前也有不少省份，比如东北三省、江苏、安徽、湖北、广西等都在使用含 10%体积比的乙醇混合汽油（ethanol blended gasoline，E10）。然而，现有研究表明，含乙醇燃油泄漏进入水体后，能够阻止 BTEX 在环境中被生物利用，延长 BTEX 的迁移距离，增加环境风险（Powers et al.，2001）。

11.2.5 有毒物质

很多进入地表水和地下水的物质，对生物体是有毒害的。当前，人们认识到的进入水体的有毒物质包括下面的 3 类，即合成的有机化合物、重金属和放射性物质。

（1）合成的有机化合物。有机化合物是含碳的化合物，通常来自于生物体自然产生和工业合成。目前，多达 10 万多种化工产品正在被人们使用。很难评价合成有机物对环境和健康的影响，不仅因为有太多有机化合物，而且因为它们用途广泛。

合成的有机化合物在生产、生活中有很多用途，比如杀虫剂、医药品和食品添加剂。进入环境后，有些有机物很难被自然作用降解，被称为持久性有机污染物（persistent organic pollutants，简称 POPs）。POPs 通常具有以下特征：①它们基于碳的结构，一般含有活性氯；②大部分是由人工过程生产的；③它们在环境中持久性长，不容易分解，有毒性，且倾向于在活体组织里积累；④它们容易与沉积物一起通过水和风的动力传播很长距离。

（2）重金属。重金属（heavy metals）是一类危险污染物，密度大于 $4.5g/cm^3$，如铅（Pb）、砷（As）、镉（Cd）、铬（Cr）、汞（Hg）、铜（Cu）、金（Au）、银（Ag）等，能够与天然沉积物在河道底部沉积。如果这些重金属在洪泛区沉积，它们能够被植物吸收，包括粮食作物，并进入食物链。一旦进入灌溉用水和饮用水，有些重金属能导致人体和动物体中毒，干扰正常生理功能。这类重金属被称为有毒重金属，主要有：铅、镉、铬、汞、砷等。

水体容易遭受重金属污染，主要污染源与工业“三废”排放、交通污染、生活垃圾以及农田污水灌溉有关。废弃物中的重金属在降水的沉降和雨水的淋滤下进入地表和地下水体并迁移。

汞是水生生态系统中的一个重要有毒重金属，常常分布于池塘、湖泊、河流和海洋中。典型的汞毒性案例是流传久远的日本的水俣病。水俣是九州岛的一个以渔民为主的沿海小镇，是这个水俣病的发生地，然而这个严重疾病在 20 世纪中期才被识别出来。最初，这个疾病是在猫身上发现的，这些猫看起来像发疯似地乱兜圈子，而且口吐白沫。进而也注意到飞禽出现飞进建筑物或者摔到地上的异常现象，多数渔夫出现疲乏、易怒、胳膊和腿麻木、头疼以及吞咽困难的症状，严重的出现视力模糊、听觉缺失症状，甚至有人抱怨嘴里有金属异味并患有腹泻。该类疾病导致 40 多人死亡，100 多人严重残疾。受疾病影响的人们都来自于一片相对较小的区域，他们的饮食大多来自于从水俣海湾捕获的鱼。

这个疾病最终追踪到水俣海湾的一个氯乙烯厂，它在生产过程中用使用了汞。无机汞被当作废物排入海湾，人们一直相信汞不会进入食物链。然而，水俣海湾的细菌活动将无机汞转变成甲基汞。甲基汞很容易通过细胞膜，并通过血红细胞传送到整个身体。它可以进入并损害脑细胞。甲基汞的不良影响取决于几个因素，包括暴露与摄入的量，暴露持续的时间以及受影响的物种。汞的影响在人的身上从摄入开始通常延迟几个星期至几个月。而且，如果停止汞的摄入，一些症状可能消失，但是其他症状很难反转。1968 年海湾的汞污染停止了。就在 20 世纪 90 年代，仍然有些受此疾病折磨的人因此接受补偿。

汞有几种自然来源，包括火山喷发和自然沉积物侵蚀。然而，在大多数情况下，大多数汞是通过燃烧煤、焚烧废物和加工金属的过程进入环境的。虽然对人为的汞输入环境的速率知之甚少，但是人类活动已经使大气中汞的含量变成两倍或三倍了，而且每年增加大约 1.5%（USGS，1995）。在大多数水生生态系统中，汞的主要来源是通过大气降雨的沉降。一旦汞离子（Hg^{2+}）进入地表水中，它会进入甲基化过程。细菌活动将无机汞变成甲基汞离子（CH_3Hg^+）。从环境角度来说，这个过程有重大影响，因为甲基汞比汞离子毒性更大。而且与去除无机汞相比，生物需要更多的时间从它们的系统中去除甲基汞，在该过程中甲基汞浓度随着食物链等级变高而增长。因此，池塘中大鱼可能比小鱼或水生昆虫含有更高浓度的汞。

砷是另一个有剧毒的类金属，分布于土壤、岩石和水中。含砷化合物有很多工业和商业用途，包括加工玻璃、杀虫剂和木材防腐剂。砷可以通过几种过程进入水供给系统，包括自然降雨、融雪水或者地下水径流，也可以在工业废水排放和农村废弃物处置中释放，可以通过杀虫剂生产、化石燃料燃烧和作为采矿的副产品释放。

古代的人们就已经知道砷是致命毒药，即砒霜。现在，人们已经意识到饮用水中砷污染可以影响器官（例如膀胱、肺和肾）的健康问题，能够导致中枢神经系统疾病，而且也知道砷是一种能引起或加重癌症的致癌物。由于地球上很多地方饮用水都出现了砷污染，因此被认为是一个全球性问题。

（3）放射性污染物。水体中的放射性废弃物可能是一种危险污染物，环境工作者担心放射性物质的长期暴露对人体、动物和植物的影响。

11.2.6　热污染

热污染（thermal pollution）是对通过将人为加热后的水排放自然水体导致水体温度局部或整体升高的现象。比如，通过火力发电厂排放热水引起河流水温升高。热污染可能带来的问题包括：①降低水体中的含氧量，即使是比周围的水温只高几度，其溶解氧浓度差异也很大；②温水更适宜一些生物的繁殖与生长，可能增加有害生物的危害性，包括特定的水生动植物。然而，也有一些鱼种，喜欢在温水中生活，尤其在冬季低温的时候。

当前，除了传统的工业温热水排放外，又新兴了一种地源热泵（geothermal heat pump）空调热水的排放。其原理是提取自然界水媒夏天冷量和冬天热量，实现向室内供冷、供热的目的，并导致夏季排放水温度更热、冬天排放水温度更冷的负面影响。由于水源热泵系统本身消耗水量很少，常被称之为“不耗水”，在节约用水的社会中，导致的热污染也具有隐蔽性，尤其是地下水水源热泵，抽水在被摄能后通常被要求回灌到地下环境，因此其回灌的热能更不容易扩散，由于地下环境升温，会带来地下含水系统生物作用和地球化学作用的变化（廖荣等，2010）。

11.3　地表水污染及治理

11.3.1　地表水污染

过多污秽和有害的物质流入水体，超出自然生态系统本身的环境容量时，就会形成地表水污染。地表水污染分为两种：点源污染、非点源污染。

点源（point source）是指呈点状分布的污染源，通常不连续且范围狭窄，例如工业或城镇污水、废水入河排污口。一般来说，从工业来的点源污染物经就地处理或处置来控制，或发放许可执照来管制。但是在暴雨期间，城市地区的暴雨径流常常超出下水道系统的容量，溢流将污染物及废弃物带进附近的地表水。

非点源（non-point source）与点源相对，呈面状，具有较大的分布面积，因此也称为面源污染。影响该类污染的因素有土地利用、气候、水文、地形、植被和地质等，很难加以控制。在城市地带常见的非点源通常出现在暴雨期间，包括：街道空地的径流，可含有重金属、化学物质、沉积物等各种污染物；洗车的清洁剂和油渍；花园的杀虫剂；工厂与仓库的雨水径流。在农村地区，非点源污染通常和农业、林业与开矿有关。不合理地使用化肥、农药，已经成为当前主要的面源污染成因。

另外，在一些水稻、小麦粮食生产地区，秸秆得到不及时妥善处理，则可能对环境造成影响。过去农村都是以秸秆为燃料，如今普遍使用天然气，家庭不再需要秸秆，最初就出现了秸秆田头被焚烧并污染大气的问题。随着禁止焚烧秸秆的政令一出，秸秆由于得不到及时、妥善处置，被就地推入河流之中，影响地表水水质（图 11.2）。

图 11.2 农作物秸秆入河造成水污染

11.3.2 地表水治理

地表水污染的治理需要在污染源调查的基础上开展。对于点源污染，可以根据法律法规进行取缔。目前我国对入河排污口的设置要求开展论证，需要结合河流的水功能和河流纳污能力，论证在最不利水力条件下入河排污的可行性，为水行政许可提供论证依据。

对于非点源污染，治理工作开展的难度很大。由于污染源与面状分布的农业生产、城市径流以及农村卫生状况有关，削减污染源需要通过减少化肥施用量、改善农村卫生条件、加强城市街道卫生管理来实现，不仅涉及农业结构、作物品种改良和粮食安全问题，也涉及人们的生活习惯、管理水平和经济投入程度。

由于地表水交替快，水流速度快；与空气接触面广，水体中的污染物能够得到稀释、冲淡，在空气、阳光和生物作用下发生自然净化。当污染源得到有效控制时，地表水污染治理会有明显成效。

11.4 地下水污染与处理

11.4.1 地下水污染

与地表水不同，地下水是埋藏于地表以下、看不见摸不着的水体。只有通过接触自然出露的泉水或人工掘井抽出的地下水，才能通过感官或分析手段认识地下水的一些物理、化学和生物特性。

全球大约 25%～40%的饮用水来自于地下水（U. S. National Groundwater Association，2015)，因此人们很关心地下水中是否出现了有害的污染物，包括某些无机和有机化学物质、细菌和放射性物质。由于人类活动可生成大量的各种各样的废弃物，它们没有得到妥善处置时，比如常常暴露于地表，会随雨水和径流渗入地下，从而污染地下水。一般地，地下水污染后表现出来的危害，与以下几个因素有关：污染源类型与规模，污染物泄漏量，地下含水层污染范围，污染物浓度和毒性，以及与地表人或其他生物的接触程度。

然而，大部分人长期以来一直认为使用的地下水很纯净，饮用起来很安全。可以说，地表水的污染源都可能成为地下水的污染源，因为多数情况下地表水可以入渗补给地下水。只不过通过入渗过滤，地下水能够比地表水看起来更清澈，但无色无味的溶解性污染物是通过感官辨识不出来的。由于多数危害不是短时间内有征兆的，经过长期积累才会被发觉，甚至不会与饮水联想，因此也容易造成饮用安全的误解。

地下水遭受污染，往往与地表浅层的污染物泄漏或渗漏有关。常见的地下水污染源包括地下储油罐、管道的泄漏，化粪池的渗漏、农田灌溉水的入渗、污染地表水的入渗、人工回灌污废水，以及地面事故性泄漏造成入渗等。

11.4.2 地下水处理

地下水处理（groundwater treatment）是将地下水中污染物去除或转化成无害物质的过程。按学科分类，可分为生物修复、化学修复和物理修复技术；按修复空间位置，也可分为原位修复和异位修复两类。

其中，生物修复技术包括借助自然或人工措施的微生物修复和植物修复，化学修复主要包括化学氧化、离子交换等，物理修复包括吸附、沉淀、抽取等方法。在实践中，通常联合多种方法进行修复。比如抽出-处理法（pump and treat method），就是先将污染地下水抽出地表并进一步处理的方法，目前被广泛使用。

地下水修复需要以地质条件、水文水力条件和污染物迁移与归宿的调查和研究为基础，选择适合于现场的修复方法。目前，地下水修复技术经常是多学科的联合。然而，必须认识到，地下水一旦遭受污染，其修复是一项非常耗时、耗力且费用很高的工程，会受到环境条件和修复技术适用性的限制，想恢复到污染前状态是不可能的。鉴于此，防止地下水污染是极其重要的。

11.5 水质标准

水质标准（water quality standards）描述了为某种水用途而制定的包含生物、化学、物理水质指标及其量化参数，比如，饮用水水质标准就是为饮用水而制定的水质标准。从公众健康和生态的观点来看，污染物超过一定量就会对生物造成伤害。因此，有毒的重金属、有机物、某些放射性同位素、磷、氮、钠和致病的细菌、病毒等等，都是水质标准中的污染指标。

在现代，人们经常关心的一个问题是“我们的供水安全吗?”衡量一个地区的供水安全，需要有一个水质标准以及落实这个标准的条件。尤其对于后者，主要指有没有检测水质的条件，包括经济和技术上的条件。比如，你的供水有没有经过检测？检测了哪些水质指标？检测的精度如何？事实上，在许多贫困落后的地区，水质检测条件是令人担忧的。

水质标准的诞生与修订体现了社会的进步和人们对生活质量要求的提高。以我国为例，2007年1月1日实施的《生活饮用水卫生标准》(GB 5749—2006)，相对于原采用的《生活饮用水卫生标准》(GB 5749—85)，水质指标由原来的35项增加至106项，增加了71项，修订了8项。其中，微生物指标由2项增至6项，饮用水消毒剂由1项增至4项，毒理指标中无机化合物由10项增至21项，有机化合物由5项增至53项，感官性状和一般理化指标由15项增至20项。

不同的国家和地区，饮用水水质标准具有差异性，包括世界卫生组织WHO、欧盟EU和美国EPA制定的饮用水水质标准，也存在差异（表11.1)。在水质指标中，美国EPA认为有大肠杆菌和硝酸盐应该引起重视，它们在超标时可以产生快速的健康威胁(U.S. EPA，1991)。大肠杆菌超标可能表明水被有害致病生物污染；硝酸盐超标可以对年幼孩子构成威胁，能引起高铁血红蛋白血症，表现出呼吸困难，皮肤发紫或变蓝，黏膜发绀，又成为“蓝婴症”。

表11.1　　饮用水标准污染物最大含量限值（maximum concentral limits，MCLs）摘录　单位：mg/L

指标	世界卫生组织	欧盟	美国	中国
砷	0.01	0.01	0.01	0.05
苯	0.01	0.001	0.005	0.01
镉	0.003	0.005	0.005	0.005
铬	0.05	0.05	0.1	0.05
氟化物	1.5	1.5	4	1
汞	0.006	0.001	0.002	0.00005
硝酸盐	50	50	10（以N计）	10（以N计）

注　https://en.wikipedia.org/wiki/Drinking_water_quality_standards。

11.6　废水处理

废水处理（wastewater treatment）是指将污废水（主要是居民生活污水和某些工业废水）中大量污染物去除、同时产生可以向自然环境排放的尾水和污泥的过程。处理方法可以分为物理处理方法、化学处理方法和生物处理方法。比如，重力分离法、热处理法、膜分离技术、投加药剂的混凝法、活性污泥法和生物膜法等，都是废水处理的常用方法。

一般地，污废水都是通过管网收集、管道输送到废水处理厂集中处理的。由于污废水污染物种类多，包括耗氧污染物、细菌、重金属、营养元素、盐、悬浮固体和其他化学物质等，对来源复杂的废水可能需要专门的处理方法。比如，生物接触氧化法（biological contact oxidation process)，这是一种利用填料上的生物膜和充分供应的氧气，借助生物氧化作用，将废水中有机物氧化分解达到净化目的的一种方法。最简单的废水处理方法是将固体颗粒物从污废水中分离的沉淀方法。

随着社会的城市化进程，污废水产生量也越来越大。在水资源越来越紧张的一些国家和地区，处理后的尾水也被回用，比如用来灌溉、冲厕、绿化用水、景观用水等。

废水处理装置有现代的废水处理装置，也有传统的且普遍存在的化粪池（septic tank）处理装置。尽管污废水集中处理的效果更好，但处理能力经常跟不上污废水产生量。因此，在不少城市地区，除了废水处理厂，传统的化粪池处理系统仍然大量存在，它可以将生活污水及污泥进行厌氧分解，发挥污水处理作用，尤其在农村地区。无论是发展中国家，还是发达国家，化粪池的使用十分普遍，比如美国大约有 30%的人使用化粪池（Beduent et al.，1994）。

11.6.1　化粪池的污水处理

化粪池处理污水的规模通常不大，污水来自小型商业或社区点，污水从室内通向室外的地下化粪池，其结构如图 11.3 所示。

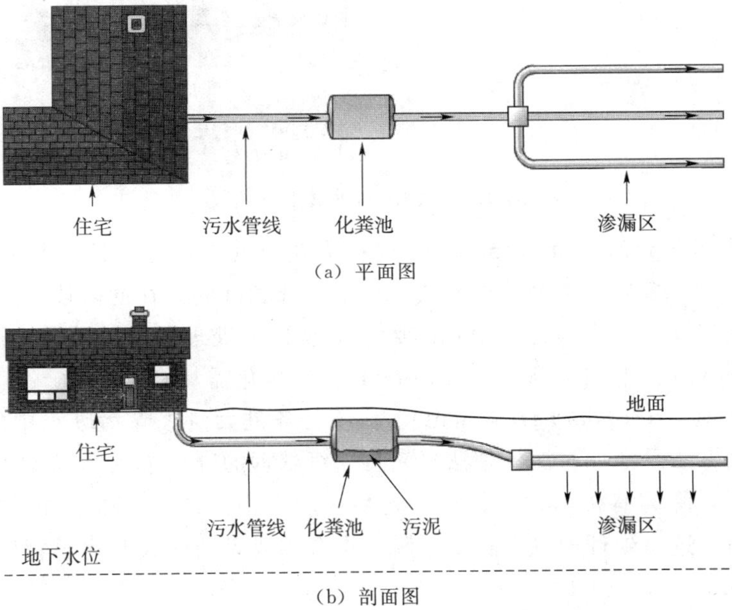

图 11.3　家庭化粪池污水排放系统示意图

污染物进入化粪池后，将经过细菌降解作用，减少污染物总量，并使得固态有机物转化为液态，然后或流入污水处理厂的管网收集系统，或渗入土壤，通过自然的自净作用来消化和净化污水。

虽然化粪池处理能力有限，结构也较为简单，但在选址建设方面也需要开展调查评估。包括建设地的土壤类型、潜水埋深、基岩顶面埋深以及周围的地形。如果化粪池排水是自然渗透，则必须知道土壤的渗透能力，以评价化粪池的处理容量。如果土壤渗透能力低，在雨季，化粪池的固体污染物或污水很可能溢出地表，产生环境危害。

11.6.2　废水处理厂

废水处理厂（wastewater treatment plant）是集中处理污废水的场所，或称污水处理厂、污水厂。在 21 世纪初，我国规模较小的城市开始新建废水处理厂，用来集中处理城市产生的污废水，且规模不大，日处理量约 2 万 t。近年来，人口规模更小的城镇地区也开始兴建废水处理厂，加强对污废水的处理力度。

现今，废水处理一般分 3 个阶段，常称之为一级、二级和三级处理，如图 11.4 所示。

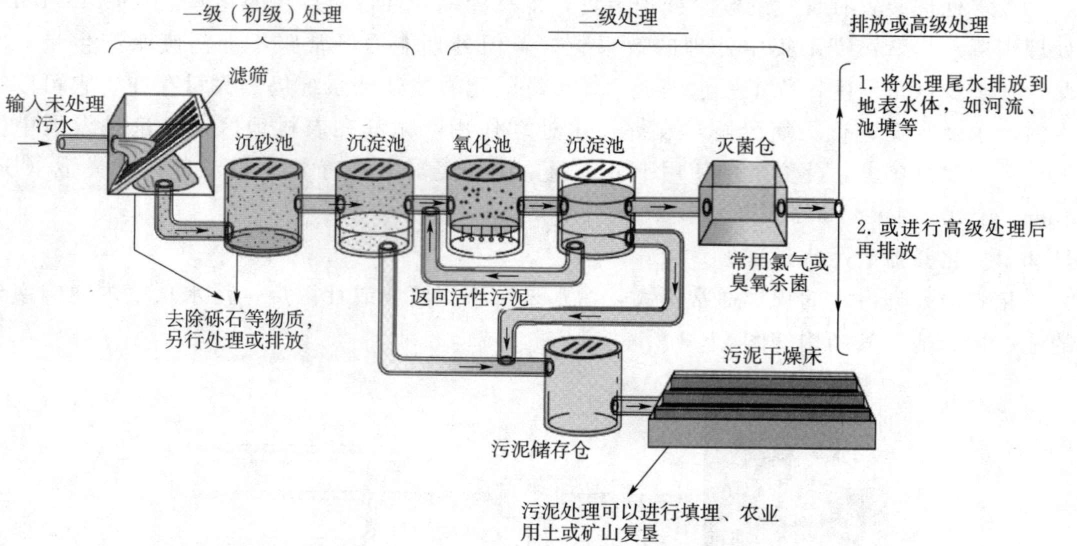

图 11.4 污废水处理常见流程

(1) 一级处理（primary treatment）。也称为初级处理，主要任务是去除呈悬浮状态的固体颗粒污染物，多采用物理处理方法，包括筛选和沉淀。在此阶段中，沉淀下来的淤泥被管道输送到消化池，而不完全净化的废水继续进入处理的第二阶段。通过一级处理，能够去除70%～80%的固体颗粒以及20%～40%的生化需氧量。

(2) 二级处理（secondary treatment）。主要任务是大量去除污废水中的有机污染物。最为常见的处理方法是活性污泥处理法。来自一级处理的废水进入曝气池，在曝气池中进行需氧生物作用，降解有机物。二级处理之后，废水中大约90%的有机物质（BOD）能够被去除。然而，这个处理难以去除氮、磷、重金属或者一些人造化学物质，例如溶剂和杀虫剂（Leeden et al.，1990）。

(3) 三级处理。又称高级处理（advanced treatment），主要任务是去除二级处理中不能去除的污染物，如氮、磷等，需要增加更高级的处理单元。该阶段处理后，废水中高达95%的污染物会被去除，因此可以回用，可以用于野生动物栖息地或者高尔夫球场、公园或农田灌溉用水。

另外，废水处理厂产生的污泥需要通过焚化、填埋处理，也可以用于土壤改良或填海。污泥的处置是废水处理厂主要的经济投入项目。

11.6.3 湿地处理污废水

湿地（wetland）是一个常年或季节性被水保护的陆地，与其他陆地的最大区别就是分布有大量的水生植物，如图 11.5 所示。湿地水生植物能够吸收并储藏营养元素（如氮和磷），具有平衡陆地和水生系统之间营养物、净化水质的功能。因此，近年来不少地方也利用天然的或人工建造湿地来处理污废水，相对于昂贵的废水处理设备，湿地处理废水设施的建设费用更为低廉。例如，印度加尔各答（Kolkata）利用其东部的天然湿地处理污废水就是目前一个典型的例子。这个城市人口容量约 100 万人口，然而现有人口 1000 万，不少居民生活在贫民窟。在城市东部就是一个 8000hm^2 的湿地，有 2 万人生活在这个美丽富饶的地方，利用湿地每天处理来自城市大约 1/3 的污水和垃圾，并发展渔业养殖。仅一个 300 户的渔村，2005—2006 年合作社渔业产值达 13.5 万美元，净收入达 5.5 万美元。

人工建造的湿地在废水处理应用中越来越广泛，可用来处理家庭污水、农业废水、煤矿排水、暴雨径流，为地表水生动植物提供合适的水质。

图 11.5　桂林会仙湿地

湿地在储存营养物质方面具有很好的效果，但是作为一个系统，其吸纳量是有容量限制的。过量的营养物质排入会导致湿地富营养化，并失去其净化水质的功能。影响湿地净化容量的因素有湿地规模、进出水流量、植物类型、气候、污染物输入量。

11.6.4　再生水

污废水经处理、去除固体颗粒物并达到一定的水质质量后，用于农林灌溉、或补给地下水、或某些商业和工业行业供水、甚或饮用水，对具有这些再生用途的水，称为再生水（reclaimed water）。再生水产生和应用过程具有可持续性，有利于节约水资源。对于那些处理后排污河流或海洋的水，不能称之为再生水。某些时候，这些再生水也具有另外的目的，即增加河流环境流量满足水生态系统的需要，增强美感（Bischel et al.，2013）。

再生水的具体用途有很多，其中非饮用水用途包括洗车水、冲厕水、道路洒水、电厂冷却水、混凝用水、人工湖、草地和园林灌溉，以及消防用水等。这些用途代替了原本可饮用水的用途，从而也大大节省了饮用水。通常，再生水供给系统与饮用水供水系统是分离的。

近年来，先进的废水净化技术使得再生水被用作饮用水。这类水各项指标需要全部满足饮用水的标准，并且需要有可信的、频繁的监测和测试。然而，作为饮用水，人们也担心再生水中存在药物和家庭化学品等之类的环境持久性化合物，因为大多数情况下生活污水包含了人类的排泄物。

在不少地方，再生水都有用作非饮用水或饮用水的计划，比如澳大利亚、以色列、美国、西班牙等。

11.7　小　　结

水污染是水质的恶化，水质由物理、化学和生物标准衡量。这些标准考虑了水的预期用途、与标准的偏差、对公众卫生的影响以及生态影响。当今最严重的水污染问题是几十亿人的安全饮用水得不到保障。

地表水污染包括点源污染和非点源污染。主要的水污染物包括用生物需氧量（BOD）衡量的需氧污染物，用大肠杆菌群数量衡量的病原体，导致富营养化的营养元素，石油产品，合成的有机和无机有毒物质，重金属以及放射性物质等。

水质标准描述了不同水用途约束的污染物最大含量浓度（MCLs），可以用来评价水供给的质量等级，评价水处理的水平。

废水处理设施包括化粪池废水处理系统和废水处理厂，前者在许多社区家庭和小型商业或农业活动中使用，后者在规模较大的城市或城镇使用。废水处理系统的管理不善或投入不足将会造成集中性水污染。深度处理后的废水可能成为再生水被重复利用，这有利于提高水资源利用效率。

关键术语

advanced treatment	average residence time	biofuel
BOD	eutrophication	groundwater treatment
heavy metal	LNAPL	POPs
pump and treat	reclaimed water	residence time
thermal pollution	wastewater treatment	wetland
septic tank		

复习题

1. 主要的水体污染物有哪些类型？
2. 为什么说地下水一旦受到污染后，修复难度更大？
3. 常用的废水处理渠道有哪些？
4. 城市固体废弃物的主要组成有哪些？
5. 废水处理厂的初级处理和高级处理有什么不同？大部分的污染物是在高级处理阶段完成的吗？

可利用网站

1. USGS Environmental Health-Toxic Substances，Eutrophication Definitions. http://toxics.usgs.gov/definitions/eutrophication.html.
2. Reclaimed water. From Wikipedia. https://en.wikipedia.org/wiki/Reclaimed_water.
3. Ground Source Heat Pump Association. http://www.gshp.org.uk/.
4. Polluted Runoff：Nonpoint Source Pollution. http://water.epa.gov/polwaste/nps/.
5. East Kolkata Wetlands. From Wikipedia. https://en.wikipedia.org/wiki/East_Kolkata_Wetlands#Sewage_treatment.
6. USEPA，Water-Our Waters-Wetlands-Restoration-Constructed Wetlands. http://water.epa.gov/type/wetlands/restore/cwetlands.cfm.
7. 中国水网. http://www.h2o-china.com/.
8. 中国环境状况公报 . http://jcs.mep.gov.cn/hjzl/zkgb/2013zkgb/.
9. 全国地下水污染防治规划（2011—2020）. http://www.zhb.gov.cn/gkml/hbb/bwj/201111/t20111109_219754.htm.
10. 第一次全国污染源普查公报（2010）. http://www.zhb.gov.cn/gkml/hbb/bgg/201002/t20100210_185698.htm.

第 12 章　固体废弃物管理与地质

无论是城市还是农村，固体废弃物产生和处置都是人们不能回避的问题。如何实现废弃物减量化、无害化和资源化，需要进行综合管理。本章将给大家介绍固体废弃物的分类和处置方法，从中可以了解废弃物管理与地质环境的关系。

城市每天都会产生大量的固体废弃物，不适堆放将带来环境问题。

12.1　概　　述

我们每做一件事情，几乎都会或多或少地留下不同类型的废弃物。家庭产生日常垃圾，工业和农业过程产生一些有害或无害的废物。无论是在城市，还是在农村，每天都会产生大量的垃圾。比如现在的美国，平均每人每天产生约 2kg 的垃圾，比 20 世纪 60 年代增加了 60%。加上工业、农业和矿山废料，美国每年产生的废弃物（solid waste）大约有 40 亿 t（Montgomery，2006）。人类生产和消费活动产生的没有“利用价值”而被遗弃的固体或半固体物质，通常称为固体废弃物（solid waste），也俗称垃圾。由于一些固体废弃物含有有害、有毒或放射性的物质，对人类健康和环境存在影响，合理而安全地处置这些废弃物是使环境污染最低化的关键。

废弃物处置（waste disposal）需要建设处置设施，需要选择合理的处置技术。在 20 世纪 80 年代，提出了“废弃物综合管理（integrated waste management，IWM）”策略，包含了一系列管理方案，如资源减量、循环、再利用、堆肥、填埋和焚烧等（Relis and Dominski，1987）。然而，一些处置设施尤其是填埋厂（landfill）常常不被附近居住的人群接受，主要与场地管理和地质渗漏等问题带来的环境影响有关。

本章目的是让大家认识到固体废弃物的有害性和无害性、综合管理策略，以及处置方案涉及的地质问题。

12.2　固体废弃物类型

固体废弃物类型的划分方法很多，详细程度也不同。根据对健康与环境的危险性，可以将固体废弃物分为有害的和无害的两大类。

有害废弃物（hazardous wastes）是指被确定为对人类和环境有毒或有害的废弃物。有害废弃物分为几类：对人类、生物有毒性的物质；暴露在空气中会爆炸或燃烧的废弃物；极度腐蚀性的废弃物；不稳定的废弃物。许多行业都可以产生该类废物，较小型的包括社区内的干洗店、汽车修理店、医院、相片洗印店等，较大型的如化学制品厂、电镀车间和炼油厂。家庭里也会产生或存在一些危险性废弃物，如颜料、电池、杀虫剂和用过的废油等。在美国，该类废弃物包括了《资源保护与恢复法（*Resource Conservation and Recovery Act*，RCRA）》上列出某些物质，或者具有可燃性、腐蚀性、反应性和毒性4个性质之一的物质。

无害废弃物（non-hazardous wastes）是指那些来自于家庭、学校、建筑工地、商店、工厂和医院等地的、没有特别危险性的废弃物。主要是市政固体废弃物（municipal solid waste，MSW），包括纸张、塑料、金属、食物、玻璃、木材、食物残余等，可以被还原或重复利用。

12.3　固体废弃物管理

最初，人们对固体废弃物管理的认识可能仅限于将垃圾从一个地方（比如城市）转移到另一个地方进行堆放、填埋，并没有考虑到更深层次的垃圾处置方法。然而，问题还是暴露出来了，异地堆放或填埋的垃圾能够产生甲烷气体、或污染周围环境的有害液体，而且对附近空气也产生明显的污染。按照管理目标，废弃物管理应该具有长期理念，需要不断发展新方法，避免公众健康受到威胁，不产生令人讨厌的环境问题。

在废弃物综合管理（IWM）的一系列方案中，减量（reduce）、循环（recycle）和再利用（reuse）这“3R”环节是最为重要的（Relis and Dominski，1987）。通过循环利用可以减少城市垃圾的产生量，进而减少垃圾的转运量和填埋量。在过去的20～30年，发达国家大力提倡循环利用，如今转运到填埋场的垃圾下降了50%左右。然而，一味地强调循环利用也难以控制废弃物的产生量，因为人口不断增加将带来不断增加的废弃物。或许在50—70年后，即使人类能够通过循环利用减少50%垃圾，但人口的增加可能使得废弃物产生量翻番，所以强调循环利用不是一个可持续的解决废弃物问题的方法。基于这样的认识，IWM需要融入一个对使用材料实行管理的理念（Relis and Levenson，1998）。

材料管理（materials management）是IWM的一部分，但提出了一个新的目标：废弃物零产生！这是一个有远见的目标，要求节约资源，对材料的利用具有可持续性。作为IWM概念外延的一部分，实施材料管理需要有以下步骤（Relis and Levenson，1998）：

(1) 去除原材料（比如木材、矿物、石油）开采的补贴。

(2) 设立“绿色建筑”鼓励机制，运用可循环材料和产品制造建筑物。

(3) 设立财政惩罚机制，应对那些违背材料管理计划的产品生产商。

(4) 设立财政帮扶政策，支持有益于环境可持续发展的生产商，鼓励使用循环产品，减少废弃物产量。

(5) 提供材料管理领域技术应用的工作岗位，鼓励参与开展“3R”实践，这是材料管理和资源持续利用的关键。

12.3.1　固体废弃物处置

固体废弃物处置是城市的一大问题。图 12.1 列出了固体废弃物的主要来源和类型，包括轻工业、建筑业、设施拆除、家庭和商业、街道产生的废弃物。表 12.1 列出了美国 1986 年和 2006 年固体废弃物在循环利用之前的平均产生量（EPA，2008；Ujihara and Gough，1989）。其中，2006 年废纸占总量的 34%，庭院废物占 13%、塑料占 12%、食物占 12%、金属占 8%、木材占 6%、玻璃占 5%、其他占 10%。当然，在不同地区，土地利用类型、经济基础、工业活动、气候等因素都会影响废弃物类型和产生量。表中纸张、塑料、金属等占有的比例也只是平均数字，不代表某个地区具体的比例特征。但是，可以肯定的是，纸张占废弃物总量的大部分，现代塑料废品产生量比 20 年前提高了近 70%，这与当代塑料制品的使用量增长有关。由此也可以说明，塑料再加工工业的发展是十分迫切的。

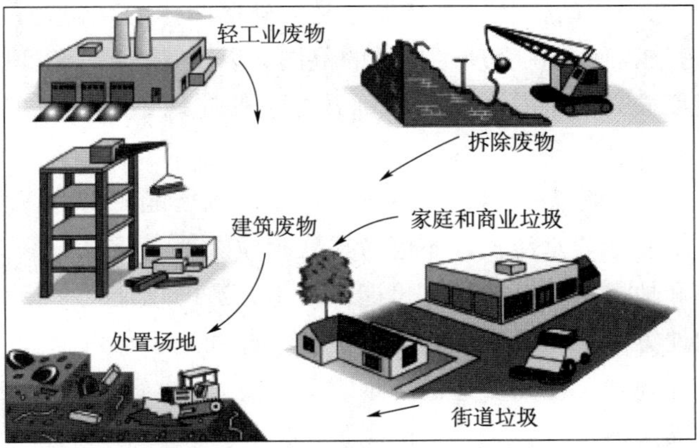

图 12.1　转运到处置场的固体废弃物类型

表 12.1　美国城市垃圾循环利用前的产生量对比

材料	1986 年（重量比/%）	2006 年（重量比/%）
纸张	36	34
庭院垃圾	20	13
塑料	7	12
金属	9	8
食物废物	9	12
玻璃	8	5
木材	4	6
其余（橡胶，纺织品等）	7	10

注　EPA，2008；Ujihara and Gough，1989。

最常见的固体废弃物处置方法包括原地处置、堆肥、焚烧、露天堆放、卫生填埋等。这里，将着重介绍卫生填埋方法，因为这是非常普遍的方法，而且与地质和水文具有密切的关系。

卫生填埋场（sanitary landfill）俗称为垃圾填埋场，属于土木工程范畴。通过该工程，目的是使得城市固体废弃物不产生危害大众健康与生命安全的灾害。在原理上，工程将废弃物围堵在一小块天然或人工洼地或凹坑，将废弃物体积填入、压密，并频繁地在废弃物上覆盖土层。也就是这层覆盖土层，让填埋场称得上“卫生”（图 12.2）。压密的土层有效阻止昆虫、动物进出废弃物，隔绝空气，减少地表水进入。

（1）潜在的灾害。一个最值得注意的潜在危害是污染地下水或地表水。如果掩埋的废弃物接触到地表渗漏下来的水，或是侧向移动的地下水通过废弃物，就会产生渗滤液（leachate），它是挟带细菌污染物的矿化液体。填埋场渗滤液的污染物浓度，远比一般污水高得多，不过水量也少得多。

另一种可能的危害是甲烷气体的产生和散逸，有机废弃物分解会产生甲烷。如果妥善管理、不受污染，甲烷是一种能源。有些填埋场利用塑料衬里以及黏土封闭甲烷，再从特殊构造的井收集。这种先进技术使填埋场生产并销售甲烷，降低废弃物管理的相关费用。

（2）场地选择。鉴于填埋场存在的潜在灾害，在建设前需要开展场地选择的论证。影响卫生填埋场可行性的控制因素有：地势、地下水位、降雨量、岩石土壤的种类、处置场在地表水和地下水流系统中的位置。最佳场址是能确保固体废弃物处置的安全，尽量减少地下水和地表水的污染，使其在合理可接受的范围。以下是选择卫生填埋场的通用准则：

1）石灰岩或极度破碎的采石场、砂和砾石为主的洼地不适合当填埋场，这些地质材料的透水性太高（图 12.2、图 12.3）。

2）沼泽区也不适合，除非可以彻底排水，防止处置场泡在水中。

3）泛滥平原定期有地表水淹没，不应考虑作为垃圾处置场。

4）渗透性能高和地下水位高的地方可能都是不合适的场址。

5）地形崎岖的地方，最佳场址在沟渠的上游，此处地表水最少。

6）干燥的黏土洼地，可能是合适的场址。

7）上覆有厚层黏土的平地，是合适的场址。

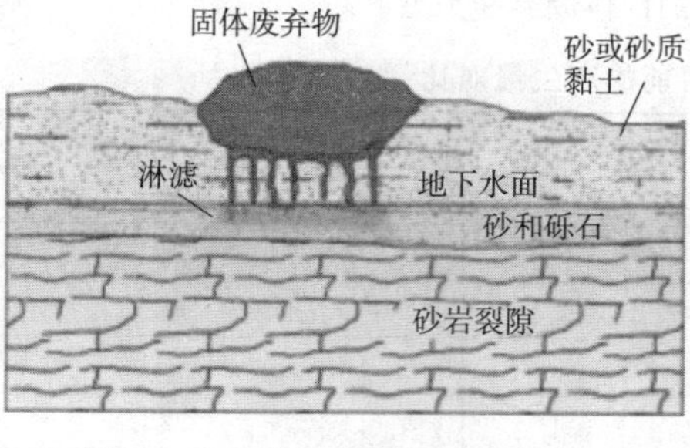

图 12.2　砂岩地区的垃圾填埋场

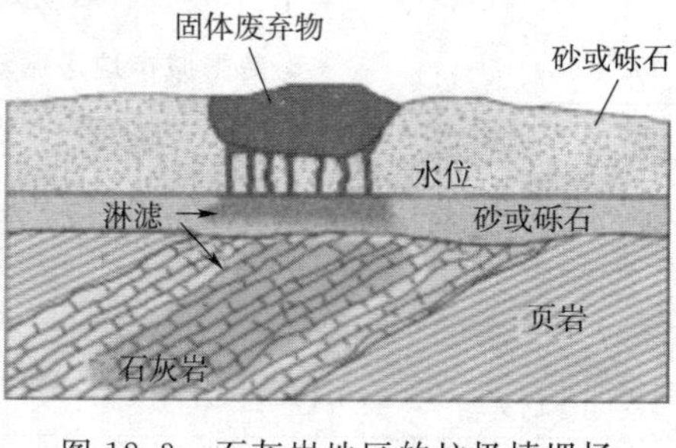

图 12.3　石灰岩地区的垃圾填埋场

选址之后，还要进行水文地质调查，钻取土样进行渗透试验，测定水力传导系数，并预估渗滤液的流动情况。

(3) 监测。选定卫生填埋场之后，在启用之前必须先监测地下水的流动情况；启用之后，还要持续监测渗滤液与气体的动向，防止任何污染的可能性，如图 12.4 所示。特别是在填埋场填满，铺上永久覆盖层之后，应加强填埋场的监测与维护，以降低污染的可能性。必须建立监测井，经常做地下水质取样，监测是否有渗滤液进入地下水。否则，一旦污染，整治费用代价很高。固体废弃物处置场的有害污染物，主要由 6 条路径进入环境（Walker，1974），如图 12.5 所示。

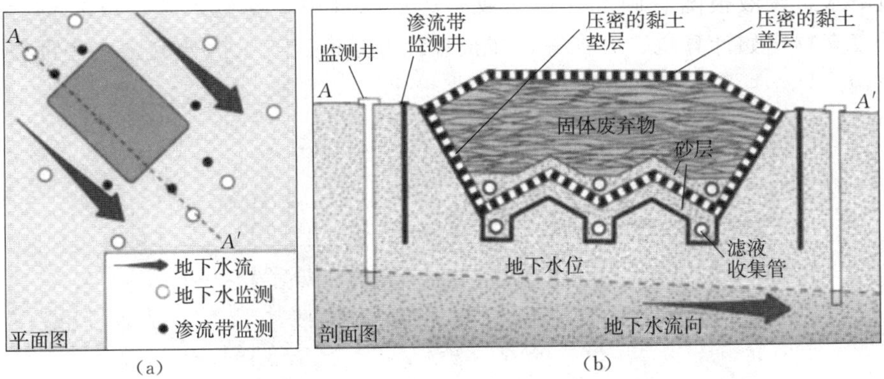

图 12.4　垃圾卫生填埋场监测设计

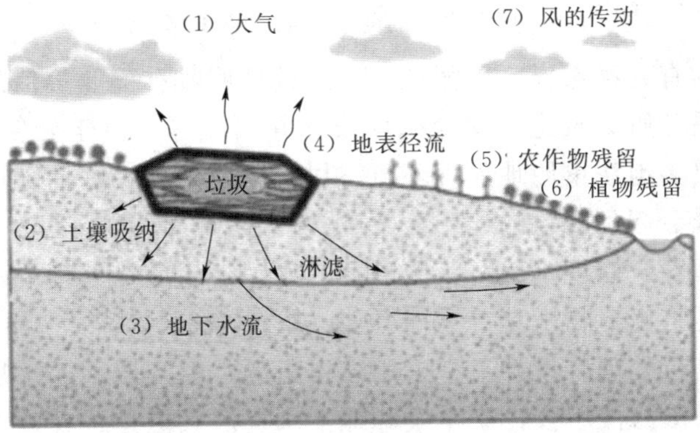

图 12.5　有害污染物从填埋场进入环境的路径

1) 甲烷、氨、硫化氢、氮等气体，挥发进入大气。

2) 铅、铬和铁等重金属停留在土壤中。

3) 氯化物、硝酸盐和硫酸盐等可溶性物质快速穿过土壤，进入地下水系统。

4) 如果有地表径流，就会把渗出液带入地表水系。

5) 在填埋场附近生长的作物和植物会选择性地吸收重金属和毒性物质，进入食物链传递给摄食的动物和人类。

6) 含有有毒物质的植物残渣会侵入土壤，通过径流作用回归环境。

7) 纸品、塑料等碎片会通过风的作用迁离填埋场。

12.3.2　有害废弃物管理

近年来，新的化学合成物质种类激增，每年约有 1000 种新的化学物质出现，目前市场上约有 5 万种化学物质。虽然这些化学物质大多是有用的，但至少有上万种被认为对人体健康有一定或潜在的危害。

工业国家每年生产的有害废弃物数以百万吨计。以前，这些废弃物多半是随意倾倒，虽然有些先进国家已经立法禁止，但是非法倾倒的行为仍在继续，特别是在都市的污水系统中。这样不受管制的倾倒已经污染了土壤和地下水资源（图 12.6），对一些服务期已满的老旧化学废弃物处置场，存在的问题相当严重，整治相当困难。比如：废弃的储存桶或被遗弃在地表，或被填埋于地下，但它们终会被腐蚀，残留的有害物质会污染地表水体、土壤和地下水；废液被随意倾倒在地面或路边或水塘中，会侵入土壤或岩石，污染地下水；电子废弃物比如计算机、电视等，在很多地方是通过人工拆分的，一些毒性物质与人体直接接触。

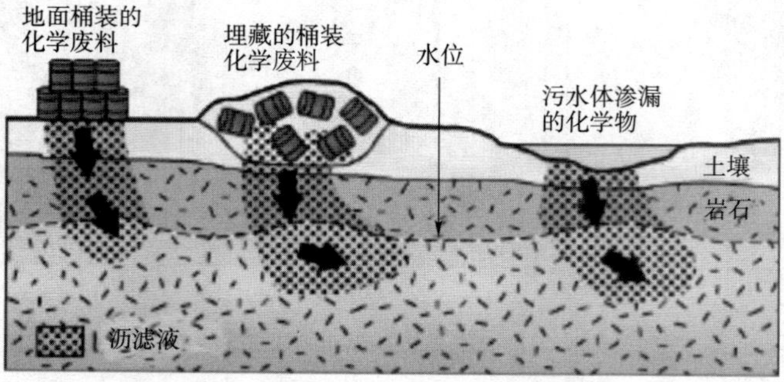

图 12.6　化学物质的随意倾倒污染土壤和地下水

管理有害废弃物有几种选择：再循环、原地处理回收有商业价值的副产品、微生物分解、化学分解、高温分解、焚化、安全掩埋或深井灌注等。由于处置场的成本越来越高，处置有害废弃物应更多地注重原地处理环节。尽管原地处理无法消除所有的有害化学废弃物，但对后面的处置会起到减量的作用。

（1）安全掩埋。安全掩埋（secure landfill）比卫生填埋在处理要求和目标上更高、更严格，其基本理念是将废弃物围堵在一小块地方，内部排水系统把渗出水汇流到集水坑，抽送到废水处理厂进行处理。设计上常采用多重阻隔，由几层不透水层和滤料构成，加上不透水覆盖层，确保渗滤液不会污染土壤和地下水资源。但是这种废弃物处置的做法，必须设置一些观测井，以防在渗出水跑出处置系统可能污染到附近的水资源，以便让工作人员有所警觉，如图 12.7 所示。

有人认为没有真正的安全掩埋，只是渗漏范围大小不同而已。这种说法是可能的，因为不透水的塑料衬里、滤料和黏土层可能会遭破坏；排水系统可能会堵塞，产生溢流。因此，场地的选址和规范的施工对于安全掩埋效果的保障十分重要。好的场址必须拥有良好的天然阻隔，例如厚层黏土、干燥气候和深的地下水位，以减少渗出水的迁移。

（2）土地施用。把废弃物均匀散布在地表土层上，称为土地施用（land application）。这种方法适用于某些生物分解的工业废弃物，包括石油废弃物和某些有机化学厂的废弃物。通常根据有害物质在生物圈残留的时间长短，即生物持久性，来衡量土地施用方法的适用性。生物持久性长，就不适用土地施用的方法；盐类与重金属等无机物，是不适合利用土地施用方法来处置的（Huddleston，1979）。

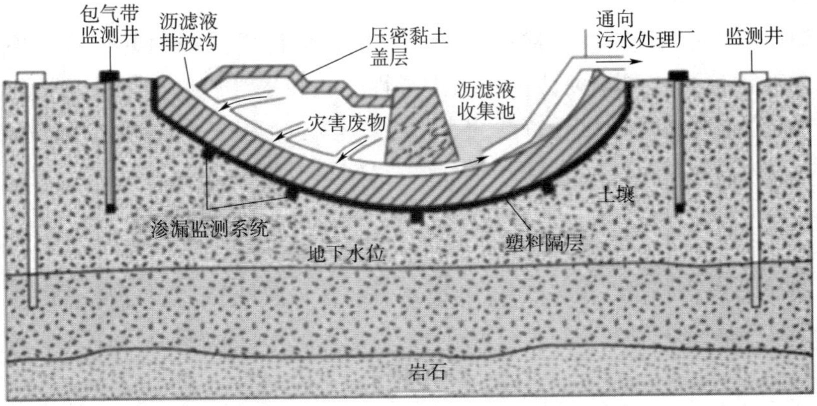

图 12.7　灾害物质的安全掩埋

(3) 深井处置。有害废弃物处置的另一种方法是深井灌注（deep-well disposal）。深度要达到含水层隔水底板以下的岩层，以保证废弃物的灌注不会污染到可利用的水源，如图 12.8 所示。一般来说，废弃物要灌注到地表以下数百米或数千米的可渗透岩层，上方要有低渗透性、抗破裂的岩层加以围堵，例如页岩。

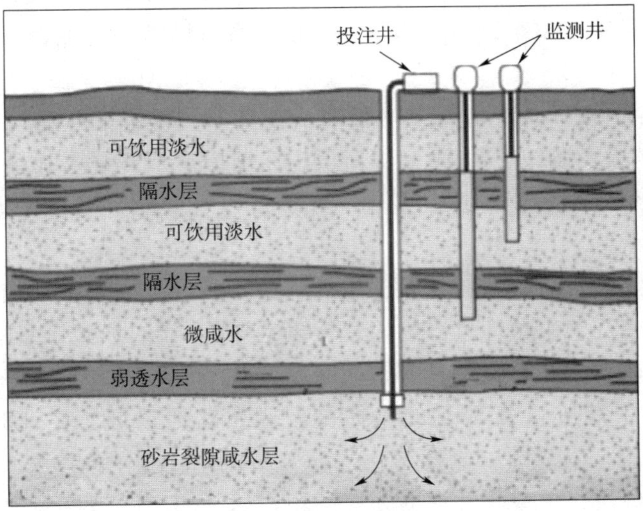

图 12.8　深井灌注系统

深井灌注在处置油田的盐水方面已经行之有效，以控制油田的水污染，把与石油一起抽出的盐水重新回灌到岩石之中。近年来，这种技术被普遍应用于工业废弃物的永久处置方面。

深井灌注的可行性需要考虑以下因素：

1) 地质和工程条件：从地质条件上讲，灌注区首先需要有足够大的孔隙率、厚度、水力传导系数，确保具备安全灌注的容量，例如砂岩；其次，灌注区必须在淡水循环的深度之下，并且有低渗透性的岩石围堵，例如页岩或岩盐。

2) 物理化学特性：要高效利用地下贮存空间，必须仔细评估废弃物的物理化学特性，确保贮存岩石顺利接收。为此，需要在灌注前将废弃物进行处理，减少不利因素，使得废弃物与贮存岩石具有兼容性。

3）经济成本：从经济上，建造与运行的成本也应该是选择深井灌注方案必须考虑的因素。包括钻孔深度的成本，灌注区岩层渗透性、孔隙率、厚度等带来的运行成本。

4）法律规范：要注意法律规范的约束，有些有害废弃物是不允许注入地下的。

处置系统最重要的一环就是监测，由此可以知道有害废弃物的动向与稳定性，测定迁移的速度。有效的监测，必须在开始处置计划之前做好地质调查与制图，其中最重要的是测定出所有淡水含水层，以免让废弃物向上进入淡水含水层，甚至跑出地表。监测井系统不仅能够监测废弃物的动向，而且应能够监测上覆淡水层水质，以防废弃物向上迁移。

12.4 小　　结

工业化和城市化产生了巨大数量的废弃物，并带来了废弃物管理问题的严峻挑战。在许多大城市，能够用来填埋废弃物的场地越来越少，人们也讨厌与处置场地相伴。如果没有废弃物管理的新方法和新理念，废弃物处置危机或许为时不远。

固体废弃物类型可以根据对人类健康和环境的影响分为无害废弃物和有害废弃物。城市产生的废弃物大部分是无害废弃物，来自家庭、学校、商场、街道和建筑垃圾，而有害废弃物主要来自工厂和城市个别服务型行业，是具有可燃性、腐蚀性、反应性和毒性 4 个性质之一的废弃物。

19 世纪中期工业革命以来，废弃物管理从被动的“稀释和扩散”到主动的“收集和包围”，到现在的“废弃物综合管理（IWM)”，逐渐演变成减量、循环、再利用、焚烧和堆肥、填埋等一系列管理环节，其中“3R”环节可以有效减少填埋或焚烧废弃物的数量，是 IWM 中的首要环节。

城市固体废弃物的常见处置方法是卫生填埋法，在自然或人工开挖的洼地，通过土层和废弃物互层、压密环节来填埋废弃物，通常也是 3R 环节、焚烧、堆肥之后的终端环节。原理上，该方法与地质学和水文学具有密切联系，对场地地表水、地下水和土壤都存在潜在的危害，并产生甲烷等可资源化的气体，需要在场地选址、设计和监测等方面严格管理。

有害废弃物管理是一个备受关注的环境问题，如不加以严格控制和管理，它们终将影响公众健康。由于人类活动不断产生有害废弃物，发展和应用安全处置方法尤其重要。安全掩埋法是一种主要的处置方法，但其设计要求比卫生填埋法更为严格，须严格控制并处理渗出液；有些情况下，土地施用和深井灌注也是有害废弃物的处置方法，但同样需要慎重对待。

关　键　术　语

deep-well disposal	hazardous waste	integrated waste management
land application	landfill	municipal solid waste
non-hazardous wastes	reduce, recycle and reuse	sanitary landfill
secure landfill	solid waste	waste disposal

复　习　题

1. 我国关于固体废弃物的概念定义。
2. 废弃物综合管理的含义是什么？
3. 城市固体废弃物的主要组成有哪些？
4. IWM 中的“3R”是什么，有什么重要意义？
5. 废弃物填埋场选址应注意哪些地质方面的问题？
6. 有害废弃物有什么处置方法？

可 利 用 网 站

1. 美国 EPA 废弃物网站．http://www.epa.gov/epawaste/index.htm.
2. 城市固体垃圾发电厂．http://www.energy.ca.gov/biomass/msw.html.
3. 废物管理．https://en.wikipedia.org/wiki/Waste_management.

第13章 空 气 污 染

空气污染是当前很多地区存在的严重的环境污染问题，本章将介绍空气污染物来源和分类，以及空气污染的危害。

2015年12月上旬，一场罕见的重度雾霾向中国多个城市袭来。从北至南，25个省份、100多个城市不同程度出现雾、霾天气，部分城市甚至发布雾、霾橙色预警。

自从人类用火以来，大气层就成为人类排放废弃物的媒介之一。由于空气的快速流动性，排放的废弃物常常在短时间内扩散，形成视觉上的“消失”。这样，大气层也成为人们最为方便的、最不经意的废弃物排放空间。科学已经证明，近两个世纪以来，随着工业化和城市化发展，大气循环难以化解人类日益增多的排放废弃物，城市空气的污染变得越来越严重。

有人说，污染物是在某个错误的时间以不合适的浓度放错了地方的物质。如果污染物消失或衰减的速度比生成速度快，就不会产生污染问题。污染物一旦进入大气层，就可能在大气作用、水文作用和地球化学作用下得到衰减，或转换成其他形式，如酸雨（acid rain）。

人们都知道，空气污染（air pollution）是指颗粒物或其他有害物质进入大气层引起有机体疾病、死亡或有害于自然与社会环境的现象。

13.1　空气污染源

在不同地方，进入大气层的污染物随人为活动程度和影响因素不同而不同，但总体上，空气污染源可以分为人工源和自然源两大类。

人工源是由人类生活、生产等活动而存在的污染源，主要与燃料的类型有关，又有固定源和移动源之分。固定污染源主要表现为烟囱排放方式，比如发电厂、冶炼和化工等工厂、焚烧炉、燃料热处理装置等；移动污染源通常来自陆地机动车辆、水上船运和航空运输。

自然源是由自然过程所产生的污染源，包括风力扬尘、火山爆发、森林火灾、生物腐烂等所产生的有害气体和灰尘；植物产生的酯类、烃类化合物；有机质腐烂产生的臭气以及自然放射源等。

13.2　空气污染物

空气污染物是一种存在于空气中的、对人类和其他生物体有负面影响的物质，包括固体颗粒、液态微粒和气体。空气污染物主要来自于人类活动和自然作用，按照它们的起源，可以分为原生污染物（primary pollutant）和次生污染物（secondary pollutant）。

空气中的原生污染物通常是被直接排入空气中的，比如一次火山喷发产生的烟尘，机动车排出的一氧化碳，工厂排放的二氧化硫。次生污染物不是直接排放的，而是通过空气中原生污染物转化和反应产生的，比如地面臭氧（ground level ozone），就是一个典型的次生污染物，是由原生污染物、阳光和大气层自然气体共同产生的。有些污染物，既可以来自于直接排放，也可以是其他原生污染物作用的产物。

13.2.1　原生污染物

原生污染物包括一氧化碳、氮氧化物、硫氧化物、挥发性有机气体和颗粒物，它们几乎是所有空气污染问题的污染组分。

(1) 硫氧化物（SO_x）：主要是二氧化硫（SO_2），主要产生于火山活动和各种工业制造业。由于石油和煤含有硫元素，燃烧后可产生二氧化硫，在大气中通常能形成硫酸，进一步形成酸盐，对环境造成危害。这也是人类担忧燃烧化石燃料带来的环境影响之一。人类活动排放的硫氧化物大约占总排放量的50％。

(2) 氮氧化物（NO_x）：主要是二氧化氮（NO_2），主要产生于高温燃烧和雷电作用。有时，可以在城市的上空或下风方向看到二氧化氮气团，像一片棕色的烟云。氮氧化物是典型空气污染之一，这种气体具有辛辣的刺鼻的气味。事实上，这种气体几乎全部来自于人为活动，主要是车辆排放和燃料燃烧排放。

(3) 一氧化碳（CO）：一种无色、无味、无刺激气味的有毒气体，大部分产生于自然作用，约占总量的91％；人为活动排放量约占9％，主要来源于车辆尾气排放，也包括天然气、煤和木头的不完全燃烧过程。

(4) 挥发性有机化合物（volatile organic compounds，VOCs）：这是一类挥发性烃类

有机化合物，包括甲烷和其他挥发性烃化合物。甲烷是一种最为典型的温室气体，可促进全球变暖；芳香烃苯、甲苯和二甲苯挥发性强烈，具有致癌作用；其他烃挥发性化合物因为能促进臭氧产生，对温室效应也具有显著的作用。由于人类活动排放的 VOCs，大约占总排放量的 16%，主要来源是车辆排放和工业排放。

(5) 颗粒物（particulate matter，PM）：也称为大气颗粒物，是指大气中细小的固态或液态颗粒。有两种常见的描述颗粒物的指标，是按照直径定义的 PM2.5 和 PM10，分别指直径小于 2.5μm 和 10μm 的颗粒物。空气中大约 85%的颗粒物来源于自然作用，包括火山活动、尘暴、森林和草地火灾等；有 15%颗粒物来源于人类活动，比如机动车、工厂等。PM2.5 描述的细微颗粒对肺部功能可以产生很大的伤害，常见的硫酸盐和硝酸盐颗粒就是最为典型的细粒污染物，它们是空气中硫氧化物和氮氧化物的次生产物。

(6) 有毒重金属：比如铅和汞，尤其它们的化合物。铅是汽车电池和其他工业产品中的重要组分，被添加到汽油中可增强汽车动力。以前，美国汽油添加铅后，导致道路两侧土壤和水体中含铅量大幅提高。环境中铅可以通过水、土和植物进入食物链，可以通过呼吸空气直接侵入有机体。

(7) 含氯氟烃（chlorofluorocarbons，CFCs）：这是一种对臭氧层（ozone layer）有害的气体，俗称“氟利昂”，来自于空调、冰箱等电器的释放。该气体进入空气后，上升到平流层，可以破坏臭氧层，允许紫外线到达地球表面，诱发皮肤癌、眼疾，甚至会毁坏植被。

(8) 氨（NH_3）：通常来自于农业生产，是一种具有刺鼻气味的气体。氨是陆地上粮食作物和植被的营养物质，也是许多合成药物的组分。然而，在大气中，氨可以与氮氧化物和硫氧化物反应形成次生的颗粒物。

(9) 气味：来自于垃圾、污水以及一些工厂作业。

(10) 放射性污染物：产生于核爆炸、核事件、战争爆炸和一些自然作用，比如核辐射。

13.2.2 次生污染物

空气中次生污染物包括以下几种：

(1) 烟雾：这是一种大范围的空气污染，有两种主要类型：①含硫烟雾（sulfurous smog），有时也称伦敦型烟雾，或称灰色空气，主要是由于大型电厂烧煤或烧油引起；②光化学烟雾（photochemical smog），其形成有着复杂的反应过程，主要参与物是氮氧化物、烃和太阳射线。该种烟雾的形成与汽车使用有关。比如，在早晨上班高峰时，来往汽车增多，空气中一氧化氮（NO）和烃浓度开始增大，同时空气中的二氧化氮（NO_2）浓度可能会减少，这是因为在阳光驱动下产生一氧化氮（NO）和自由氧（O）。这种自由氧随后与空气中的氧气（O_2）形成臭氧（O_3），增加了太阳升起后的地面臭氧浓度。到中午，烃化合物又与一氧化氮（NO）反应生成二氧化氮（NO_2），反应导致 NO 浓度降低，并出现中午臭氧浓度小高峰和一氧化氮的低浓度。当烟雾形成后，由于颗粒物对光线的散射作用，能见度会下降。

(2) 地面臭氧：由氮氧化物（NO_x）和挥发性有机化合物（VOCs）形成。臭氧（O_3）是对流层关键的组分，也是平流层重要的组分。在大气层，臭氧时时刻刻都参与着大气层中光化学和其他一系列化学反应。由于人类活动尤其化石燃料燃烧，造成了臭氧浓度异常升高，使之成为一种污染物，成为烟雾中的一种组分。

另外，空气中还有大量的含量低的痕量污染物，包括：美国和欧洲在空气清洁行动纲领中规定的痕量污染物；各种不同的持久性有机污染物（persistent organic pollutants，POPs）。其中，持久性有机污染物能够吸附在颗粒表面，成为空气污染物。由于该类污染物很难被自然降解，它们能够持久性地滞留于环境中，并长距离、大范围迁移，能够在人体和动物体中积累，或进入食物链，对身心健康和环境具有潜在影响。比如，二恶英（dioxin）就是一种持久性有机污染物，是由于有机物燃烧产生的，比如露天燃烧塑料。

13.3 室内空气污染

室内空气污染（indoor air pollution）是最严重的影响身心健康的环境问题之一。一些物质在室内积累导致浓度过高，从而造成室内空气污染。当今，兴建的建筑物虽然设计了窗户，但常常因为使用空调系统而关闭，以便节能，室内的空气也因此经过了过滤。然而，如果过滤系统不能正常运行或设计不合适，室内空气将受到不同类型的污染，比如吸烟、化合物挥发气味、病菌传播以及来自自然界的氡气（radon）污染。对于长时间足不出户的居民或办公人员来讲，室内空气污染带来的身心健康是不能忽视的。

现代家庭或办公场所采用了许多不同类型的建筑材料和装饰材料，其中不少材料能够散发出一些有害的化学物质，弥漫在室内空气中。比如，地毯和胶合板能够散发出甲醛（H_2CO）气体；油漆和溶剂在干燥时能够释放挥发性有机化合物（VOCs）；含铅的油漆或颜料可以退化成粉末进入空气；室内使用的空气清新剂和杀虫剂；壁炉燃烧木炭火煤释放的烟雾和颗粒，包括一氧化碳。另外，地球内部释放的氡气，也是一种放射性的、被怀疑可导致肺癌和其他癌症的致癌气体。

在许多国家，已经禁止使用石棉（asbestos）建筑材料，因为它们可以释放多种具有潜在危险的化合物。长期居住或工作在这样的材料环境，会引起慢性肺部炎症，严重时可出现呼吸困难，能增加肺癌风险。根据世界卫生组织（WHO）的定义，这样的病理被称为石棉沉滞症（asbestosis）。

室内空气还有一种生物污染源，比如来自于人和宠物的头屑、毛发，地毯、床铺和家具产生的微小生物；室内植物可能存在的花粉，有些人对之过敏。

13.4 空气污染的影响

空气污染会引起人们对环境美感的下降，空气浑浊，能见度低，刺鼻气味等，使得人们不愿意在室外逗留；严重的情形能够引起道路交通困难，建（构）筑物腐蚀。

空气污染对生命体的健康能够构成很大的威胁，包括可以诱发呼吸系统感染、心脏病，慢性阻塞性肺病，中风和肺癌（WHO，2014），症状表现为呼吸困难、喘息、咳嗽、哮喘及症状加重。其结果又进一步增加对药品的需求、医院就诊人数和次数、更多的住院需求，以及过早的死亡。对于不同的个体，空气污染带来的影响与污染类型和程度、人体在污染空气中滞留时间、个人的健康状况和遗传史有关（Greenstone and Hanna，2008）。最常见的空气污染源包括颗粒、臭氧、氮氧化物和硫氧化物。根据室内外空气死亡的数字统计，发展中国家的年幼小孩（小于 5 岁）是最为脆弱的（WHO，2014）。

研究表明空气污染可以降低农作物的产量。2010 年印度受影响最严重的地区，粮食产量相对于 1980 年几乎下降了一半（Ghorayshi，2014）。

13.5　清洁空气行动

在上世纪中叶，美国开展了清洁空气行动（Clean Air Act），为控制空气污染制定了联邦法律，旨在将空气污染控制在一个国家制定的水平上，是美国最早和最有影响的现代环境法之一，也是世界上最为综合性的空气质量法。

1955 年，美国联邦制订“空气污染控制行动”，并设立了联邦政府研究基金。到 1963 年，美国公共卫生局制订了监测与控制空气污染的计划，清洁空气行动正式生效。其后，在 1970 年、1977 年和 1990 年，对该法律进行了修订。1970 年的修订强化了联邦政府对固定和移动污染源的控制和治理；针对空气污染控制达标地区和未达标地区，1977 年的修订对他们分别提出了新的要求；1990 年的修订着重于酸雨、臭氧和有毒空气污染的治理，并加强了实施力度。1956 年，英国相继制定了清洁空气行动计划，并于 1964 年立法生效。该法的一个特色是设立了无烟区，要求被设立地区使用无烟燃料。

2013 年 9 月，我国发布了《大气污染防治行动计划》，涉及燃煤、工业、机动车、重污染预警等十条措施，被称为空气“国十条”。经过 5 年的努力，全国空气质量总体改善，重污染天气较大幅度减少；京津冀、长三角、珠三角等区域空气质量明显好转。力争再用 5 年或更长时间，逐步消除重污染天气，全国空气质量明显改善。

13.6　小　　结

大气层是一个快速流动的、常被人们用来排放废气的空间，每年都有大量的污染物被人为地排放到大气层。然而，由于空气污染物的分布是不均匀的，常常笼罩在城市上空，并因此成为一个严重的环境问题。空气污染物有原生污染物和次生污染物之分，前者是指直接排放到空气中的污染物，比如硫氧化物、氮氧化物、一氧化碳、颗粒物等；后者是由原生污染物反应产生的，比如烟雾、地面臭氧。PM2.5 和 PM10 是当前常用来描述空气遭受颗粒物污染程度的指标，也是指示空气质量好坏的指标。颗粒污染物是一些粒径小的固体或液体物质，从全球平均来看，大约占总排放量 15%的颗粒物是由于人类活动排放的，主要污染源是汽车尾气排放和工业燃烧燃料排放，自然作用包括尘暴、火山爆发、火灾等因素导致排放量占大多数。颗粒物组分复杂，包括石棉、重金属等。

另一种空气污染逐渐在城市出现，就是室内空气污染。污染源主要包括建筑材料和装修材料散发的有毒气体、烟雾、带有病菌的有机体。另外地下自然排放的氡气也可能因为室内空气不流通而积聚。

清洁空气行动早在 20 世纪 50—60 年代就在美国和欧洲国家兴起，已经成为国家环境保护法律。近年来我国一些大城市也制定了清洁空气行动计划，主要措施是控制车辆尾气排放和工业废气排放。

关 键 术 语

acid rain	photochemical smog	PM2.5
PM10	POPs	primary pollutant
secondary pollutant	VOCs	

复 习 题

1. 解释一氧化碳和二氧化碳的潜在危险性。
2. 什么是光化学烟雾？它是如何产生的？
3. 科学家们在南极洲发现了一个“臭氧洞”。为什么它是一个被关注的问题？
4. 酸雨是如何形成的，有什么环境影响？
5. 为什么汽车数量的快速增长被认为是许多城市空气污染的主要原因？
6. 为什么室内空气中的氡气体被认为是一种健康风险？业主应采取哪些预防措施来减少这种风险？

可 利 用 网 站

1. 美国国家环境保护局（US EPA）. http://www2.epa.gov/learn-issues/learn-about-air.
2. 欧洲环境保护局（EEA）. http://www.eea.europa.eu/themes/air.
3. Medline Plus Trusted Health Information for You. http://www.nlm.nih.gov/medlineplus/airpollution.html.

第14章 地质与健康

地质环境中元素分布及其作用的地带性特征，对人类的健康可产生重要影响。地方病就是健康必需元素地带性分布异常带来的结果。本章将介绍地质环境中水文地球化学环境的地带性和生物地球化学地方病病带，讲述几种典型的地方性病症，以及其致病原因和防治方法。

地方病防疫站人员开展春季查灭螺工作（来自 http://www.jxdbz.com/News/Show.asp?id=1309）。

从自然的观点来看，人类是地质历史发展的产物，与地质环境有着非常密切的关系。如果说“生命的起源必然是通过化学途径来实现的”，那么生物的发展、进化更是建立在地球化学环境的基础之上。

2000多年前，在《黄帝内经》中就已经指出，人们的生理特征、健康状况与气候、水土、饮食等条件密切相关，“顺之则苛疾不起，逆之则灾害生”。世界上最早发现地方性甲状腺肿与饮水有关的人是唐朝的陆羽，他指出：“凡瀑涌漱湍之水，饮之令人有颈疾”。

尽管元素在地质环境中的分布具有非均质性，但是它们的分布、迁移、聚集、化合和分解特征具有明显的地带性，这对于生命体的健康有重大影响。由于地质环境特别是天然水中化学物质异常（不足或过剩）而导致的地方性病症被称为“地方病（endemic disease)”。因此，了解与学习水文地球化学环境的地带性特征与人类健康的关系是十分必要的。

14.1 水文地球化学环境的地带性

生命过程中必要的元素，称为生物元素（bioelement）。现有的研究表明，27 种元素是生命必需的，碳、氧、氮、氢、钙、硫、磷、钠、钾、氯和镁等 11 种元素占成人体内元素总量的 99.96%，其中碳、氢、氧、氮占 95%以上；另外必需的 16 种元素包括硼、氟、硅、硒、砷、碘、钒、铬、锰、铁、钴、镍、铜、锌、钼、锡。

长期饮用化学异常的地下水可严重影响居民的身体健康，导致各种地方病爆发。比如在我国，地方性砷中毒和地方性氟中毒是两类最为典型的地方病。高砷地下水、高氟地下水是地方性砷中毒和地方性氟中毒爆发的根本原因。这两类地下水主要形成于水文地球化学条件独特的干旱一半干旱内陆盆地（沈照理等，2010）。

水文地球化学（hydrogeochemistry）是研究地下水化学成分的形成和各种元素在水中迁移的学科，是在水文地质学与地球化学基础上发展起来的。早在 20 世纪，沈照理等人就将自然景观与水文地球化学环境结合起来，进行了水文地球化学环境地带性规律研究，按地理纬度将水文地球化学环境从北向南分为 5 个带（沈照理等，1985）：

（1）酸性—弱酸性还原带：气候寒冷而湿润，年降水量约为 600～1000mm，蒸发较弱，水分相对充裕；植被茂盛，腐殖质大量堆积，沼泽发育，泥炭堆积；土壤湿润，透气性不良，多属还原环境。在多数情况下，该区水质不佳，浑浊而呈茶色，味淡而涩，具腐殖味或 H_2S 味。本区发现许多疾病，有些疾病的分布有明显的地方性。如心血管病、脑溢血、高血压、癌症、克山病、地方性甲状腺肿、龋齿、大骨节病、佝偻病、骨质松脆病等。

（2）中性氧化带：本区热量较充分，年降水量为 600～1200mm，蒸发作用不强；地表径流通畅，土壤湿度适中，适气性较好，为氧化环境；植被不十分发育，而且植物残体分解较彻底，很少有腐殖质的堆积。一般来说，本区地方病很少，局部地区有地方性甲状腺肿和龋齿流行。

（3）碱性—弱碱性氧化带：本区主要的特征是热量充分，气候干旱，年降水量为 250～400mm，或更少，水分不足，地表径流不发育；蒸发强烈，潜水位很低，土壤的透气性好，为氧化环境；植被稀少，且残体被彻底分解，腐殖质贫乏，只有在局部的沼泽地和盐沼地才能看见腐殖质的堆积。由于淋溶作用十分微弱，土壤中 Ca、Na、Mg、S、Cl、F、B、V、Zn、Cr、Cu、Mo、Ni、Se、As 等元素大量富集，生物元素过剩，常流行着某些地方病，例如氟斑牙、氟骨症、硒中毒、痛风病（钼过剩）、皮肤癌（砷过剩）等。

（4）酸性强氧化带：本区属于热带、亚热带雨林景观，大致分布于赤道南北 30°以内的范围。热量充裕，水分充沛，年降水量为 1000～3000mm；植被繁茂高大；风化、淋溶作用均十分强烈。风化壳中的 Ca、Na、Mg、K、S、Li、Rb、Cs、Sr、B、I 等元素大量被淋溶流失，而残留下 $Fe(OH)_3$、$Al(OH)_3$ 和石英，形成红色的风化壳。本区碘异常缺乏，地方性甲状腺肿的分布十分广泛。因钠不足而影响人体的发育，常形成侏儒。在本区还流行着缺铁性的热带贫血症、心血管病。然而，至今地质环境和流行病学的报道尚少。

(5) 非地带性地区：这是水文地球化学环境不受地理纬度分带影响的一些局部地区，主要与局部地质环境因素和人为因素有关。例如元素富集的氧化环境：在某些火山、温泉分布的地区局部环境S、Fe、Si、Se、As等元素富集；在含氟的矿床周围氟高度富集；在多金属矿区或氧化带Cu、Pb、Zn、Cd、Hg、Ti等元素大量富集。又如腐殖质富集的还原环境：毛乌素沙漠有许多小型的丘间沼泽，其底部沉积了3～5m厚的草炭，水质不良，呈茶色，腐殖酸含量较高；出现了许多大骨节病病村。我国江苏省启东县的肝癌高发区地处河网末梢地带，水流滞缓，腐殖淤泥堆积。

不同分带地球化学环境的酸碱度与氧化还原条件具有差异，并直接影响到生物元素存在的形态及其形成、迁移、转化与富集，进一步影响到当地的水土化学组成，影响到生物体内的吸收与富集。

14.2　生物地球化学地方病病带

以往人们研究较多的是某一环境因素或某一元素与某一疾病之间的关系。在研究了水文地球化学环境的地带性特征以后，发现在同一环境中存在着多种有害因素，可以导致多种地方病或具有明显地方性特征的疾病，这样便扩大了人们的视野，从而建立起了与地理纬度相关联的“病带”的概念。

在地球、地质的发展过程中，逐渐形成了地壳表面元素呈一种不均分布，在一定程度上会影响着人类、动物和植物的发育，使地球上某一个地区的自然界中的水和土壤中某种化学元素过多或过少，使某一个地区的动物、植物及人群中发生特有的疾病，称为生物地球化学地方病（biogeochemical endemic）。

14.2.1　元素贫乏的生物地球化学地方病病带

元素贫乏的生物地球化学地方病病带是世界上最大的一个病带，横跨欧、亚、美3大洲，其大致界限在欧洲部分为北纬50°～70°，在亚洲和北美洲为北纬40°～60°左右，从西向东囊括了美国、加拿大、英国、荷兰、挪威、瑞典、芬兰、苏联、中国、朝鲜、日本等国的部分地区。本带的气候较为寒冷潮湿，植被繁茂；主要的土壤有灰化土，棕色、灰棕色森林土和暗棕色森林土；此外，还有沼泽土和泥炭土，地表水、潜水多含腐殖质，为弱酸性的软水。在我国，因受山脉和海岸线走向的影响，这个“病带”呈东北—西南向分布，而美国这个“病带”位于东半部，呈南北向分布。

在此“病带”内，发现了较多的地方病，或是具有地方性特征的疾病。例如：克山病、大骨节病、地方性甲状腺肿、心血管病、脑血管病、胃癌、龋齿、佝偻病、骨质松脆病等，在动物中也流行着某些类似的地方病。在这个“病带”内许多地方病的发生与环境中某些生物必需的元素的缺乏和水土中富含腐殖质有关。

14.2.2　元素过剩的生物地球化学地方病病带

元素过剩的生物地球化学地方病病带是第二个较大的病带，大致位于赤道以北40°和赤道以南30°以内的范围。此带由于大陆的分布“支离破碎”，濒临海洋，地形起伏，气候多变，自然条件复杂，其地带性的景观特征远不如北半球那样连续而有规律。

本病带的主要特征是：气候炎热而干燥，植被极不发育；主要的土壤类型有荒漠土，钙土，以及盐土和碱土；地表水、潜水为碱性的高矿化硬水。在本带，主要是因为环境中F、Se、Co、Cu、Mo、B、As 等元素过剩，引起机体代谢障碍而致病。

本病带以氟病为代表，这是在世界范围内广泛流行的一种地方病，硒中毒主要是在家畜中流行。

必须加以说明的是，在上述两大病带内并非都有地方病流行，而是说在该地带内的某些地区比较集中地流行着某些地方性的疾病。

14.3 地 方 病

地方病包括血吸虫病、碘缺乏病、鼠疫、布氏菌病、克山病、大骨节病、地方性氟中毒和慢性砷中毒等疾病。这些病在我国流行很广，对人民健康危害极大。

关于地球化学环境与健康和疾病的关系问题，70 年代初在我国就开始受到广泛重视。我国环境地学工作者与医学部门密切配合，积极开展了多种长期病因不明的地方病的环境地球化学病因的研究。

14.3.1 大骨节病

大骨节病（Kaschin－Beck disease）是一种地方性变形性骨关节病，国际医学界称为 Kaschin－Beck 病（图 14.1）。大骨节病在国外主要分布于西伯利亚东部和朝鲜北部，在中国主要发生于黑龙江、吉林、辽宁、陕西、山西等省，多分布于山区和半山区，平原少见。

地质环境复杂，可分为四种类型病区，共同特点是元素贫乏，腐殖质富集，属于还原的水文地球化学环境。

(1) 表生天然腐殖环境病区类型：以东北山地病区为代表。

(2) 湖沼相沉积环境病区类型：以松辽、松嫩平原病区为代表。

(3) 黄土高原残塬山丘沟壑窖水病区类型：以渭北、陇东黄土高原病区为代表。

(4) 沙漠沼泽草炭沉积环境病区类型：以毛乌素沙漠为代表。

图 14.1　大骨节病的外形

14.3.2 地方性甲状腺肿

地方性甲状腺肿（endemic goiter）的分布很广，全世界约有 2 亿人患有此病（图 14.2）。北美的五大湖沿岸、南美的安第斯山区、欧洲的阿尔卑斯山区、非洲的刚果河流域，以及亚洲和我国的不少山区都是比较严重的地方性甲状腺肿病区。科学家们已经发现，地方性甲状腺肿主要与生活环境中的碘含量有关，碘缺乏或碘过剩都会导致人体甲状腺代谢功能障碍，发生甲状腺肿。

碘是人体必需的营养元素，人体内的碘主要来自食物和饮用水，而食物和饮用水中的碘最终又来自地壳与其风化物等地质环境以及降水中。当碘进入人体后，大部分浓集在颈

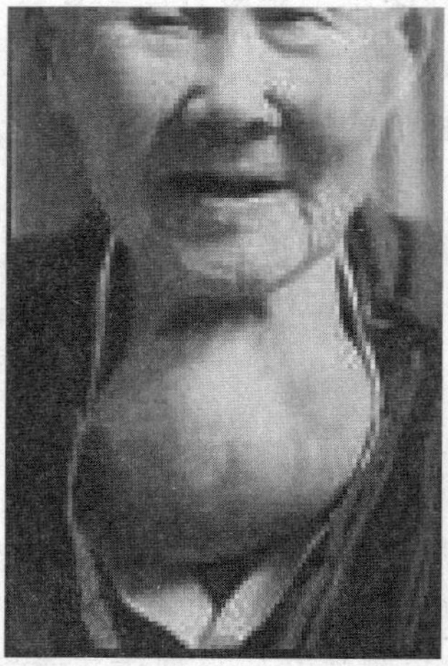

图 14.2　地方性甲状腺肿外形

底部的甲状腺内。碘在甲状腺内的生理功能主要是用来合成甲状腺激素，这种激素可以促进新陈代谢和神经、骨骼的生长发育。如果环境中的碘含量过低，人体摄取的碘量就会不足，甲状腺激素的合成也会减少；如果环境中的碘含量过高，人体摄取的碘量就会过多，而过多的碘又会抑制甲状腺激素的合成及甲状腺球蛋白的水解。当人体内甲状腺激素合成水平降低时，就会促使甲状腺激素分泌，从而使甲状腺组织增生肿大，即甲状腺肿。缺碘性甲状腺肿和高碘性甲状腺肿从外观上看都是脖子肿大，没有明显差别。

我国碘的地理分异和地方性甲状腺肿分布的一般规律是：从湿润地带到干旱地带，从内陆到沿海，从山岳到平原，从河流的上游到下游，环境中碘的淋溶流失逐渐减弱，积累量趋于增加，使缺碘性地方性甲状腺肿的流行强度呈现出相应的递减趋势，最后消失；而高碘性地方性甲状腺肿则呈相反的递增趋势，在一些干旱和半干旱气候区及沿海地区其发病率较高。根据我国201个地区的统计分析资料，饮用水中碘的最适浓度为10～300μg/L。

14.3.3　地方性氟中毒

地方性氟中毒（endemic fluorosis）也是一种世界性的地方病，在各大洲均有分布。我国的主要流行区是贵州、陕西、甘肃、山西、山东、河北、辽宁、吉林、黑龙江等省。它的基本病征是氟斑牙和氟骨症。

氟的化学性质活泼，氟化物有很高的溶解度，自然环境中的各种条件都会对氟的迁移和富集产生影响。氟在环境中的分布极不均匀，过剩或不足都可能引发氟病。

人体可以从大气、饮水和食物中摄入氟，一般情况下则主要来自于饮水。如果人摄入的氟过多，就会引起全身性的慢性氟中毒。氟中毒最明显的症状是氟骨症和氟斑牙（图14.3）。过量的氟进入人体后，能生成氟磷灰石沉积破坏骨骼之间的软组织功能；能破坏人体内钙、磷的代谢平衡；能与体内钙结合生成氟化钙，导致血钙浓度降低，甲状腺增生，影响牙齿钙化，使牙冠钙化不全，牙釉质受损。另一方面，适量的氟具有防斑齿的作用，所以饮水和食物中氟含量过少会引起斑齿发病率升高。

对人体来说，饮水中氟的适宜浓度的区间非常小，大约在0.5～1.0mg/L之间。一般高于此值就发生氟病，低于此值则出现斑齿。在大部分情况下，随着饮水中氟含量升高，地方性氟病的患病率增加。

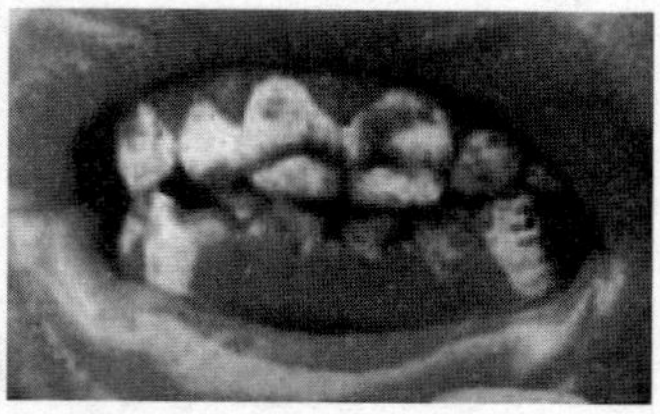

图 14.3　氟病外形

环境中氟的来源主要有两种：①矿物和岩石的风化；②火山的喷发。已有的资料充分说明，地方性氟病的分布与富氟的地球化学条件有密切的关系。如美国的爱达荷、怀俄明、田纳西等州氟斑牙较流行，与当地分布的海相磷矿床有关。在我国，最大的氟病区处于大兴安岭、燕山、大青山和狼山山脉的南侧，这里在地质历史上火山活动频繁。

14.3.4 地方性砷中毒

地方性砷中毒（endemic arsenic poisoning）是在特定地理环境下的居民长期通过饮水、空气、食物摄入过多的砷，而引起的以皮肤色素脱失、着色、角化及癌变为主的全身性的慢性中毒性疾病（图 14.4）。

慢性砷中毒与长期饮用高砷地下水有关，许多含水层含有高浓度砷盐。世界卫生组织（WHO）推荐饮用水中的砷浓度限值为 0.01mg/L，然而这个值受到当时实验室检测条件的限制而偏高。最近更多发现认为长期饮用砷浓度低至 0.00017mg/L 的水也可以导致砷中毒症状（Saha and Zaman，2011）。

图 14.4 砷中毒引起的脚掌病症

根据美国环境保护局（US EPA）1988 年在中国的研究结果，饮用水砷浓度为 0.0017mg/L、0.00017mg/L 和 0.000017mg/L 时，人一生中患皮肤癌的几率分别为万分之一、十万分之一和百万分之一。与 WHO 比较，0.01mg/L 的浓度水平，对应的风险几率为万分之六（Curry et al.，2000）。孟加拉共和国发生的饮用地下水引起砷中毒的事件，被 WHO 认为是“历史上数量最多的中毒事件”。该国大约有 3000 万人饮用含砷量超过 50ug/L 的水源，每 10 万口井中有 40%～50% 砷含量高，有些地方甚至高达 80%～100%（Smith et al.，2000）。我国地方性饮水型砷中毒主要分布在山西、内蒙古、新疆、宁夏、吉林、四川、安徽、青海、黑龙江、河南、山东等省（自治区），其中以山西、内蒙古病情为重。

14.4 防 治 方 法

地方病在世界范围内分布十分广泛，是地质环境对人类健康构成威胁的自然灾害性病症，是天然水中化学物质异常导致的生物地球化学地方病。为此，需要采用缺乏元素补充、饮用水质改良、控制和治理污染等方法防治地方病。

1. 补充环境和机体缺乏的元素

比如，在妇女妊娠前或妊娠初期补充足够的碘可预防先天性甲状腺机能低下症及发育性疾病，如不孕、早产、死产、新生儿死亡等。出生后各个发育时期补充足够的碘可以预防和治疗地方性甲状腺肿，补硒可促使大骨节病发病率显著下降，也可使克山病发病率明显下降并可预防其恶性发作。

2. 防病改水法

改良水质预防疾病是古今中外采用的较为普遍的一种方法。实践证明，对预防地方病均有一定的效果。

防病改水是通过改换水源或改良水质以达到防病的目的。可分为两大类，一种是通过物理或化学方法去除水中某些过量的有害物质，比如采用沉淀一絮凝、膜分离、离子交换、石灰软化以及氧化铁或活性氧化铝吸附方法去除水中氟和砷（沈照理等，2010）。需要强调的是，自然界出现的微生物作用是去除重金属影响的环境友好方法，细菌、酵母菌、真菌和藻类都可以被用于修复过程（Debarshi et al.，2013）。另一种是向饮水中投入某些有益的成分，如钙、镁质等，以弥补天然不足。

14.5 小结

生命是地壳物质长期演化的必然结果。在地质历史发展过程中，各种岩石的分布差异导致地壳表面元素分布的非均质性，形成水文地球化学环境分带。这种非均质性在一定程度上控制和影响着地方性水土酸碱度和氧化还原条件，并进一步影响地区人体的发育和健康水平。如果元素分布的非均质性超过正常变化范围，则将出现地方病，比如大骨节病、地方性氟中毒、甲状腺肿和砷中毒。地方病具有强烈的区域性，一般由地质环境造成，主要通过化学元素对人体健康起作用；除地质因素外，还有很多因素影响区域性疾病的发生，其中主要包括生活习惯、工业化、气候等。随着科学技术的不断发展和人类对地方病的不断认识，地方病控制与预防方法也将得到有效发展。

关键术语

bioelement　　endemic disease　　endemic arsenic poisoning
endemic fluorosis　　hydrogeochemistry

复习题

1. 试简述水文地球化学环境地带性的分类及其主要特点。
2. 什么叫地方病？
3. 最典型的地方病有哪几种？其主要特点是什么？

可利用网站

1. 地方病控制中心. http://www.hrbmu.edu.cn/crcfedc/index.htm.
2. Arsenic poisoning. https://en.wikipedia.org/wiki/Arsenic_poisoning.
3. Water fluoridation. https://en.wikipedia.org/wiki/Water_fluoridation.

第 15 章　全 球 气 候 变 化

全球气候变暖是当今最为引人注目的全球气候变化现象。人类活动尤其是燃烧化石燃料造成的二氧化碳等温室气体的大量排放，引起温室效应。本章将从地球系统科学研究说起，讲述全球气候变化的记录历程和变化原因，阐述全球气候变化可能效应，包括气候类型变化、海平面上升和生物圈变化，并进一步谈及减缓全球变暖的策略。

根据 2009 年 9 月 23 日《自然》杂志发表的论文报道，2003 年以来南极洲一些地方的冰川厚度正在以每年下降 30 英尺（9.14m）的速度在减少。

人的一生是很短暂的，但总有一系列变化经常困扰着我们的人生、家庭和环境，包括渐变的、突然的变化，并造成一些无秩序的、令人意想不到的混乱局面。有些变化是局部的、区域性的，而有些变化则是全球性的。本章将讲述的气候变化，则属于一种全球性的变化。

15.1　全球变化与地球系统科学概述

普勒斯顿（Preston Cloud，1912—1991 年）是美国从事地球生命起源、人类对环境影响和资源利用研究的著名地质学家，他提出了地球科学研究的两个中心目标：①地球从一个荒芜地貌演变成今天充满生机而复杂的景象，经历了什么样的过程？②在认识这个过程的基础上，进一步有效地管理环境。这些目标强调，地球具有复杂的演变历史，大气圈、水圈、岩石圈和生物圈之间相互作用，形成了复杂多样的地貌形态，如陆地与海洋，山地与平原，河流与湖泊，以及丰富多彩的生命形态。

过去，人们一直认为人类活动只能导致局部的、至多是地区性的环境变化。现在，人们正在逐步认识到人类活动影响是广泛的，要认识并遏制或修复已经产生的变化，需要人们不断认识整个地球演变的系统性。实际上，人类活动导致地球上发生一系列变化更似乎是一次大规模的“行星试验”。要研究这样的试验结果，需要一个学科的系统支撑，这就是地球系统科学（earth system science），它是研究地球系统各个组成部分（大气圈、海洋、陆地和生物圈）在全球尺度上是如何相互联系、相互作用，并影响地球生命的一门学科。

15.2　全球气候变化的研究工具

15.2.1　地质记录

在过去的科学研究中，对洪泛区、湖泊、沼泽、冰川和海洋的沉积物都做过一些对比，对沉积物中有机物质也都进行过年代上的划分，表明这些有机物质记录了曾经发生的气候变迁、生命演变和环境变化。

地质记录对冰川的考证也具有重要的意义。在冰川形成过程中，会有一些物质被包裹在冰川中，比如气体、重金属和有机物等，可以被用来研究近代的地球历史。

15.2.2　实时监测

监测（monitoring）是一个目的性明确的数据采集过程，实时监测（real-time monitoring）是指事件发生过程中的数据采集。比如，我们经常监测河流的流量，便于评价洪水灾害或水资源。类似地，大气样品可用来确定大气圈中组成的变化趋势，海水温度与成分测量结果可用来监测海洋的变化。因此为了检验模型的可靠性，校正由历史数据推测的模型参数，通过检测或实时监测来采集数据是必要的。

15.2.3　数学模型

数学模型（mathematical model），是根据对研究对象所观察到的现象及实践经验，归结成的一套反映其内部因素数量关系的数学公式、逻辑准则和具体算法，可用来重现真实世界中的现象及各种因素之间的相互联系与作用。在水文学科包括地表水和地下水运动模拟和预测、河流系统中侵蚀与沉积作用、洋流和大气流研究中都有应用。

全球循环模型（global circulation models，GCMs）是以全球为尺度来研究大气动力的模型。需要在全球尺度上进行单元剖分，每一单元代表具有一定纬度和经度范围的空间，其水平上代表地球某个区域，垂向上覆盖了低空大气层（图 15.1），通过大气动力学的运用，在全球尺度上模拟和预测大气循环的过程。

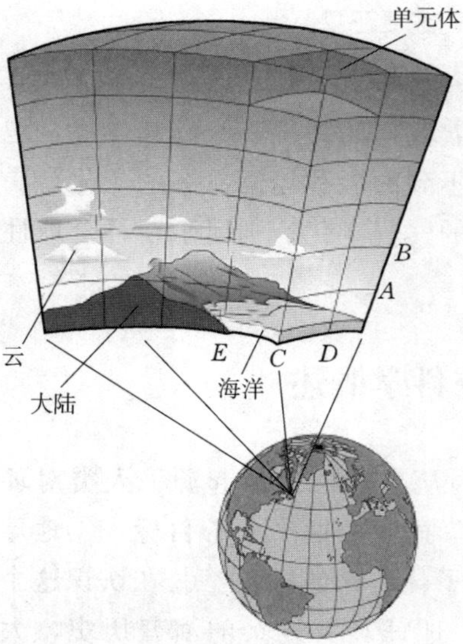

图 15.1　全球循环模型（GCMs）

全球循环模型是解决非常复杂问题的首要方法。

即使存在一些局限，但 GCMs 为评价地球系统提供了必要的信息，同时也为将来发展模型建立了必要的数据库。当前，GCMs 模型在预测相对干旱与湿润地区的气候变化方面具有重要作用。

15.3　全 球 气 候 变 化

全球气候变化是气候（climate）在全球范围内的变化，其研究主体是大气圈，但需要结合岩石圈、水圈和生物圈研究它们之间相互联系和相互作用。对于某个特定地区而言，气候变化是复杂的，其组成不仅仅是平均降水量和温度。

地球大气层是一个复杂的化学工厂，里面有许多鲜为人知的反应过程。其中不少反应很大程度上受到阳光与生物作用的影响。人类呼吸的空气是一个包括 78%N_2、21%O_2、0.9%Ar、0.03%CO_2和 0.07%其他痕量元素的混合物。当空气受到污染后，还包括甲烷、臭氧、一氧化碳、氮与硫的氧化物、硫化氢、碳水化合物等。

越来越多的证据表明，我们现在处于全球变暖（global warming）的时期。现在，许多科学家相信，人类活动以及自然作用是全球变暖的原因，尤其是大量燃烧化石燃料。下面将介绍全球气候变化过程中的温室效应，全球温度变化以及气候变化原因。

15.3.1　温室效应

通常，地球表面的温度受控于 3 个因素：地球表面接受的日光数量、地球反射的日光数量和大气吸收的热量。图 15.2 显示了地球接受太阳热量过程的平衡关系。

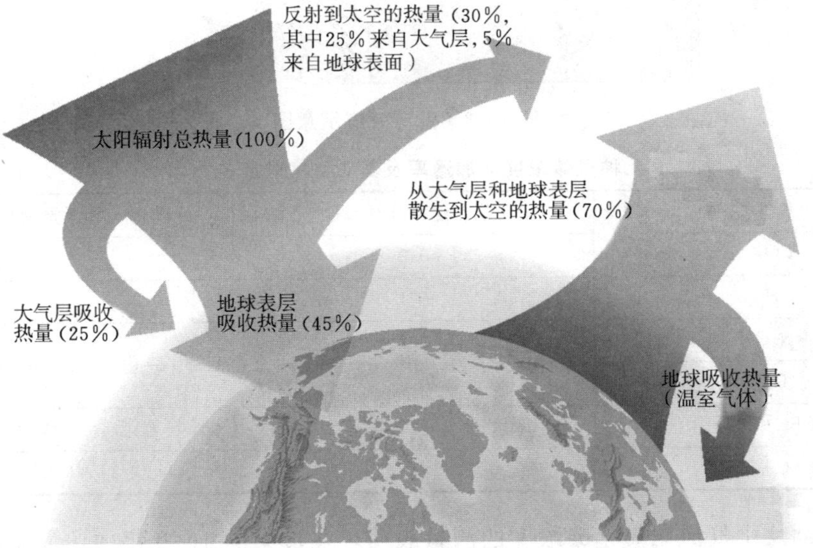

图 15.2　地球接受太阳热量过程的平衡关系

假设太阳辐射总热量为 100%，从图上可以看出，到达大气层被吸收的热量大约 25%，被地球表层吸收的热量为 45%，而其他 30%在大气层和地球表层被反射回太空。另一方面，大气层与地球表层吸收热量的同时，也会向太空散失相当的热量（70%），使得地球在吸热与散热上处于相对平衡的关系。然而，随着地球表层的水蒸气和一些其他气体浓度增加，包括二氧化碳、甲烷和氟氯化碳（chlorofluorocarbons，CFCs），应用于空调和冰箱的人造化学物质，表层吸收热量也会增加，从而使得辐射回太空的热量减少（图 15.3），其效果是增加了地球表层和对流层的温度，这种捕获热量的效应称为温室效应（greenhouse effect）。

我们需要认识到，温室效应是一个自然现象，在地球上已经存在了几百万年，在其他行星也是一样。如果没有大气的热量捕获，地球会变得比现在更冷，所有的地表水将被冻结。而且，多数天然温室效应是由于大气中水蒸气导致的。

近年来，由于人类活动增强，大气中二氧化碳、甲烷和氟氯化碳等气体的浓度也在增大。由于它们能够从地球上吸收红外辐射，于是人们推测地球变暖与这些气体排放量增加有关。因此，这些气体也被称为温室气体（greenhouse gas）。表 15.1 列出了大气中这些气体在人类活动影响下的增加速率，其中二氧化碳增长最为显著，占总增加量的 60%。

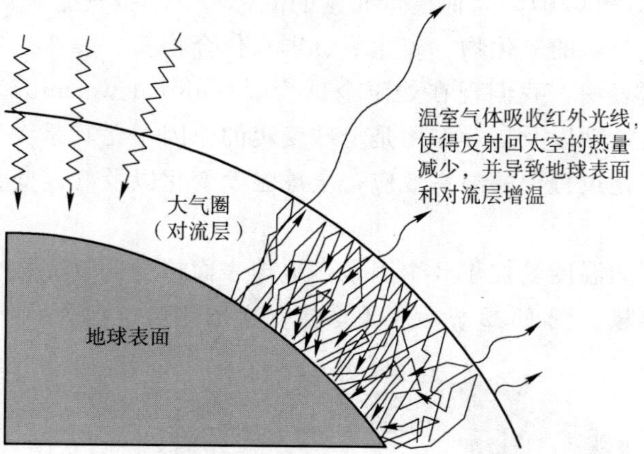

图 15.3　温室效应示意图

表 15.1　　几种气体浓度增加速率及其对温室效应的贡献

气体	增长速率/(%/a)	相对贡献/%
CO_2	0.5	60
CH_4	<1	15
N_2O	0.2	5
O_3	0.5	8
CFC-11	4	4
CFC-12	4	8

对南极冰块中气泡二氧化碳浓度的测量表明，在过去的 16 万年中，最初的二氧化碳浓度小于 200ppm[1]，到 12.5 万年前增加到 300 ppm，之后又呈下降态势，如图 15.4（a）所示。在工业社会的初期，大气中二氧化碳的浓度大约是 280ppm，然而自 1860 年以来，化石燃料的使用导致大气中二氧化碳的浓度呈指数增大，图 15.4（b）显示了 1500—2000

[1] 1ppm=0.001‰

年大气中二氧化碳浓度的变化，其中 20 世纪中期前的数据来源于冰川气泡分析，20 世纪中期以来的大气二氧化碳浓度记录来自于夏威夷冒纳罗亚（Mauna Loa）实时监测数据［图 15.4（c）］。现在，大气中二氧化碳的浓度已经超过了 370ppm，预计到 2050 年，至少会增加到 450ppm，是工业社会前的 1.5 倍。

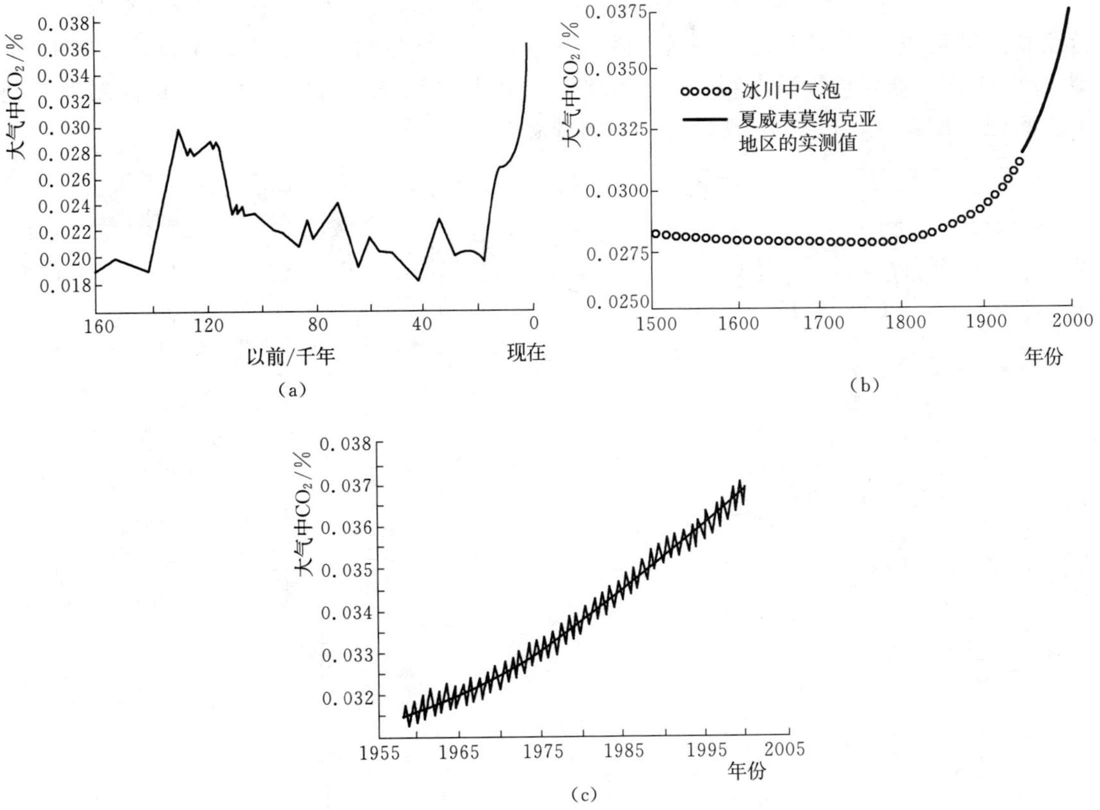

图 15.4 大气中二氧化碳浓度的变化

15.3.2 全球温度变化

图 15.5 反映了最近 100 万年来不同时间段的全球气温变化。

（1）整个 100 万年的变化［图 15.5（a）］：平均温差在几摄氏度之间波动，低温与主要的冰川事件是一致的，高温与间冰期出现有关。在 15 万年和 18 万年之间，间冰期和冰期事件的影响越来越显著。

（2）最近 16 万年以来的埃姆（Eemian）间冰期的气候变化［图 15.5（b）］：这是最后一个主要的间冰期，气温比今天高，海平面也比今天高几米。

（3）1.8 万年以来的气候变化［图 15.5（c）］：大约在 11500 年前，气候变冷，进入了新仙女木（Younger Dryas）期，是末次冰期向全新世过渡的急剧升温过程中最后一次快速降温变冷事件，它以丹麦 Allemd 冰缘沉积物中发现的北极苔原植物仙女木（Dryas Octopetala）命名，是迄今在冰芯、陆地和海洋沉积物的古气候记录中研究最为详细的一次快速气候变冷事件。随后变暖加快，进入小冰期（Little Ice Age）之前的全新统（Holocene）的高温期。

(4) 1000 年来的气候变化［图 15.5 (d)］：在这 1000 年内，几次变暖与变冷交替都对人类构成了影响。比如，1100—1300 年间，气候的变暖使得冰岛、格陵兰岛和北美成为北欧海盗的殖民地；大约在 1400 年的小冰期，北欧海盗又放弃了北美和格陵兰岛的一些占领地。

(5) 近 250 年来的气候变化［图 15.5 (e)］：在 1750 年发生了一次明显的变暖，一直持续到上世纪 40 年代，气温才有所下降。在最后的 140 年内，气温变化明显，从 1910 年到 1998 年，全球年均气温大约增加了 0.8℃。20 世纪 80 年代和 90 年代的最高温度达到了监测记录最高值，形成了 20 世纪后期的升温期。

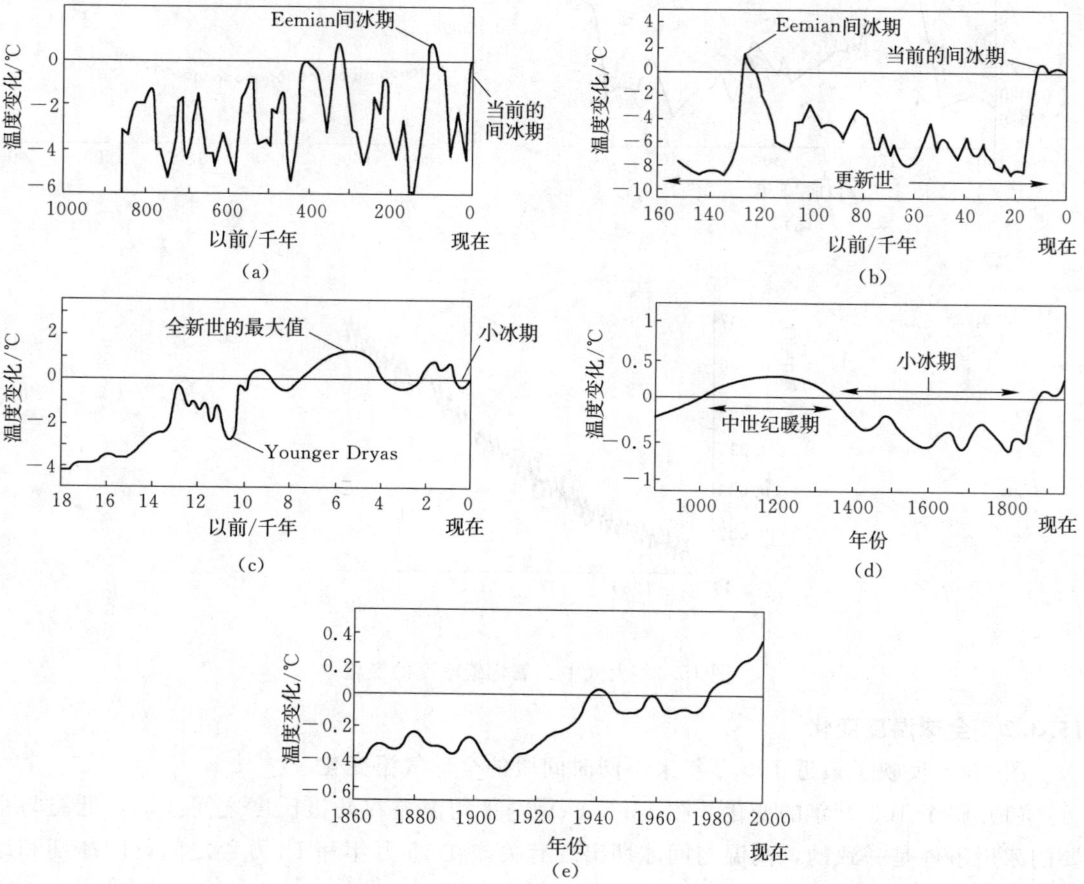

图 15.5　最近百万年来地球表面年均气温的变化

15.3.3　气候变化的原因

人们不禁要问，气候为什么会变化？从图 15.5 (a) 可以看出，气候的变化在周期上有长有短，长周期约 10 万年，短周期约 2 万～4 万年。

现在我们相信，气候系统可能原本就不稳定，能够在很短的时间内（如几十年）从一种状态变化到另一种状态。究其原因，海洋输送带（ocean conveyor belt）是驱使气候系统发生变化的重要因素之一。在大西洋海水表层，向北快速流动的水温达 12～13℃，而流到格陵兰岛附近时则只有 2～4℃。随着水温变冷，盐度增加，密度增加，并流向洋底。洋流继续向南流到非洲一带，再向东流动。海洋输送带中的水量巨大，几乎相当于 100 个亚马孙河。暖流水量和热的释放足以使北欧维持在 5～10℃，如果海洋输送带不存在，全球性变冷会导致北欧变得没有生机。

2000 多份国际气候专家的论文认为，尽管在科学上仍然存在不确定性，但有足够的证据表明：

(1) 人类对全球性气候的影响是存在的。

(2) 在 21 世纪，地球表面的平均温度可能会上升 1.5～6.0℃。

(3) 全球变暖的人为因素是排放气体（包括二氧化碳和其他温室气体）的增加，它们与全球性变暖是有关系的。

在过去的 16 万年内，大气中二氧化碳浓度与全球性温度之间具有显著的相关性（图 15.6)：当二氧化碳浓度高时，温度也高；反之，当二氧化碳浓度低时，温度也低。然而，太阳辐射，火山爆发和人类的影响，对全球性变暖也具有重要的影响。

(1) 太阳辐射。由于太阳是地球的热量来源，太阳辐射的变化也可能引起气候的变化。从过去 1000 年的气候变化历史来看，太阳辐射的变化发挥了一定的作用。记录表明，1000—1300 年的中世纪暖期与太阳辐射增强时间是一致的；14 世纪小冰期时代，太阳辐射也是最少的［图 15.5(d)］。因此，太阳辐射地球的热量变化在一定程度上影响了过去 1000 年的气候变化。

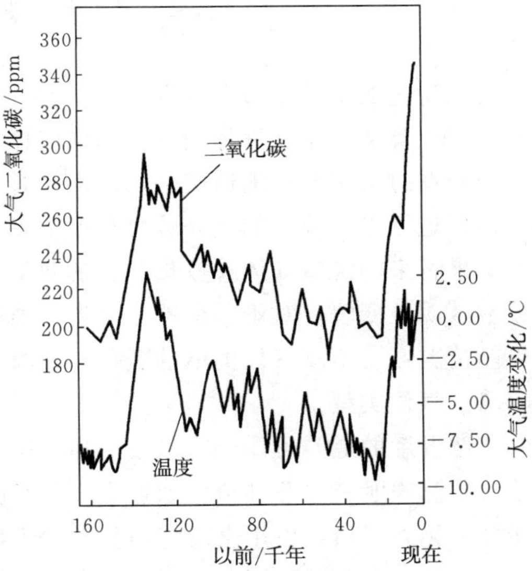

图 15.6　大气二氧化碳浓度与全球气温的关系

(2) 火山爆发。从火山喷发的过程看，火山活动能向大气释放大量的火山尘埃，其结果对太阳辐射起到了反射作用，使得气温下降，某种程度上也减缓了人类温室效应导致的全球变暖。比如，1991 年菲律宾 Pinatubo 火山爆发引起了致冷效应，巨大的爆炸将火山灰送至 30km 高空，火山灰尘埃和二氧化硫滞留在大气中达几年之久，参与全球大气循环。这些尘埃和二氧化硫对太阳辐射形成了反射，使得 1991—1992 年全球气温下降。模型计算表明，由于该火山释放的尘埃作用，1992 年温室气体排放带来的温室效应也被削弱。然而，到 1994 年，尘埃降落，温室效应又重新显现。研究还表明，小冰期的气候变冷，与火山喷发有明显的关系。从这个角度，火山活动带来了全球气温预测的不确定性。

(3) 人类影响。在对过去 1000 年气候变化的研究中，最新的成果已经将 20 世纪后期的全球变暖考虑进去了。随着数学模型的发展，人类影响因素被单独考虑，认为在过去 1000 年中，单用自然因素难以解释 20 世纪后期的变暖原因。换句话讲，现在的全球变暖状态大大超出了自然的可变性，反而与人类温室气体排放有很大关系。从模型模拟的结果（图 15.7）看，20 世纪后期的气温上升大大超过了自然可变性的上限，即太阳辐射和火山

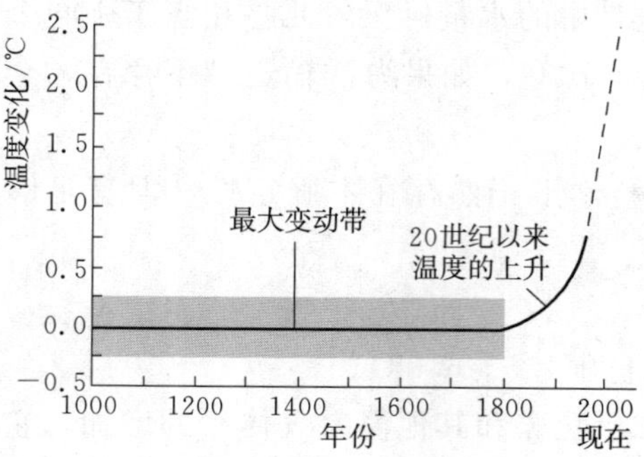

图 15.7　人类活动对大气温度变化的影响

爆发等自然机理引起气温上升的最大值；由于二氧化碳浓度的倍增，全球气温大约上升2℃。由此，人类活动导致全球明显变暖的时代已经来临。我们需要关注的是，这样的变化会产生什么样的效应？又如何减缓全球变暖？更深层次地，围绕全球变化的一系列决策也能反映我们自身的价值。

另一方面，人类的行为也可以引起气温下降，空气污染带来的尘埃已经减少了将近10%的太阳辐射，这种效应称为全球变暗（global dimming），可能会减缓50%温室气体导致的变暖效应。

15.4　全球气候变化的可能效应

前面讨论的全球变暖可以概括如下：

（1）人类活动正在增加大气中温室气体的浓度。

（2）在过去100年地球的平均温度上升了约0.8℃。

（3）地球平均温度的上升较大程度上是由于人类活动导致的。

如果将来的温室气体排放是现状的两倍，估计全球平均气温会上升1.5～6℃，会使得两极地区明显变暖。对于某个地区来讲，温度上升的效应是不容易预测的，但有两个主要的可能情况：①全球气候类型的变化，②海水变暖膨胀和冰川融化带来的海平面上升。

15.4.1　气候类型

全球温度的上升可能会明显改变降水类型、土壤湿度以及其他对农业至关重要的气候因素。预测表明一些北部地区如加拿大和东欧地区的粮食产量可能会提高，而南部的土壤可能会酸化。当然，由于全球变暖具有的不确定性，这样的预测也非常困难。而且，良好的气候生长带向北迁移，并不意味着主要产粮区向北部迁移，因为粮食产量的多少还依赖于土壤肥力条件。另外，与气候变化关联的水文变化，可能会严重影响全球性的粮食供给。

全球变暖也会改变暴风雨的频次与强度，由于海洋变暖会给强风暴如飓风提供更多的能量，更多或更大规模的飓风会带来更大的生命与财产损失。

全球性或地区性的气候变化对自然灾害的发生也具有影响，比如洪水、斜坡失稳、干旱和火灾。厄尔尼诺（EI Nino）是一个平均几年出现一次的自然气候事件，是东太平洋赤道附近海域出现的大面积表层海水异常增温的现象。在1997—1998年，厄尔尼诺导致了东太平洋附近地区出现洪水、干旱和火灾。

15.4.2　海平面上升

海平面上升是一个与全球变暖有关的很严重的问题。目前精确预测海平面上升的高度是不可能的，初步估计认为，在21世纪，海平面上升40～200cm。然而，40cm的上升就会对环境造成很大影响：可以增强海岸侵蚀并堆高海滩80m，使得建筑物及其他构筑物在强大的风暴面前变得更加脆弱；在海湾地区，可引起现有的海湾向陆地迁移，给海岸带的建筑物构成威胁。如果海平面上升 1m，将会产生非常严重的后果，因此需要有效的措施去保护在海岸带的投资。同时，社会将不得不选择，是建造更加坚固的设施来控制海岸侵蚀，还是放任海滩和海湾向陆地腹地迁移。

15.4.3 生物圈变化

越来越多的证据表明全球变暖正引起生物圈中的大量变化，并威胁生态系统健康与人类的安全，包括土地利用变化和生境破碎带来的风险，还包括植物与动物生长地域的漂移。比如，蚊子携带着疟疾和登革热等疾病从非洲、南美洲和墨西哥向更高地域迁移；蝴蝶物种向欧洲迁移；某些鸟类向北英格兰迁徙；美国华盛顿 Cascade 山脉的亚高山带森林向更高的草地迁移；奥地利的高山植物向高地迁移；北极融化的冰块威胁着海鸥、海象和北极熊的生境；佛罗里达海湾、百慕大群岛以及其他热带海洋的浅水升温将引起珊瑚礁的白色化。

15.4.4 减缓全球变暖的策略

有两个关系到地球气候与人类的大问题：①已经出现了哪些变化？②将来可能产生什么变化？

回答这两个问题，需要运用地质学评价史前变化，需要用模型模拟未来变化。如果真像推测的那样，全球性变暖是因为温室气体排放导致，那么，减少这些气体的排放就一定是极其重要的管理策略。《联合国气候变化框架公约》（*United Nations Framework Convention on Climate Change*，UNFCCC，简称《框架公约》）是 1992 年 5 月 22 日联合国政府间谈判委员会就气候变化问题达成的公约，于 1992 年 6 月 4 日在巴西里约热内卢举行的联合国环发大会（地球首脑会议）上通过。《联合国气候变化框架公约》是世界上第一个为全面控制二氧化碳等温室气体排放，以应对全球气候变暖给人类经济和社会带来不利影响的国际公约，也是国际社会在对付全球气候变化问题上进行国际合作的一个基本框架。

2015 年 12 月 12 日，《联合国气候变化框架公约》近 200 个缔约方在巴黎达成新的全球气候协议，一致同意通过《巴黎协定》。协定将为 2020 年后全球应对气候变化行动做出安排。《巴黎协定》指出，各方将加强对气候变化威胁的全球应对，把全球平均气温较工业化前水平升高控制在 2℃之内，并为把升温控制在 1.5℃之内而努力。各方将以“自主贡献”的方式参与全球应对气候变化行动。发达国家将继续带头减排，并加强对发展中国家的资金、技术和能力建设支持，帮助后者减缓和适应气候变化。从 2023 年开始，每 5 年将对全球行动总体进展进行一次盘点，以帮助各国提高力度、加强国际合作，实现全球应对气候变化长期目标。

人类在化石燃料利用方面处于进退两难的境地，一方面是化石燃料对人类社会、经济可持续发展至关重要，另一方面是科学已经证明化石燃料的利用对全球气候变暖具有显著贡献。结合环境问题包括海平面上升、地表温度升高、强风暴的频次与强度增大等，化石燃料带来的影响实质上取决于全球气温升高的幅度。根据气候模型，温度升高范围为 2～6℃。如果接近 2℃，人类遭受的干扰可能最小，还可以适应；但如果接近 6℃，其影响很可能变得非常明显。最近对海洋几十万年沉积物的地质记录研究表明，在本世纪气温上升可能会达到 5℃。如果真是这样，我们迫切需要制定减排二氧化碳的策略。

降低全球变暖带来的影响，有必要减少化石燃料的消费，减少碳的排放，尤其在人口增加与能源消费增长的时代。减少二氧化碳排放的途径如下：

(1) 发展水力发电设施，减少火力发电，减少碳排放。

(2) 优先利用二氧化碳排放量少的天然气。

(3) 节约能源降低对化石燃料的依赖性。

(4) 利用可以选择的其他能源。

(5) 利用地球系统如森林、土壤、地下岩石来储藏碳。

利用植物、土壤和海洋储碳已成为当前科学研究的热点，相比之下，借助地下岩石介质储碳的设想没有得到更多关注。由于地下岩石环境的碳滞留时间长，从几千年到几万年不等，这种储碳方法也是很吸引人的。

地质储碳的基本原理是非常直观的，其思想是收集发电厂和工厂的二氧化碳，集中注入地质环境深部。目前，两种地质环境颇受关注：①含有咸水的沉积岩环境，通常也是地球上分布相当广泛的高盐含水层，具有巨大的储碳容量；②即将采空的油田和气田。回注的方式首先要求将气体压缩到水气混合的液体中，再通过钻井灌注到地下环境。

如果我们确定今后必须稳定大气中二氧化碳的浓度，就必须寻求能够代替化石燃料的、释放二氧化碳少的新能源。

15.5　小　　结

了解地球系统科学的主要目的是便于人们对地球行星的运行及其组成有一个基本的认识，比如大气圈、海洋和固体地球之间的相互作用；另一个重要的目的是预测今后几十年内可能会出现的全球变化，包括气候的变化，温度的上升以及海平面上升等效应。

全球变化研究的方法包括：来自湖相沉积物、冰川和其他地球物质等地质记录的检测；实时监测数据采集；数学模型的开发与应用。

气候是长时间内气象要素和天气现象的平均或统计状态，如不同季节、不同年际间的降水量与温度。大气层是一个动力条件复杂的环境，存在许多重要的化学反应。

人类活动对全球变暖的贡献是明显的，尤其是 20 世纪后期全球温度的上升。大气层捕获热量的过程通常被称为温室效应，水蒸气和其他一些气体如二氧化碳、甲烷和氟氯化碳等能够捕获能量从而使得地球变暖。全球温度的上升可能引起全球海平面的上升，气候类型的变化，强暴雨频率增加，农业生产与生物链的变化等。

人类因素包括空气污染和温室气体的排放，尤其是二氧化碳的排放。现在我们已经认识到全球气候在几十年到几百年内的变化很快，那么，过去的气候变化如何延续，有什么特征，在未来出现什么样的变化？二氧化碳对近几十年来全球温度升高的贡献是显著的，如何减排二氧化碳等温室气体是全人类面临的重要问题。

关　键　术　语

earth system science　　global warming　　greenhouse effect

greenhouse gas　　global circulation models　　global dimming
monitoring　　ocean conveyor belt

复习题

1. 地球科学研究的两个目标是什么？
2. 研究全球变化的三个主要工具是什么？
3. 为什么说 20 世纪后期全球变暖是由于人类活动？
4. 什么是温室效应？
5. 温室气体主要有哪些组成？
6. 地球变暖可能的效应主要有哪些？
7. 减少二氧化碳排放的主要路径有哪些？

思考题

尝试与你的父母或上辈人讨论经历过的主要变化，讨论这些变化哪些是渐变的、突然的，或混乱无序的，分析与讨论哪些对你的生活影响最为重要，哪些对当地、区域或全球有影响？

可利用网站

1. 2015 巴黎气候变化大会：新华网. http://www.xinhuanet.com/world/bldh/index.htm.
2. 全球变暖. http://baike.sogou.com/v362853.htm.
3. The Greenhouse Effect. A Student's Guide to Global Climate. Change. http://www3.epa.gov/climatechange/kids/basics/today/greenhouse-effect.html.

术语解释（英文）

注：括号中的数字是术语来源的章节。

A soil horizon (12.3.1): Uppermost soil horizon, sometimes referred to as the zone of leaching.

Acid mine drainage (10.3.1): An environmental problem related to the discharge of acidic waters resulting from the weathering of sulfide minerals, such as iron pyrite, associated with coal and sulfide mineralization of important metals, such as copper, silver, and zinc.

Acid rain (13): Rain made artificially acidic by pollutants, particularly oxides of sulfur and nitrogen; natural rainwater is slightly acidic owing to the effect of carbon dioxide dissolved in the water.

Active fault (3.2.2): There are a variety of definitions, but one is displacement along a fault in the past 10,000 years; another definition is multiple displacement in the past 35,000 years.

Advanced treatment (11.6.2): With respect to wastewater treatment, includes a variety of processes, such as use of chemicals, sand filters, or carbon filters to further purify and remove contaminants from wastewater.

Air pollution (13): The introduction of particulates, biological molecules, or other harmful substances into Earth's atmosphere, causing diseases, allergies, death to humans, damage to other living organisms such as animals and food crops, or the natural or built environment.

Aquifer (8.2.2): Earth material containing sufficient groundwater that the water can be pumped out; highly fractured rocks and unconsolidated sands and gravels make good aquifers.

Aquitard (8.2.2): Earth material that retards the flow of groundwater.

Artesian well (8.2.2): A well drilled into such an aquifer that containing groundwater under positive pressure.

Asthenosphere (2.2.2): The upper zone of Earth's mantle, located directly below the lithosphere; a hot, slowly flowing layer of relatively weak rock that allows for the movement of the tectonic plates.

Average residence time (11.1): The amount of time it takes for the total stock or supply of material in a system to be cycled through the system.

Base flow (5.1.2): The low flow discharge of a stream or river, which is produced by groundwater seeping into the channel.

Base level (5.1.1): The theoretical lowest elevation to which a river may erode; generally is at or about sea level.

Beach nourishment (7.4.2): A process by which sediment (usually sand) lost through longshore drift or erosion is replaced from sources outside of the eroding beach.

Bed load (5.1.3): That portion of the total load that a stream carries that moves along the bottom of the channel by rolling, sliding, or skipping.

Biochemical oxygen demand (BOD) (11.2.1): A measure of the amount of oxygen necessary to decompose organic materials in a unit volume of water. As the amount of organic waste in water increases, more oxygen is used, resulting in a higher BOD.

Bioelement (14.1): An element required by a living organism.

Biofuel (11.2.4): A number of fuels including ethanol (alcohol), derived from plants.

Body wave (3.2.3): Body waves travel through the interior of the Earth along paths controlled by the material properties in terms of density and modulus.

Biogeochemical cycle (2.3.4): Movement of a chemical element or compound through the various Earth systems including atmosphere, lithosphere, biosphere, and hydrosphere.

Bioremediation (9.2.4): With respect to soil pollution, refers to technology that utilizes natural or enhanced microbial action in the soil to degrade organic contaminants in situ (at the site), not requiring excavation of the soil.

Breaker zone (7.1.2): That part of the beach and nearshore environment where incoming waves peak up, become unstable, and break.

Breakwater (7.4.3): A structure (as a wall), which may be attached to a beach or located offshore, designed to protect a beach or harbor from the force of the waves.

Carbon cycle (2.3.4): One of Earth's major biogeochemical cycles that involves the movement of carbon in the atmosphere, biosphere, lithosphere, and hydrosphere.

Carrying capacity (1.1.4): The maximum number of a population of a species that may be maintained within a particular environment without degrading the ability of that environment to maintain that population in the future.

Channelization (5.4.1): An engineering technique to straighten, widen, deepen, or otherwise modify a natural stream channel.

Channel restoration (5.4.2): The process of restoring stream channels and adjacent areas to a more natural state.

Cinder cone (4.2.2): A steep conical hill of loose pyroclastic fragments, such as either volcanic clinkers, cinders, volcanic ash, or scoria that has been built around a volcanic vent.

Climate (15.3): The characteristic atmospheric condition (weather) at a particular place or region over time periods of seasons, years, or decades.

Coastal erosion (7.2): Erosion of a coastline caused by a number of processes, including wave action, landsliding, wind, and runoff from the land.

Composite volcano (4. 2. 2): Steep - sided volcanic cone produced by alternating layers of pyroclastic debris and lava flows.

Cone of depression (8. 2. 2): A cone - shaped depression in the water table caused by withdrawal of water at rates greater than those at which the water can be replenished by natural groundwater flow.

Confined aquifer (8. 2. 2): An aquifer that is overlain by a confining layer (aquitard).

Consumptive use (8. 3. 1): A type of offstream use in which the water does not return to the stream or groundwater resource after use; the water evaporates, is incorporated into crops or products, or is consumed by animals or humans.

Continental drift (2. 3. 1): Movement of continents in response to seafloor spreading; the most recent episode of continental drift supposedly began about 200 million years ago with the breakup of the supercontinent Pangaea.

Convergent boundary (2. 3. 1): Boundary between two lithospheric plates in which one plate descends below the other subduction.

Core (2. 2. 1): With respect to the interior of Earth, the central part of Earth below the mantle, divided into a solid inner core with a radius of approximately1, 300 km and a molten outer core with a thickness of about 2, 000 km; the core is thought to be metallic and composed mostly of iron.

Creep (6. 1. 1): A type of downslope movement characterized by slow flowing, sliding, or slipping of soil and other earth materials.

Crust (2. 2. 3): The outermost layer of the solid Earth, embedded in the top of the lithosphere, that varies in thickness from 6 to 7 km below the oceans to as much as 70 km beneath continental mountain ranges.

Critical thinking (1. 2. 5): Also called critical analysis, is clear, rational thinking involving critique.

Darcy's law (8. 2. 2): Empirical relationship that states that the volumetric flow rate such as cubic meters per day is a product of hydraulic conductivity, hydraulic gradient, and cross - sectional area of flow; developed by Henry Darcy in1856.

Debris avalanche (6. 1. 1): A type of mass wasting characterized by a rapid downslope movement of soil and/or other rock debris on steep slopes; may result from saturation after a heavy rainfall or other processes such as volcanic eruptions that cause the failure on the side of a volcano.

Debris flow (6. 1. 1): Rapid downslope movement of Earth material often involving saturated, unconsolidated material that has become unstable because of torrential rainfall.

Deep - well disposal (12. 3. 2): Method of waste disposal that involves pumping waste into subsurface disposal sites such as fractured or otherwise porous rocks.

Desertification (9. 2. 5): Conversion of land from a more productive state to one more nearly resembling a desert.

Discharge (5. 1. 2): The quantity of water flowing past a particular point on a stream, usually measured in cubic feet per second (cfs) or cubic meters per second (cms).

Dissolved load (5. 1. 3): That part of the load that a river carries that results from chemical dissolution of rocks in the drainage basin.

Divergent boundary (2. 3. 1): Boundary between lithospheric plates characterized by production of new lithosphere; found along oceanic ridges.

Drainage basin (5. 1/8. 2. 1): Area that contributes surface water to a particular steam network.

Driving forces (6. 2. 1): Those forces that tend to make Earth material slide.

Earthquake (3): Natural shaking or vibrating of Earth in response to the breaking of rocks along faults. The earthquake zones of Earth generally are correlated with lithospheric plate boundaries.

Earth system science (15. 1): The study of Earth as a system.

Earth's critical zone (1. 1. 1): The heterogeneous, near surface environment in which complex interactions involving rock, soil, water, air, and living organisms regulate the natural habitat and determine the availability of life – sustaining resources.

Ecosystem (1. 1. 4): A community of organisms and its nonliving environment in which chemical elements cycle and energy flows.

Effluent stream (8. 2. 3): Stream in which flow is maintained during the dry season by groundwater seepage into the channel.

Elastic rebound (3. 2. 2): Rocks on either side of a fault segment may be strained due to stress. When the deformed rocks finally rupture, the stress is released, and the sides of the fault "snap" into their new position.

Elastic deformation (3. 2. 2): Type of deformation in which material returns to its original shape after the stress is removed.

El Niño (5. 3. 2): An event during which trade winds weaken or even reverse and the eastern equatorial Pacific Ocean becomes anomalously warm; the westward moving equatorial current weakens or reverses.

Endemic disease (14): In epidemiology, an infection is said to be endemic in a population when that infection is maintained in the population without the need for external inputs.

Engineering geology (1. 1. 2): Application of geologic information to engineering problems.

Environment (1. 1. 1): Both physical and cultural surroundings that surround an individual or a community; also sometimes denotes a certain set of circumstances surrounding a particular occurrence, for example, environments of deposition.

Environmental science (1. 1. 1): An interdisciplinary academic field that integrates physical, biological and information sciences (including ecology, biology, physics, chemistry, zoology, mineralogy, oceanology, limnology, soil science, geology, atmospheric science, and geodesy) to the study of the environment, and the solution of environmental problems.

Environmental ethics (1.1.3): The part of environmental philosophy which considers extending the traditional boundaries of ethics from solely including humans to including the non-human world.

Environmental crisis (1.1.4): Refers to the hypothesis that environmental degradation has reached a crisis point as a result of human use of the environment.

Ecological crisis (1.1.4): A crisis occurs when the environment of a species or a population changes in a way that destabilizes its continued survival.

Environmental geology (1.1.1): Like hydrogeology, it is an applied science concerned with the practical application of the principles of geology in the solving of environmental problems.

Eutrophication (11.2.3): Rapid increase in the abundance of plant life, particularly algae, in freshwater or marine environments resulting from input of nutrients from human sources to the water.

Expansive soil (9.1.6): With respect to engineering properties of soils, refers to soils that, upon wetting and drying, will alternately expand and contract, causing problems for foundations of buildings and other structures.

Exponential growth (1.2.1): A type of compound growth in which a total amount or number increases at a certain percentage each year, and each year's rate of growth is added to the total from the previous year; characteristically stated in terms of a particular doubling time, that is, the time in years it will take the original number to double; commonly used in reference to population growth.

Falling (6.1.1): With respect to mass wasting and landslides, refers to Earth materials such as rocks that fall from steep slopes.

Fault (2.4.3): A fracture or fracture system that has experienced movement along opposite sides of the fracture.

Floodplain (5.1.1): Flat topography adjacent to a stream in a river valley, produced by the combination of overbank flow and lateral migration of meander bends.

Floodplain regulation (5.4.4): A process of delineating floodplains and regulating land uses on them.

Flood-proofing (5.4.1): With respect to flood hazards, refers to the construction and modification of buildings and other structures so that they are not inundated by floodwaters.

Focus (3.1): The point or location in Earth where earthquake energy is first released; during an earthquake event, seismic energy radiates out from the focus.

Fossil fuels (10.1.3): Fuels such as coal, oil, and gas formed by the alteration and decomposition of plants and animals from a previous geologic time.

Gaging station (5.2.1): Location at a stream channel where discharge of water is measured.

Geologic cycle (2.3): A group of interrelated cycles known as the hydrologic, rock, tectonic, and geochemical cycles.

Geologic time (1.2.5): Time extending from the beginning of Earth to the present; determined in part from Earth's history as recorded in the rocks and sediments that have been deposited and formed at various times; the geologic time scale is the chronological arrangement of rocks of various ages, generally from the oldest event to the youngest.

Geology (1.1.1): The science of Earth, including its structure, composition, and history.

Geothermal energy (10.1.3): The useful conversion of natural heat from the interior of Earth.

Glacier (2.5.2): A persistent body of dense ice that is constantly moving under its own weight; it forms where the accumulation of snow exceeds its ablation (melting and sublimation) over many years, often centuries.

Global circulation models (15.2.3): Refers to computer models used to predict global change, such as increase in mean temperature, precipitation, or some other climatic variable.

Global dimming (15.3.3): Slight cooling caused by human release of air pollution particles that reflect incoming solar radiation back to space.

Global warming (15.3): Refers to the hypothesis that the mean annual temperature of the lower atmosphere is increasing as a result of burning fossil fuels and emitting greenhouse gases into the atmosphere.

Greenhouse effect (2.3.4, 15.3.1): Trapping of heat in the atmosphere by water vapor, carbon dioxide, methane, and chlorofluorocarbons (CFCs).

Greenhouse gas (15.3.1): A gas in atmosphere that absorbs and emits radiation within the thermal infrared range.

Groundwater (8.2.2): Water found beneath the surface of Earth within the zone of saturation.

Groundwater discharge (8.2.2): Refers to the outflow of groundwater, as from a well, spring, or seepage into stream channels.

Groundwater overdraft (8.2.2): The process of extracting groundwater beyond the safe yield or equilibrium yield of the aquifer.

Groundwater recharge (8.2.2): Refers to the process whereby surface waters infiltrate the soil and vadose zone to eventually augment groundwater resources.

Groundwater remediation (11.4.2): The process that is used to treat polluted groundwater by removing the pollutants or converting them into harmless products.

Groundwater treatment (11.4.2): Refers to a variety of physical, chemical, and biological processes utilized to remove pollutants from groundwater.

Hazardous waste (12.2): Waste materials determined to be toxic or otherwise harmful to people and the environment.

Heavy metals (11.2.5): With respect to geochemistry and environmental health, refers to metals such as lead, selenium, zinc, and others that may be harmful in small concentrations in the environment.

Hurricane (7.3): Tropical cyclone characterized by circulating winds of100 km/hr or greater generated over an area of about160 km in diameter; known as typhoons in the Pacific Ocean.

Hydraulic conductivity (8.2.2/10.1.6): Measure of the ability of a particular material to allow water to move through it; units are length per time, such as meters per day.

Hydraulic gradient (8.2.2): With respect to movement of groundwater, refers to the slope of the groundwater surface or the piezometric surface that is important in the movement of groundwater.

Hydrogeology (1.1.2): Discipline that studies relationships between groundwater, surface water, and geology.

Hydrologic cycle (2.3.2/8): Circulation of water from the oceans to the atmosphere and back to the oceans by way of precipitation, evaporation, runoff from streams and rivers, and groundwater flow.

Hydrothermal ore deposit (10.1.1): A mineral deposit derived from hot - water solutions of magmatic origin.

Hypothesis (1.2.5): A statement intended to be a possible answer to a scientific question. The best hypothesis may be tested. Often multiple hypotheses are developed to answer a particular question.

Igneous rocks (2.4.2): Rocks formed from solidification of magma; extrusive if they crystallize on the surface of Earth, and intrusive if they crystallize beneath the surface.

Indoor air pollution (13.3): Refers to those pollutants that are concentrated within buildings we live and work in.

Influent stream (8.2.3): Stream that is everywhere above the groundwater table and flows in direct response to precipitation; water from the channel moves down to the water table, forming a recharge mound.

Instream use (8.3.1): Water that is used but not withdrawn from its source; for example, water used to generate hydroelectric power.

Integrated waste management (IWM) (12.1): A complex set of management alternatives for waste management, including source reduction, recycling, composting, landfill, and incineration.

Joint (2.4.3): A rock fracture along which there has been no displacement. Parallel joints form a joint set.

Lag time (5.3.6): The time period between when the main mass of precipitation falls and a peak discharge in a stream occurs. With urbanization, the lag time generally decreases.

Land ethic (1.1.2): Ethic that affirms the right of all resources, including plants, animals, and earth materials, to continued existence and, at least in some locations, continued existence in a natural state.

Landslide (6): Specifically, rapid downslope movement of rock and/or soil; also a general term for all types of downslope movement.

Land subsidence (8.3.4): The motion of the Earth's surface as it shifts downward relative to a datum such as sea - level.

Land - use planning (9.1): Complex process involving development of a land - use plan to include a statement of land - use issues, goals, and objectives; summary of data collection and analysis; land - classification map; and report describing and indicating appropriate development in areas of special environmental concern. An extremely controversial issue.

Lava flow (4.3.4): Eruption of magma at the surface of Earth that generally flows downslope from volcanic vents.

Lava tube (4.3.4): A natural conduit or tunnel through which magma moves from a volcanic event downslope (sometimes many kilometers) to where the magma may again emerge at the surface; after the volcanic eruption, the tubes are often left as open voids and are a type of cave.

Leachate (12.3.1): Noxious liquid material capable of carrying bacteria, produced when surface water or groundwater comes into contact with solid waste.

Liquefaction (3.3): Transformation of water - saturated granular material from the solid state to a liquid state.

Lithosphere (2.2.2): Outer layer of Earth, approximately100 km thick, that comprises the plates that contain the ocean basins and continents.

LNAPL (11.2.4): A Light Non - Aqueous Phase Liquid (LNAPL) is a groundwater contaminant that is not soluble in water and has lower density than water, in contrast to a DNAPL which has higher density than water.

Loess (2.5.1): Deposits of windblown silt.

Longitudinal profile (5.1.1): With respect to the study of rivers, refers to the profile of a stream channel that is generally concave and represents a graph of the relationship between elevation and distance downstream from a reference point.

Longshore bar and trough (7.1.2): Elongated depression and adjacent ridge of sand roughly parallel to shore produced by wave action.

Mantle (2.2.2): An internal layer of Earth approximately 3, 000 km thick composed of rocks that are primarily iron and magnesium - rich silicates. The lower boundary of the mantle is with the core, and the upper boundary is with the crust. .

Mass wasting (6): A comprehensive term for any type of downslope movement of earth materials.

Materials management (**12.3**): Making better use of materials to reduce the waste we produce.

Metamorphic rock (**2.4.2**): A rock formed from preexisting rock by the effects of heat, pressure, and chemically active fluids beneath Earth's surface. In foliated metamorphic rocks, the mineral grains have a preferential parallel alignment or segregation of minerals; nonfoliated metamorphic rocks have neither.

Mid-oceanic ridge (**2.3.1**): A topographic high commonly found in the central part of oceans characterized by seafloor spreading. An example is the Mid-Atlantic Ridge.

Mineral (**2.4.1**): A naturally occurring chemical compound. Most often, they are crystalline and abiogenic in origin.

Modified Mercalli Scale (**3.2.4**): A scale with12 divisions that subdivide the amount and severity of shaking and damage from an earthquake.

Moho (**2.2**): The boundary between the crust and mantle, also known as the *Mohorovičić discontinuity*; distinguished by compositional differences between the rocks of the crust and the mantle.

Monitoring (**15.2.2**): With respect to waste management, refers to periodic or continuous gathering of samples of soil, vegetation, vadose zone water, and groundwaters in and near waste management facilities, such as landfills or hazardous waste disposal facilities.

Natural gas (**10.1.3**): Sometimes also referred to as *natural energy gas* or *hydrocarbons* that include ethane, propane, butane, and hydrogen.

Natural hazards (**1.1.2**): Refers to processes, such as earthquakes, floods, and volcanic eruptions, that produce a hazard to people and property.

Non-point sources (**8.3.3, 11.3.1**): Diffused and intermittent sources of air or water pollutants.

Nonrenewable resource (**10**): A resource cycled so slowly by natural Earth processes that, once used, it will be essentially unavailable during any useful time frame.

Nuclear energy (**10.1.3**): Generation of electricity using a nuclear reactor.

Ocean conveyor belt (**15.3.3**): A part of the large-scale ocean circulation that is driven by global density gradients created by surface heat and freshwater fluxes.

Offstream use (**8.3.1**): Water removed or diverted from its primary source for a particular use.

Oil shale (**10.1.3**): Organic-rich shale containing substantial quantities of oil that can be extracted by conventional methods of destructive distillation.

Permeability (**9.1.6**): A measure of the ability of an earth material to transmit fluids such as water or oil. *See* Hydraulic conductivity.

Persistent organic pollutants, POPs (**11.2.5, 13.2.2**): Organic compounds that are resistant to environmental degradation through chemical, biological, and photolytic processes bioaccumulate with potential significant impacts on human health and the environment.

Photochemical smog (13.2.2): The chemical reaction of sunlight, nitrogen oxides and volatile organic compounds in the atmosphere, which leaves airborne particles and ground-level ozone.

Plate tectonics (2.3.1): A model of global tectonics that suggests that the outer layer of Earth, known as the lithosphere, is composed of several large plates that move relative to one another; continents and ocean basins are passive riders on these plates.

PM-2.5 (13.2.1): With respect to air pollution, refers to particulate matter less than 2.5 millionths of a meter in size.

PM-10 (13.2.1): With respect to air pollution, refers to particulate matter less than10 millionths of a meter in size.

Point sources (8.3.3, 11.3.1): Usually discrete and confined sources of air or water pollutants such as pipes that enter into a stream or river or stacks emitting waste from factories or other facilities into the atmosphere.

Pollutant (11.1): Any substance in the environment, that in excess is known to be harmful to people or other desirable living organisms.

Precautionary principle (1.2.5): An environmental planning tool that advocates taking cost-effective, proactive steps to eliminate or reduce the consequences of an environmental problem even if the science is not completely worked out. In simple words, better safe than sorry.

Primary pollutants (13.2): With respect to air pollution, refers to those pollutants emitted directly into the atmosphere, including particulates, sulfur oxides, carbon monoxide, nitrogen oxides, and hydrocarbons.

Pump and treat (11.4.2): A groundwater remediation method involves pumping out contaminated groundwater with the use of a submersible or vacuum pump, and allowing the extracted groundwater to be purified by slowly proceeding through a series of vessels that contain materials designed to adsorb the contaminants from the groundwater.

Pyroclastics (4.3.7): Clastic rocks composed solely or primarily of volcanic materials. Where the volcanic material has been transported and reworked through mechanical action, such as by wind or water.

Reclaimed water (11.6.4): Water that has been treated by wastewater handling facilities and may be used for other purposes on discharge, such as irrigation of golf courses or croplands.

Recurrence interval (5.2.1): The time between events, such as floods or earthquakes or other natural processes. Often we are interested in the average recurrence interval, which is determined by finding the mean of a series of recurrence intervals between events.

Reduce, recycle, and reuse (12.3): The three R's of integrated waste management that describe the objective of reducing the amount of waste that must be disposed of in landfills or other facilities.

Resisting forces (6.2.1): Forces that tend to oppose downslope movement of earth materials.

Richter magnitude scale (3.2.4): A measure of the amount of energy released by an earthquake, determined by converting the largest amplitude of the shear wave to a logarithmic scale in which, for example, 2 indicates the smallest earthquake that can be felt and 8.5 indicates a devastating earthquake.

Rip current (7.1.3): A seaward flow of water in a confined narrow zone from a beach to beyond the breaker zone.

Rock cycle (2.3.3): Group of processes that produce igneous, metamorphic, and sedimentary rocks.

Rotational landslide (6.2.2): Type of landslide that develops in homogeneous material; movement is likely to be rotational along a potential slide plane.

Runoff (8.2.1): Water moving over the surface of Earth as overland flow on slopes or stream flow; that part of the hydrologic cycle represented by precipitation or snowmelt that results in stream flow.

Safety factor (SF) (2.4.4): With respect to landsliding, refers to the ratio of resisting to driving forces; a safety factor of greater than1 suggests a slope is stable.

Saltwater intrusion (8.4.3): Process whereby fresh groundwater may be displaced by saltwater, often as a result of pumping of groundwater resources.

Sand dune (2.5.1): Ridge or hill of sand formed by wind action.

Sanitary landfill (12.3.1): Method of solid-waste disposal that does not produce a public health problem or nuisance; confines and compresses waste and covers it at the end of each day with a layer of compacted, relatively impermeable material, such as clay.

Saturated flow (8.2.2): A type of subsurface or groundwater flow in which all the pore spaces are filled with water.

Scientific method (1.2.5): The method by which scientists work, starting with the asking of a question concerning a particular problem, followed by development and testing of hypotheses.

Seawall (7.4.1): Engineering structure constructed at the water's edge to minimize coastal erosion by wave activity.

Seawater intrusion (8.3.3): The movement of saline water into freshwateraquifers, which can lead to contamination of drinking water sources and other consequences.

Secondary pollutants (13.2): With respect to air pollution, refers to pollutants produced when primary pollutants react with normal atmospheric compounds; an example is ozone, which forms through reactions between primary pollutants, sunlight, and natural atmospheric gases.

Secondary treatment (11.6.2): With respect to wastewater treatment, includes aerobic and anaerobic digestion of waste in the wastewater stream, primarily by bacterial breakdown; final stage is disinfection of treated water, usually with chlorine.

Secure landfill (12.3.2): Type of landfill designed to contain and dispose of hazardous chemical waste; many of these facilities have been shut down because containment of the hazardous waste has been impossible to maintain.

Sedimentary rock (2.4.2): A rock formed when sediments are transported, deposited, and then lithified by natural cement, compression, or other mechanism; detrital sedimentary rock is formed from broken parts of previously existing rock; chemical sedimentary rock is formed by chemical or biochemical processes removing material carried in chemical solution.

Sediment yield (5.1.3): Volume or mass of sediment per unit time produced from a particular area.

Seismic wave (3.2.3): Waves of energy that travel through the Earth's layers, and are a result of earthquakes, volcanic eruptions, magma movement, large landslides and large man-made explosions that give out low-frequency acoustic energy.

Septic tank (11.6.1): Tank that receives and temporarily holds solid and liquid waste. Anaerobic bacterial activity breaks down the waste, solid wastes are separated out, and liquid waste from the tank overflows into a drainage system.

Scientific method (1.2.5): A body of techniques for investigating phenomena, acquiring new knowledge, or correcting and integrating previous knowledge.

Shield volcano (4.2.2): A broad, convex volcano built up by successive lava flows; the largest of the volcanoes.

Slip plane (6.2.1): Refers to inclined features such as rock fractures and bedding planes along which landsliding occurs.

Soil fertility (9.1.3): Capacity of a soil to supply nutrients (such as nitrogen, phosphorus, and potassium) needed for plant growth when other factors are favorable.

Soil texture (9.1.2): A qualitative classification instruments used both the field and laboratory for agricultural soils to determine classes for based on their physical texture.

Soil profile (9.1.1): Weathering of earth materials that, along with biological activity and time, produces a soil that contains several horizons distinct from the parent material from which the soil formed.

Soil strength (9.1.6): The shear strength of a soil in terms of a soil's cohesive and frictional forces.

Soil survey (9.3): A survey consisting of a detailed soil map and descriptions of soils and land-use limitations; usually prepared in cooperation with local government.

Solid waste (12.1): Material such as refuse, garbage, and trash.

Subsidence (6.1.1): The sinking of land resulting from groundwater extraction.

Surface wave (3.2.3): One type of wave produced by earthquakes; generally cause most of the damage to structures on the surface of Earth.

Surf zone (7.1.2): That part of the beach and nearshore environment characterized by borelike waves of translation after waves break.

Suspended load (5.1.3): Sediment in a stream or river carried off the bottom by the fluid.

Sustainability (1.2.2): A difficult term to define but generally refers to development or use of resources in such a way that future generations will have a fair share of Earth's resources and inherit a quality environment. In other words, sustainability refers to types of development that are economically viable, do not damage the environment, and are socially just.

Sustainable global economy (1.2.2): A global economic development that will not harm the environment, will provide for future generations, and is socially just.

Swash zone (7.1.2): That part of the coastal environment where waves run up on the beach face and then back again into the ocean where the land meets the water; the runup or wave swash covers part of the beach with shallow water and then the backwash exposes it again.

System (1.2.3): Any part of the universe that is isolated in thought or in fact for the purpose of studying or observing changes that occur under various imposed conditions.

Tectonic cycle (2.3.1): Part of the geologic cycle; at the global scale, it is the cycle of plate tectonics that produces ocean basins and mountain ranges.

Theory (1.2.5): A strong scientific statement. A hypothesis may become a theory after it has been tested many times and has not been rejected.

Thermal pollution (11.2.6): With respect to water pollution, refers to water of elevated temperature, often from the disposal of water used to cool industrial processes or to produce electricity into a body of water such as a lake, river, or ocean.

Transform boundary (2.3.1): Synonymous with transform faults, occurring where edges of two plates slide past one another; most are boundaries within oceanic crust; an example on land is the San Andreas fault in California.

Translational landslide (6.2.2): Type of landslide in which movement takes place along a definite fracture plane, such as a weak clay layer or bedding plane.

Tropical cyclone (typhoon) (7.3): Severe storm generated from a tropical disturbance; called typhoons in most of the Pacific Ocean and hurricanes in the Western Hemisphere.

Tsunami (3.3.3): Seismic sea wave generated mostly by submarine earthquake, but also by submarine volcanic eruption, landslide, or impact of an asteroid; characteristically has very long wave length and moves rapidly in the open sea; incorrectly referred to as tidal wave.

Unconfined aquifer (8.2.2): Aquifer in which there is no impermeable layer restricting the upper surface of the zone of saturation.

Uniformitarianism (1.2.4): The assumption that the same natural laws and processes that operate in the universe now have always operated in the universe in the past and apply everywhere in the universe.

Unsaturated flow (8.2.2): Type of groundwater flow that occurs when only a portion of the pores is filled with water.

Vadose zone (8.2.2): Zone or layer above the water table in which some water may be suspended or moving in a downward migration toward the water table or laterally toward a discharge point.

Virtual water (8.3.2): The hidden flow of water if food or other commodities are traded from one place to another.

Volatile organic compound, VOCs (13.2): Usually abbreviated as VOC when used to describe water or air pollutants, generally are hydrocarbon compounds such as gasoline, benzene, and propane.

Volcanic dome (4.2.2): Type of volcano characterized by very viscous magma with high silica content; activity is generally explosive.

Waste disposal (12.1): All the activities and actions required to manage waste from its inception to its final disposal.

Wastewater treatment (11.6): A process used to convert wastewater – which is water no longer needed or suitable for its most recent use – into an effluent that can be either returned to the water cycle with minimal environmental issues or reused.

Water conservation (8.3.1): Practices taken to use water more efficiently and to reduce withdrawal and consumption of water.

Water cycle (8): See Hydrologic cycle.

Water management (8.3.1): Practice of managing our water resources.

Water pollution (11.1): Degradation of water quality as measured by biological, chemical, or physical criteria.

Watershed (8.2.1): Land area that contributes water to a particular stream system. See Drainage basin.

Water quality standards (11.5): In the United States, refers to Environmental Protection Agency minimum standards for drinking water and water for other uses.

Water table (8.2.2): Surface that divides the vadose zone from the zone of saturation; the surface below which all the pore space in rocks is saturated with water.

Water use (8.3.1): It means the amount of water used by a household or a country, or the amount used for a given task or for the production of a given quantity of some product or crop, or the amount allocated for a particular purpose.

Wave length (7.1.1): Refers to the horizontal length between successive crests of waves.

Weathering (2.4.5): Changes that take place in rocks and minerals at or near the surface of Earth in response to physical, chemical, and biological changes; the physical, chemical, and biological breakdown of rocks and minerals.

Wetlands (11.6.3): Landscape features such as swamps, marshes, bogs, or prairie potholes that are frequently or continuously inundated by water.

Zone of saturation (8.2.2): Zone or layer below the water table in which all the pore space of rock or soil is saturated.

参 考 文 献

［1］ 陈国亮，1994. 岩溶地面塌陷的成因与防治［M］. 北京：中国铁道出版社．

［2］ 龚鸿庆，1982. 关于新丰江水库地震的成因问题［J］. 华南地震（03）.

［3］ 哈承佑，1999. 中国环境地质学的发展与展望［M］. //王鸿祯主编．中国地质科学五十周年论文集．中国地质大学出版社，246－257.

［4］ 贾金生，袁玉兰，马忠丽，2006. 2005年中国与世界大坝建设情况［C］. 水电2006国际研讨会．

［5］ 蒋秀玲，译，1991. 本世纪的自然灾害节选：环境地质研究［M］. 北京：地震出版社．

［6］ 金德镰，王耕夫，1986. 柘溪水库塘岩光滑坡．中国岩石力学与工程学会地面岩石工程专业委员会成立暨中国典型滑坡实例学术讨论会［C］. 湖北宜昌．

［7］ 李光天，符文侠，1992. 我国海岸侵蚀及其危害［J］. 海洋环境科学（01）.

［8］ 李培英，杜军，2007. 中国海岸带灾害地质特征及评价［M］. 北京：海洋出版社．

［9］ 李培英，张海生，于洪军，2010. 近海与海岸带地质灾害［M］. 北京：海洋出版社．

［10］ 李勇，2014. 西安地裂缝常规监测方法及近期活动规律［J］. 中国地质灾害与防治学报，25（1）：33－37.

［11］ 廖荣，丁跃元，刘立才，等，2010. 水源热泵系统应用对地下水环境的影响［J］. 水资源保护，26（2）：92－96.

［12］ 钱伯章，李敏，2015. 能源需求放缓 供需呈“结构性”变化——2015年BP世界能源统计报告综述［J］. 中国石油和化工经济分析（08）.

［13］ 沈照理，郭华明，徐刚，等，2010. 地下水化学异常与地方病［J］. 自然杂志，32（02）：83－89.

［14］ 沈照理，刘光亚，杨成田，等，1985. 水文地质学［M］. 北京：科学出版社．

［15］ 王传珺，王玉广，付元宾，等，2014. 辽东湾滨海地区海水入侵分布及地下水化学特征分析［J］. 防灾科技学院学报，16（4）：26－32.

［16］ 王建锋，李世海，燕琳，等，2002. 重庆武隆“五一”滑坡成因分析［J］. 中国工程科学（04）.

［17］ 殷跃平，张作辰，张开军，2005. 我国地面沉降现状及防治对策研究［J］. 中国地质灾害与防治学报，16（2）1－8.

［18］ 张宗祜，1991. 地质环境与环境地质：环境地质研究［M］. 北京：地震出版社．

［19］ 章虎，陈关喜，冯建跃，2003. 93号汽油样品组分的GC－MS分析［J］. 分析测试学报，22（5）：56－59.

［20］ 钟立勋，1994. 意大利瓦依昂水库滑坡事件的启示［J］. 中国地质灾害与防治学报（02）.

［21］ 周学志，1994. 地下水开发利用的环境地质问题及防治措施研究［J］，环境科学丛刊（06）.

［22］ 庄振业，刘冬雁，等，1999. 莱州湾沿岸平原海水入侵灾害的发展进程［J］．青岛海洋大学学报，29（1）：141－147.

［23］ Beduent P B，Rifai H S and Newell V J，1994. Groundwater contamination ［M］. Englewood Cliffs，NJ：Prentice Hall.

［24］ Bischel H N，Lawrence J E，Halaburka B J，et al.，2013. Renewing Urban Streams with Recycled Water for Streamflow Augmentation：Hydrologic，Water Quality，and Ecosystem Services Management ［J］. Environmental Engineering Science 30：455－479.

［25］ Curry A，Carrin G，Bartram J et al.，2000. Towards an assessment of the socioeconomic impact of arsenic poisoning in Bangladesh：Health effects of arsenic in drinking water ［R］. WHO. https：//extranet. who. int/iris/restricted/bitstream/10665/66326/1/WHO _ SDE _ WSH _ 00. 4. pdf.

[26] Debarshi R, Priya G, Neeraj V, et al. 2013. Bioremediation of Arsenic (III) from Water Using Baker Yeast Saccharomyces cerevisiae [J]. International Journal of Environmental Bioremediation & Biodegradation1: 14 - 19.

[27] Dewey J F, 1972. Plate tectonic [J]. Scientific American 22: 56 - 68.

[28] Foster K R, Vecchia P and Repacholi M H, 2000. Science and the precautionary principle [J]. Science 5 (288): 979 - 981.

[29] Ghorayshi A, 2014. India air pollution cutting crop yields by almost half [EB]. The Guardian. http: //www. theguardian. com/environment/2014/nov/03/india - air - pollution - cutting - crop - yields - by - almost - half.

[30] Gleick P H. , 1993. An introduction to Global fresh water issues [M]. Water in crisis, P H Gleick, ed. New York: Oxford University Press, 3 - 12.

[31] Greenstone, EDM and Hanna R, 2008. Indoor air pollution, health and economic well - being [J]. Survey and Perspectives Integrating Environment & Society (SAPIENS), 1 (1). Sapiens. revues. org. Retrieved 2010 - 08 - 29. http: //sapiens. revues. org/130.

[32] Huddleston R L, 1979. Solid waste disposal: Land - farming [J]. Chemical Engineering 86 (5): 119 - 124.

[33] Hunt T, 2006. Rethinking the Fall of Easter Island [J]. American Scientist 94 (5): 412.

[34] Hutson SS et al. , 2004. Estimated use of water in the United States in 2000 [R]. U. S. Geological Survey Circular1268.

[35] Keller E A, 2011. Environmental Geology [M], Ninth Edition, Pearson Education Inc. New York.

[36] Keller E A. , 1976. Environmental Geology [M]. Published by Charles E. Merrill Publishing Company. Ohio.

[37] Leeden F, Troise F L and Todd D K, 1990. The water encyclopedia [M]. 2nd ed. Chelsea, MI: Lewis Publishers.

[38] Leopold A, 1949. A Sand County Almanac [M]. Oxford University Press, New York.

[39] Longwell C L, Flint R F and Sanders J E, 1969. Physical Geology [M]. New York: John Wiley.

[40] Mitsch J W and Gosselink J G, 1986. Wetlands [M]. New York: Van Nostrand Reinhold Company, p. 536.

[41] Montgomery C W, 2006. Environmental Geology [M]. Seventh Edition, McGraw - Hill Companies, Inc. New York.

[42] National Groundwater Association, Facts About Global Groundwater Usage [R], 2015. 8. http: //www. ngwa. org/Fundamentals/use/Documents/global - groundwater - use - fact - sheet. pdf.

[43] National Research Council, 2001. Basic Research Opportunities in the Earth Sciences [M], Nat Acad Press, Washington, D. C.

[44] Powers S E, Hunt C S, Heermann, S E, et al. , 2001. The transport and fate of ethanol and BTEX in groundwater contaminated by gasohol [J]. Critical Reviews in Environmental Science and Technology 31 (1), 79 - 123.

[45] Relis P and Dominski A, 1987. Beyond the Crisis: Integrated waste management [R]. Santa Barbara, CA: Community Environmental Council.

[46] Relis P and Levenson H, 1998. Discarding solid waste as we know it: Managing Materials in the 21th century [R]. Santa Barbara, CA: Community Environmental Council.

[47] Saha N and Zaman M R, 2011. Concentration of selected toxic metals in groundwater and some cereals grown in Shibganj area of Chapai Nawabganj, Rajshahi, Bangladesh [J]. Current Science101 (3): 427 - 431.

[48] Schwarzenbach R P，2006. The challenge of micropollutants in aquatic systems [J]. Science 313：1072 - 1077.

[49] Smith A H，Lingas E O and Rahman M，2000. Contamination of drinking-water by arsenic in Bangladesh：a public health emergency [J]. Bulletin of the World Health Organization，78 (9)：1090 - 1103.

[50] Ujihara A M and Gough M，1989. Managing ash from municipal waste incinerators，Resource for the future [J]. Center for Risk Management.

[51] US Environmental Protection Agency，1991. Is your drinking water safe? [R]. EPA 570 - 9 - 91 - 0005.

[52] US EPA，2008. U. S. waste generation before recycling [EB]，http：//www. epa. gov.

[53] US Geological Survey，1995. Mercury contamination of aquatic ecosystems [R]. U. S. Geological Survey FS - 216 - 95.

[54] Walker W H，1974. Monitoring toxic chemical pollution from land - disposal sites in humid regions [J]. Groundwater12：213 - 218.

[55] World Health Organization (WHO)，2014. 7 million premature deaths annually linked to air pollution [EB]. http：//www. who. int/mediacentre/news/releases/2014/air-pollution/en/.

[56] World Health Organization (WHO)，2014. Ambient (outdoor) air quality and health [EB]. http：//www. who. int/mediacentre/factsheets/fs313/en/.